Les cartes du ciel pour l'Europe centrale

Page 168. Pour faciliter l'orientation dans le ciel étoilé, quatre cartes célestes sont proposées pour chaque mois, selon que l'on tourne le regard vers le nord, l'est, le sud ou l'ouest. Elles représentent la position des étoiles le 15 du mois, à minuit. Pour observer le ciel à une autre heure, se reporter au tableau de gauche c… sous les cartes à partir…

Les cartes du ciel pour l'Europe méridionale

Page 218. Pour les observations dans les pays du Sud (Turquie, Grèce, Afrique du Nord, Sud de l'Espagne), des cartes du ciel pour une latitude géographique de 35 degrés sont présentées à partir de la page 218. Elles montrent la position des étoiles tous les deux mois, à minuit. Pour les observations les autres mois ou à d'autres heures, on peut utiliser les cadrans figurant sous les cartes du ciel à partir de la page 218 ou consulter le tableau ci-dessous : Quelle carte du ciel utiliser en Europe méridionale ?

Quelle carte du ciel utiliser en Europe méridionale ?

UTC + 1*	18 h	19 h	20 h	21 h	22 h	23 h	24 h	1 h	2 h	3 h	4 h	5 h	6 h	7 h
UTC + 2**	19 h	20 h	21 h	22 h	23 h	24 h	1 h	2 h	3 h	4 h	5 h	6 h	7 h	8 h
1er janvier				nov.				jan.				mars		
15 janvier			nov.				jan.				mars			
1er février		nov.				jan.				mars				mai
15 février	nov.				jan.				mars				mai	
1er mars				jan.				mars				mai		
15 mars			jan.				mars				mai			
1er avril		jan.				mars				mai				juil.
15 avril	jan.				mars				mai				juil.	
1er mai				mars				mai				juil.		
15 mai			mars				mai				juil.			
1er juin		mars				mai				juil.				sept.
15 juin	mars				mai				juil.				sept.	
1er juillet				mai				juil.				sept.		
15 juillet			mai				juil.				sept.			
1er août		mai				juil.				sept.				nov.
15 août	mai				juil.				sept.				nov.	
1er septembre				juil.				sept.				nov.		
15 septembre			juil.				sept.				nov.			
1er octobre		juil.				sept.				nov.				jan.
15 octobre	juil.				sept.				nov.				jan.	
1er novembre				sept.				nov.				jan.		
15 novembre			sept.				nov.				jan.			
1er décembre		sept.				nov.				jan.				mars
15 décembre	sept.				nov.				jan.				mars	

* Temps UTC + 1 = heure légale (hiver) ; ** temps UTC + 2 = heure légale (été)

Michael Vogel Guide des étoiles

Comment est présenté ce guide ? 4
L'astronomie pour tous 6
Les objets de l'Univers 18

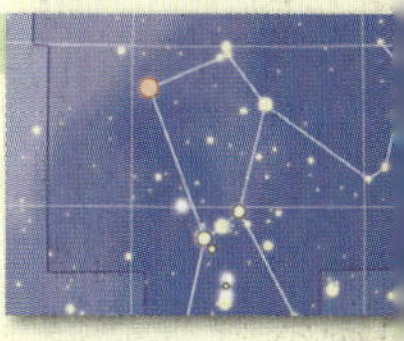

Les constellations 38

Cartes du ciel
pour l'Europe centrale 168

Cartes du ciel
pour l'Europe méridionale 218

Petit lexique
des termes techniques 242
Bibliographie et sites Internet 246
Index des mots-clés 248

Crédits photographiques 253
Portrait de l'auteur 254

Comment utiliser ce livre ?

Les 88 constellations du ciel sont reproduites à la même échelle et présentées par ordre alphabétique du nom latin (à quelques exceptions près, pour des raisons techniques). Les étoiles brillantes sont représentées par un grand cercle, les étoiles plus pâles par un petit point. Selon les conventions internationales, les étoiles sont désignées par une lettre grecque minuscule (voir tableau ci-dessous) et leur nom. Les étoiles bordées de rouge présentent une brillance variable, les étoiles bordées de noir sont des étoiles doubles ou multiples. Sont également représentés les amas stellaires, nébuleuses et galaxies, avec leur désignation selon le catalogue de Messier (« M »), le New General Catalogue (« NGC ») et l'Index Catalogue (« IC »).

Grandeur et rang de la constellation, zone de visibilité selon les latitudes terrestres.

Culture
Rôle de cette constellation dans l'histoire et la mythologie.

Carte de la constellation
La forme de la constellation est représentée par des lignes bleu clair reliant les étoiles, ses limites officielles par une bordure bleu foncé.

Constellations voisines
Les constellations voisines sont indiquées, avec le numéro de la page où elles sont présentées.

Tableau des objets importants
Les étoiles les plus brillantes, les étoiles doubles et les objets du ciel profond. La distance est indiquée en années-lumière « al », une année-lumière correspond environ à 10 billions de kilomètres.

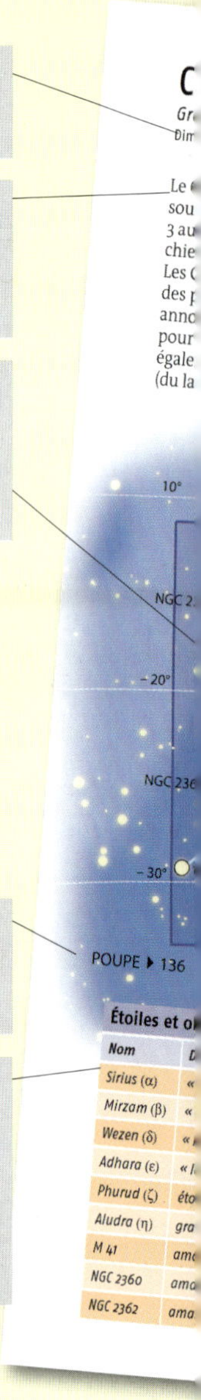

L'alphabet grec

Alpha	α	Nu	ν
Bêta	β	Xi	ξ
Gamma	γ	Omicron	ο
Delta	δ	Pi	π
Epsilon	ε	Rhô	ρ
Zêta	ζ	Sigma	σ
Êta	η	Tau	τ
Thêta	ϑ	Upsilon	υ
Iota	ι	Phi	φ
Kappa	κ	Khi	χ
Lambda	λ	Psi	ψ
Mu	μ	Oméga	ω

Nom latin, nom français, génitif latin et abréviation.

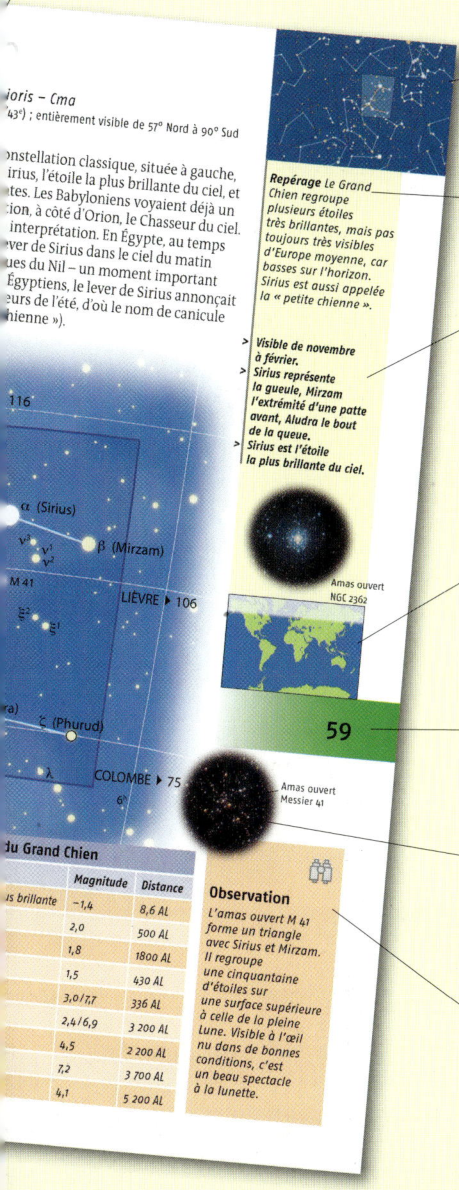

Carte des environs
Permet de situer la constellation par rapport aux constellations voisines.

Repérage
Quelques informations qui aident à repérer la constellation.

Caractéristiques
Visibilité selon la saison, étoile la plus brillante, forme de la constellation.

Carte du monde
La visibilité d'une constellation dépend de la latitude où se situe l'observateur. Depuis la zone claire, la constellation n'est pas visible.

Code couleur
Correspond au chapitre du guide (voir page 1).

Photos d'objets du ciel profond
Clichés professionnels des plus beaux objets du ciel profond. Les étoiles doubles sont le plus souvent dessinées.

Observation
Ce qu'on peut voir avec une lunette ou un petit télescope : étoiles doubles, nébuleuses, amas stellaires et galaxies.

L'astronomie pour tous

La voûte céleste

Un hémisphère qui s'arrête à l'horizon

Point le plus haut : zénith ; le plus bas : à l'horizon

Quand on regarde le ciel, la nuit, on peut comprendre que les hommes ont longtemps considéré la Terre comme un disque plat, et le ciel au-dessus, comme une sorte de cloche à fromages. Les étoiles semblent fixées sur cet hémisphère céleste. Le point le plus haut, au-dessus de nous, est le zénith, et l'horizon marque la limite du ciel visible. Pendant la nuit, toutes les étoiles, mais aussi la Lune et les planètes, se déplacent d'est en ouest, et atteignent leur point culminant au sud. Ce déplacement apparent résulte de la rotation de la Terre : notre planète tourne autour de son axe en 23 heures et 56 minutes, ce qui produit l'alternance entre le jour et la nuit. L'axe de rotation de la Terre se prolonge dans le ciel et passe par deux points opposés : les pôles célestes nord et sud. Une étoile très brillante se situe par hasard tout près du pôle nord céleste : c'est l'étoile Polaire. Tous les astres semblent décrire autour de l'étoile Polaire une orbite plus ou moins grande.

Dans le ciel *Si l'on se tourne vers le nord, on a à droite l'est, à gauche l'ouest, et derrière soi le sud. Les étoiles, la Lune et les planètes paraissent, tout comme le Soleil, se lever à l'est, atteindre leur hauteur maximale au sud et redescendre à l'ouest. C'est du moins le cas pour l'hémisphère nord.*

- ***L'étoile Polaire se trouve dans l'axe de rotation de la Terre.***
- ***Toutes les étoiles semblent se déplacer en orbite autour de l'étoile Polaire.***

La Terre fait une rotation autour de son axe en 23 heures 56 minutes

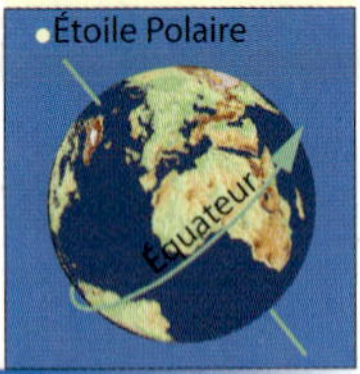

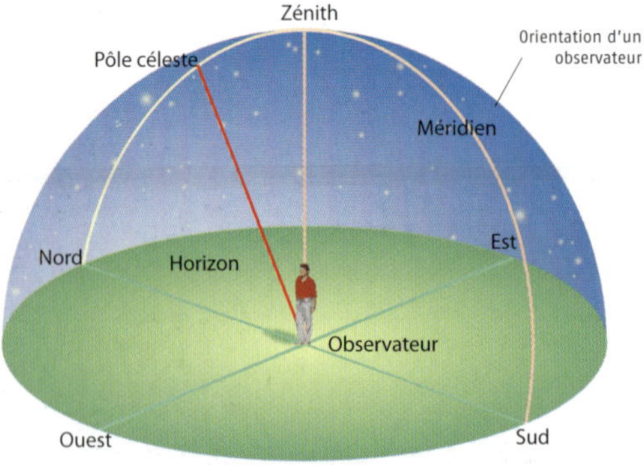

Le déplacement apparent des étoiles provient de la rotation de la Terre

Les saisons

Chaque saison a ses constellations typiques

La position des astres dans le ciel se décale de 2 heures par mois

Chaque nuit, les étoiles se lèvent 4 minutes plus tôt. D'un soir à l'autre, cela ne change pas grand-chose, mais au bout d'un mois, ce décalage atteint 2 heures. Les étoiles qui sont juste au-dessus de l'horizon en mai sont, par exemple, déjà beaucoup plus hautes en juin. Ce décalage s'explique par le fait que la Terre tourne autour du Soleil. Au cours de l'année, les étoiles visibles dans une même direction à une heure donnée diffèrent donc. C'est pourquoi on peut distinguer des constellations du printemps, de l'été, de l'automne et de l'hiver. Au bout d'un an, les 2 heures mensuelles s'additionnent pour donner un jour de plus, et le décalage est donc annulé.

Dans le ciel *L'aspect du ciel change radicalement en trois mois. Les constellations qui étaient à l'est se décalent vers le sud, puis vers l'ouest, tandis que les constellations de l'ouest ont disparu.*

> ***Les constellations sont plus faciles à observer lorsqu'elles sont au sud.***

> ***On remarque plus facilement le fait qu'une étoile se lève chaque jour plus tôt à l'horizon lorsqu'il y a une maison ou un arbre qui sert de repère.***

Le ciel se divise comme l'année, en saisons

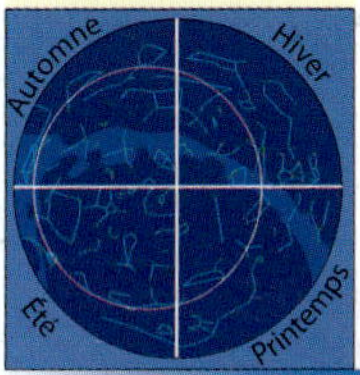

À la même heure, les constellations se déplacent de mois en mois, d'est en ouest

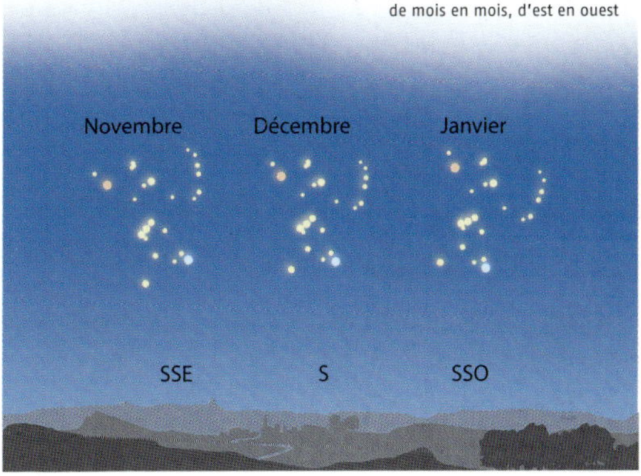

Orbite de la Terre autour du Soleil

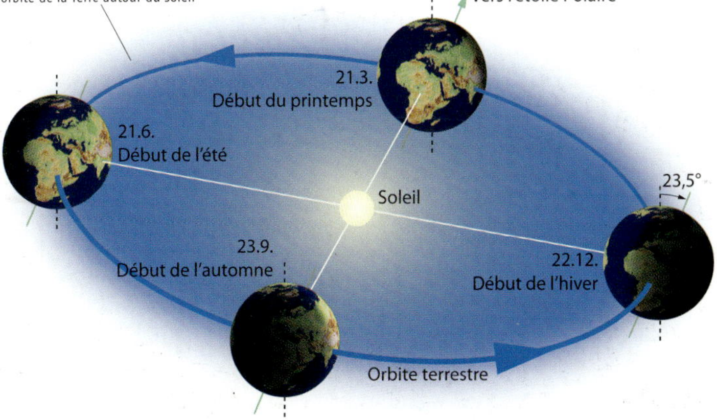

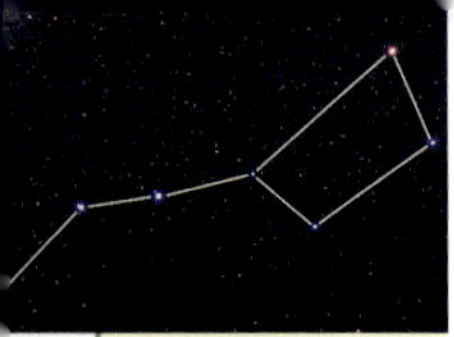

Les constellations

Le ciel est divisé en 88 constellations

La plus étendue : l'Hydre, la plus petite : la Croix du Sud

Dans le ciel *Certaines constellations, comme Orion ou la Grande Ourse, se repèrent très facilement. D'autres sont composées d'étoiles moins brillantes, ou ne s'élèvent jamais beaucoup au-dessus de l'horizon. Elles sont donc plus difficiles à identifier.*

> **La description des constellations en vigueur aujourd'hui remonte à 1930.**

> **Les étoiles changent également de position dans le ciel, mais ce mouvement n'est perceptible pour l'observateur qu'au bout de plusieurs milliers d'années.**

Représentation historique de la constellation d'Orion

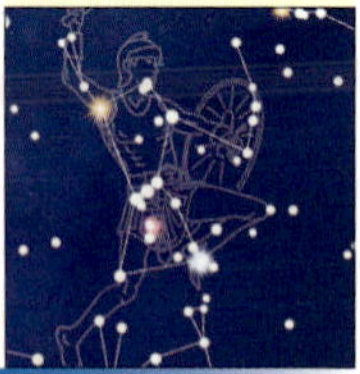

Depuis des milliers d'années, les hommes regroupent les dessins formés par les étoiles dans le ciel en constellations, souvent en lien avec la mythologie. Ces étoiles qui sont réunies n'ont rien en commun et se situent à des distances très diverses de la Terre. Aujourd'hui, la totalité du ciel est divisée en 88 constellations. La surface de chaque constellation déborde du dessin originel. L'étoile la plus brillante est considérée comme l'étoile principale, elle porte souvent un nom particulier, ainsi que les autres étoiles brillantes. En 1603, l'astronome Johann Bayer a attribué aux étoiles une lettre grecque, en partant de la plus brillante (alpha) jusqu'à la plus terne (oméga). Mais il n'a pas toujours respecté cette hiérarchie de la brillance. Il existe d'autres systèmes pour désigner les étoiles, avec des chiffres ou des combinaisons de lettres et de chiffres. Les galaxies, les amas stellaires et les nébuleuses sont également répertoriés dans des catalogues, dont le plus célèbre est le catalogue de Messier (abrégé en M), qui date du XVIIIe siècle. On utilise aussi le New General Catalogue (NGC) et l'Index Catalogue (IC).

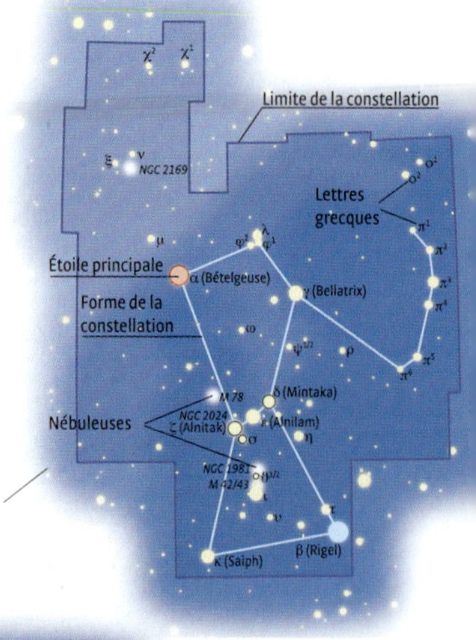

Orion, une constellation d'hiver

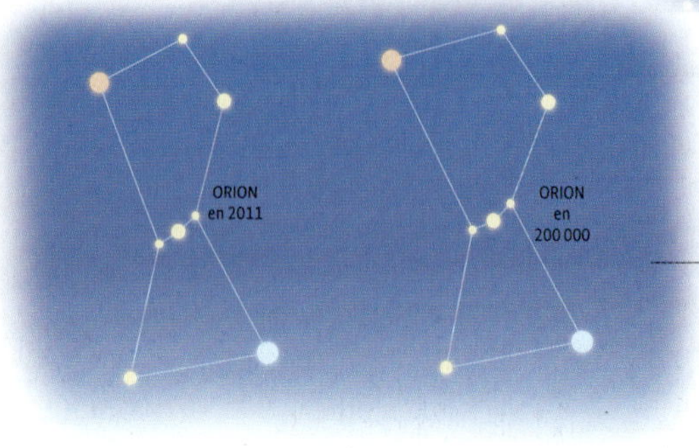

La forme des constellations change au fil du temps

Équateur céleste et écliptique

De grands cercles pour se repérer dans le ciel

Inclinaison de l'écliptique par rapport à l'équateur céleste : 23,5°

Si l'on se représente la Terre dans l'espace, entourée par la sphère céleste, on peut projeter l'équateur terrestre sur la sphère céleste. Ce cercle qui divise la sphère céleste en deux moitiés est appelé équateur céleste. En dessus, c'est l'hémisphère nord, en dessous, l'hémisphère sud. Sauf si l'on est situé à l'équateur terrestre, on ne peut voir dans l'année qu'un hémisphère complètement, et l'autre, partiellement. Si l'on se place à l'un des pôles de la Terre, on voit exactement un hémisphère. Les étoiles s'y déplacent sur des trajectoires parallèles à l'horizon, elles ne se couchent jamais. Ce sont des étoiles circumpolaires. Quand on se déplace sur Terre, du pôle vers l'équateur, le nombre d'étoiles circumpolaires diminue.

Comme la Terre tourne autour du Soleil, nous avons l'impression que le Soleil décrit au cours de l'année un cercle dans le ciel. Ce cercle est appelé l'écliptique. Le Soleil se déplace sur l'écliptique à travers les douze signes du zodiaque – et pour un court moment à travers la constellation du Serpentaire.

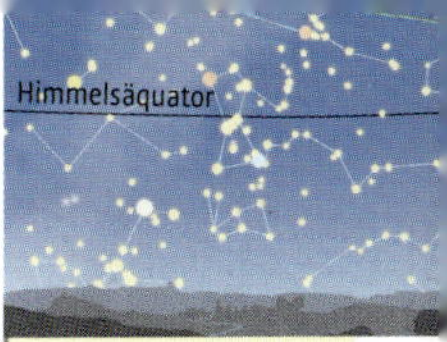

Dans le ciel *En Europe centrale, l'équateur céleste est situé au sud, à environ deux mains écartées (le bras tendu) au-dessus de l'horizon. De là, il part vers l'est et vers l'ouest, à l'horizon. L'écliptique céleste correspond à l'orbite des constellations zodiacales.*

> ***Les étoiles qui ne se couchent jamais en un lieu donné sont appelées circumpolaires.***

> ***Parmi les constellations circumpolaires connues en Europe, figurent la Petite et la Grande Ourse, ainsi que Cassiopée.***

Certaines constellations ne se couchent jamais

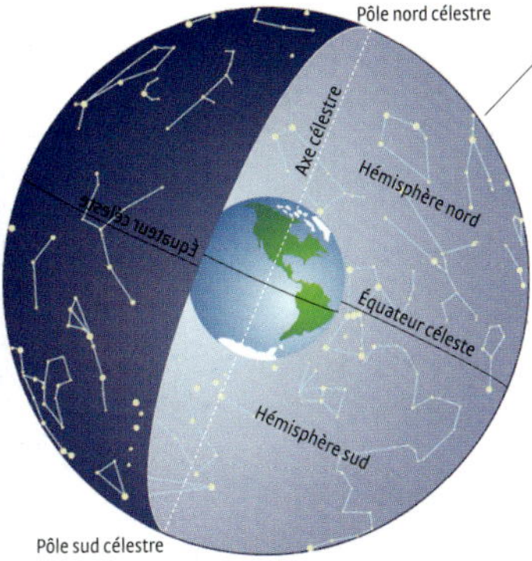

La Terre semble entourée par une sphère céleste

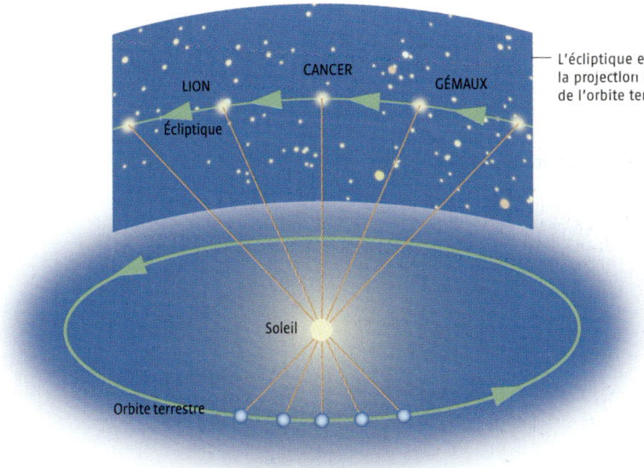

L'écliptique est la projection dans le ciel de l'orbite terrestre

La Lune et les planètes

Elles mettent du mouvement dans un ciel immuable

La planète la plus rapide du ciel : Mercure, la plus lente : Neptune

Le déplacement de la Lune est le plus visible parmi tous les objets du système planétaire. Chaque jour, elle change de position par rapport aux constellations. Les planètes se déplacent plus lentement. Plus une planète est éloignée de la Terre, plus sa position change lentement.

> ***Si l'on suit les mouvements des planètes sur plusieurs semaines, elles semblent décrire des trajectoires complexes.***

> ***La Lune tourne autour de la Terre en 29,5 jours, et traverse différentes phases lumineuses.***

Les phases de la Lune

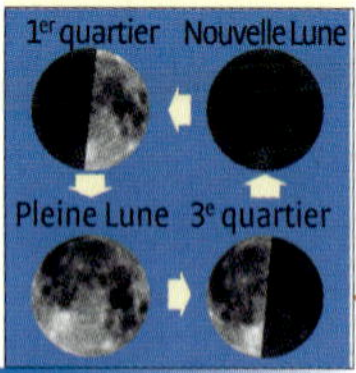

Contrairement aux étoiles, la Lune et les planètes sont si proches de nous que leurs déplacements dans l'Univers ont des répercussions sur leur position dans le ciel. La Lune fait le tour de la Terre en un mois environ (voir page 20), décrivant un cercle complet dans le ciel. Les planètes tournent autour du Soleil en un temps nettement plus long, si bien que le déplacement de la Terre sur son orbite autour du Soleil a des répercussions sur leur déplacement apparent. Il peut même arriver qu'une planète au-delà de l'orbite terrestre (une « planète extérieure ») semble se déplacer à reculons dans le ciel, parce que la Terre va plus vite et la dépasse sur son orbite interne. Lorsque la Terre est située entre le Soleil et une planète externe, c'est le meilleur moment pour l'observer. Pour Mercure et Vénus, le moment idéal survient lorsque la Terre, la planète et le Soleil forment un triangle rectangle. Comme les trajectoires de la Lune et des planètes se situent à peu près dans le même plan que celles de la Terre autour du Soleil, on trouve toujours la Lune et les planètes à proximité de l'écliptique.

Déplacement en bou
d'une planète dans le

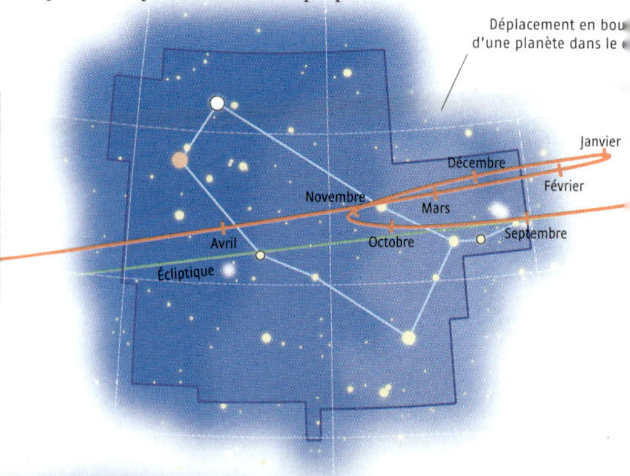

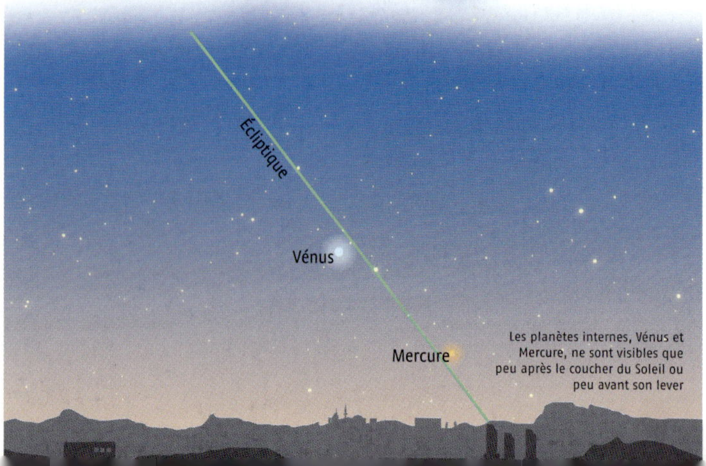

Les planètes internes, Vénus et Mercure, ne sont visibles que peu après le coucher du Soleil ou peu avant son lever

Les éclipses

Jeux d'ombre entre le Soleil, la Lune et la Terre

Chaque année, il se produit en moyenne deux ou trois éclipses de Soleil et une à deux éclipses de Lune

Sur son chemin autour de la Terre, la Lune passe parfois juste entre la Terre et le Soleil. Comme les distances du Soleil et de la Lune sont, par hasard, dans la même proportion que leurs diamètres, la Lune peut masquer partiellement ou entièrement l'éclat du Soleil. L'ombre de la Lune couvre à la surface de la Terre une zone maximale de 265 kilomètres de largeur. C'est là que peut se produire l'éclipse totale de Soleil. Et comme l'ombre de la Lune se déplace à la surface de la Terre à la vitesse des ultrasons, l'événement ne dure en un lieu donné pas plus de 7 minutes et demie, souvent moins.

Lorsque la Lune, sur son orbite autour de la Terre, passe dans l'ombre de la Terre, il se produit une éclipse de Lune. Cette éclipse est totale si la Lune passe entièrement dans l'ombre, partielle si elle passe en partie dans l'ombre. Les éclipses de Lune sont plus facilement visibles en différents endroits de la Terre, car il suffit que la Lune soit au-dessus de l'horizon pour qu'on puisse les voir.

Dans le ciel *Une éclipse de Soleil n'est pas visible sans instruments optiques pendant sa phase partielle. Pendant la phase totale, tout devient brutalement sombre. Dans l'éclipse de Lune, la Lune paraît rouge ou jaune.*

> ***Il faut protéger ses yeux de la lumière du Soleil, sauf pendant le maximum d'une éclipse totale.***
> ***Les éclipses totales de Soleil ne durent que quelques minutes.***
> ***Les éclipses totales de Lune durent environ 1 heure.***

Éclipse de Lune : la Lune devient rouge foncé

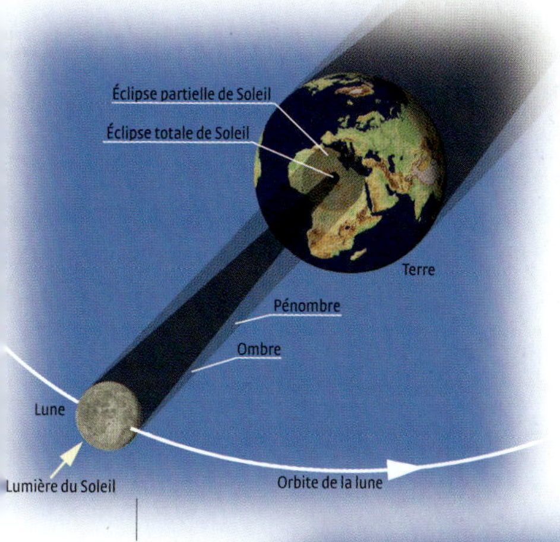

Comment se produit une éclipse totale de Soleil

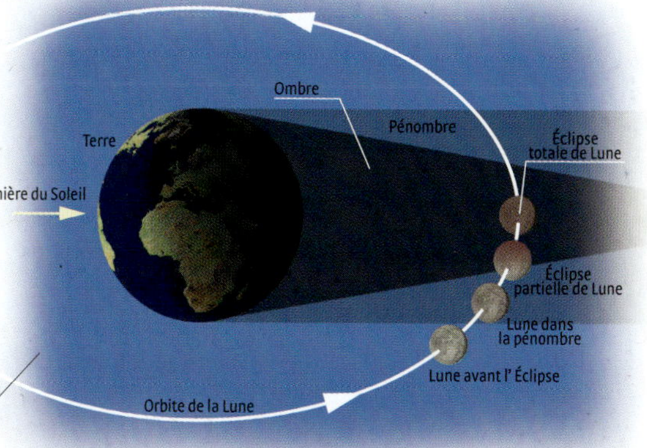

Comment se produit une éclipse totale de Lune

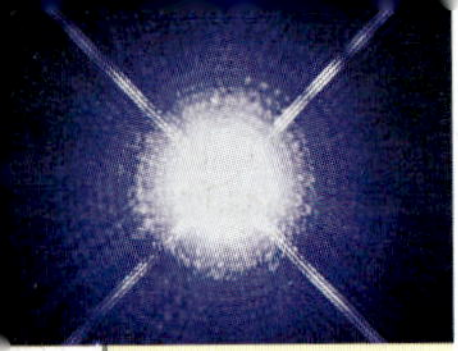

Brillance et distance

La brillance d'une étoile est fonction de sa distance

Les objets les plus brillants : le Soleil (magnitude −26,7), la Lune (magnitude −12,6)
Étoile la plus brillante : Sirius (magnitude −1,5)

Dans le ciel *Les étoiles de magnitude 6 sont juste visibles à l'œil nu, les étoiles plus brillantes que la magnitude 1 ont une magnitude 0, −1, −2, etc. Les étoiles dont l'observation nécessite une lunette astronomique ont une magnitude de 7, 8, 9, etc.*

> ***Une étoile de magnitude 1 est 100 fois plus brillante qu'une étoile de magnitude 6.***

> ***L'étoile Proxima du Centaure à 4,22 années-lumière (soit 40 000 milliards de km).***

Proxima du Centaure, l'étoile la plus proche de la Terre

On peut observer dans le ciel des étoiles de brillance très différente. En 129 av. J.-C., Hipparque, astronome grec, a classé les étoiles en six catégories selon leur brillance : les étoiles les plus brillantes sont dans la 1re catégorie, les moins brillantes dans la sixième. En 1856, Norman Pogson a étudié les bases mathématiques de cette échelle. Une différence d'une magnitude correspond à un écart de brillance de 2,5. La brillance d'une étoile est fonction de sa luminosité et de la distance. C'est pourquoi on parle de magnitude apparente. Pour comparer les étoiles entre elles, on calcule la magnitude absolue, qui détermine la brillance des étoiles dans l'hypothèse où elles seraient toutes à une distance de 32,6 années-lumière. Les dimensions dans l'Univers sont tellement immenses qu'on les exprime en années-lumière. Une année-lumière est la distance que parcourt la lumière en un an, soit 9 460 milliards de kilomètres, la lumière voyageant à une vitesse d'environ 300 000 kilomètres par seconde.

Exemple d'étoiles de brillance différente

Les étoiles qui composent la Grande Ourse sont situées à des distances différentes de la Terre

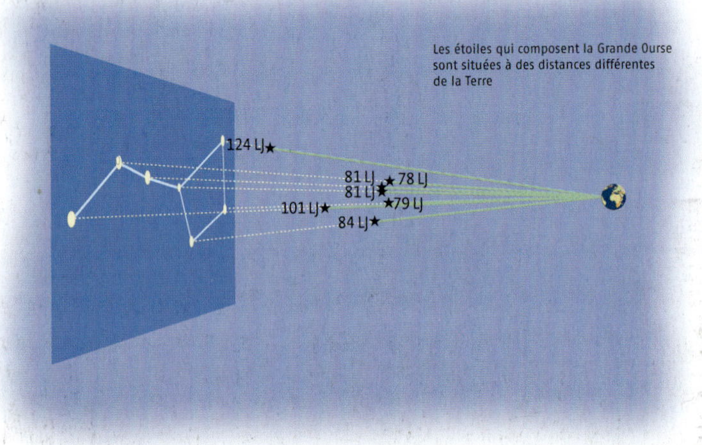

L'observation

Une question d'expérience

Les étoiles les moins brillantes visibles à l'œil nu sont de magnitude 4 à 6

Quand on regarde le ciel pour la première fois, on peut avoir en tête de belles photos d'objets astronomiques vues dans des livres ou sur Internet. Mais les belles couleurs de ces images n'ont rien à voir avec la réalité telle que l'être humain la perçoit à l'œil nu. Les appareils photographiques ont la capacité de saisir la lumière sur une durée prolongée, et de capter des longueurs d'ondes que l'œil ne perçoit pas. Nos yeux ne fournissent au cerveau que des images instantanées. Mais l'œil est beaucoup plus sensible aux écarts de brillance et de structure. On ne voit donc pas d'objets colorés dans le ciel, à l'exception des étoiles et des planètes brillantes, de quelques taches nébuleuses, et, dans une certaine mesure, de la Lune. Mais cela demande un apprentissage. Le succès d'une observation est fonction d'une aptitude qui se développe avec le temps. Plus on procède à des observations astronomiques à l'œil nu, à la lunette et au télescope, plus on peut percevoir de détails et d'objets moins brillants. Il s'agit d'entraîner le « système optique » de l'œil et du cerveau.

Dans le ciel *Si l'on sort par une nuit claire et qu'on regarde le ciel, on ne voit tout d'abord que les étoiles les plus brillantes. En 20 ou 30 minutes, le nombre d'objets célestes perceptibles croît sensiblement.*

> ***La pupille de l'œil se dilate dans la pénombre pour atteindre 4 à 7 mm.***
> ***Cette adaptation à la pénombre prend au moins 20 à 30 minutes.***
> ***À la lumière, la pupille se rétracte en revanche en quelques secondes.***

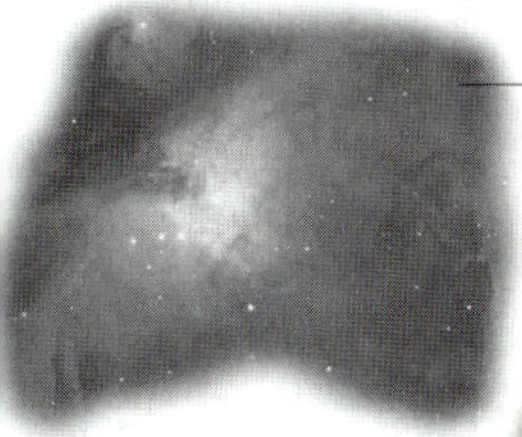

Nébuleuse gazeuse d'Orion au télescope

Nébuleuse gazeuse d'Orion en photographie

Anneaux de Saturne observés au télescope

L'hiver, on voit un grand nombre d'étoiles brillantes

Jumelles et télescopes

Instruments d'amplification de la lumière

Ouverture photosensible : 6-7 mm (œil), 50 mm (jumelles 8 × 50)

Dans le ciel *Quand on regarde dans un télescope, les objets apparaissent la tête en bas. Cela est dû à la conception même de l'appareil, alors que les jumelles montrent les objets à l'endroit.*

> ***L'écart entre la vision à l'œil nu et les jumelles est le même qu'entre les jumelles et un télescope de 36 cm, en ce qui concerne l'amplification de la lumière.***

Dans un télescope, les objets se présentent la tête en bas

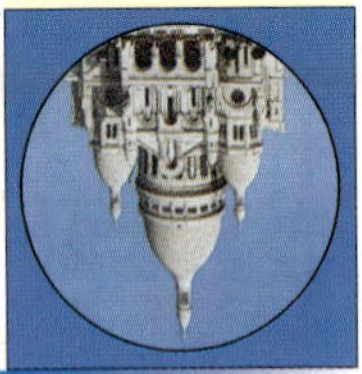

Avec les jumelles et le télescope, on peut voir des étoiles peu brillantes et les objets du ciel profond qui ne sont pas visibles à l'œil nu. Le diamètre de la lentille frontale ou du miroir principal (objectif) est décisif : plus ce diamètre est important, plus l'instrument peut montrer des objets faiblement lumineux. Un télescope est porté par une monture, composée de deux axes perpendiculaires mobiles. Ce support est lui-même posé sur un trépied. On peut aussi le fixer sur une tête et un trépied de caméra. La monture permet d'orienter le télescope selon deux axes : horizontal et vertical. Les lunettes d'observation ont un objectif composé d'au moins deux lentilles grossissantes, tandis que les télescopes utilisent un miroir concave pour produire l'image. Il existe différents types de télescopes. Les plus courants sont ceux de Newton et de Schmidt-Cassegrain. Dans ces télescopes, un deuxième miroir situé sur la trajectoire des rayons du miroir principal contribue à la composition de l'image. Un télescope de 6 cm a un objectif de 60 mm de diamètre, un télescope de 20 cm un objectif de 200 mm de diamètre.

Lunette astronomique à monture azimutale

Télescope à monture équatoriale

Télescope compact de Schmidt-Cassegrain

Grossissement et résolution

Diamètre d'objectif : les effets

Résolution : 60 secondes d'arc (œil) ; 2,3 secondes d'arc (télescope de 5 cm)

La partie du télescope ou de la lunette où l'observateur pose l'œil est l'oculaire. En changeant l'oculaire du télescope, on peut varier la puissance de grossissement. Celui-ci se calcule en fonction de la focale de l'oculaire et de la focale de l'instrument. Sur les jumelles, le grossissement et le diamètre de l'objectif sont gravés sur le boîtier. Plus le grossissement est fort, plus la luminosité est faible, et, le plus souvent, plus le champ de vision est restreint. Une lunette ne supporte donc qu'un grossissement maximal limité. Au-delà, l'image n'est pas nette. Une autre caractéristique importante est le pouvoir de séparation, ou résolution de l'image, qui mesure la capacité à séparer deux points de même luminosité. La capacité de séparation d'un instrument astronomique fournit une indication pour savoir si l'on peut distinguer les composants d'un système stellaire double. Un petit télescope possède selon l'ouverture de son objectif une résolution comprise entre une et trois secondes d'arc.

Dans le ciel *Le champ visuel d'un instrument astronomique est exprimé en degrés. Les jumelles ont un champ visuel de 3 à 7°, les télescopes de 4° environ à moins de 1°. La pleine Lune occupe un champ visuel de 0,5° de diamètre.*

> **Des jumelles de 8 × 50 ont un grossissement de 8 fois et un objectif de 50 mm de diamètre.**

> **Grossissement = focale de l'instrument / focale de l'oculaire.**

> **1° (degré) = 60' (min. d'arc) = 3 600'' (sec. d'arc) ; un cercle complet = 360°.**

Le grossissement d'un télescope est fonction du diamètre de l'oculaire utilisé

Lorsque le grossissement augmente, le champ visuel se rétrécit

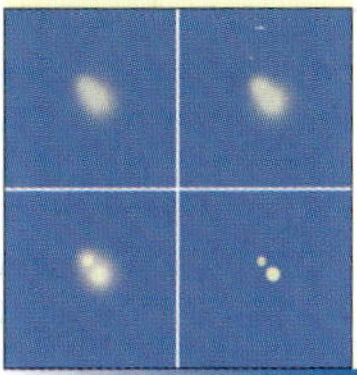

Plus le télescope est grand, plus son pouvoir de séparation (résolution) est important

Faible grossissement

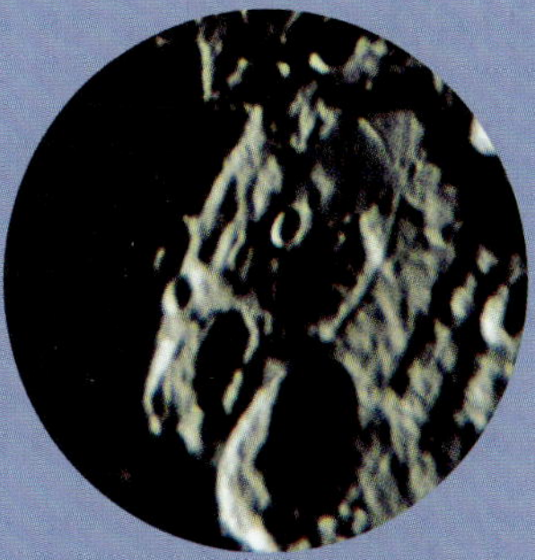

Fort grossissement

Mercure

La planète la plus proche du Soleil

Diamètre : 4 879 km ; distance moyenne du Soleil : 58 millions de km

Dans le ciel *Mercure est la planète la plus proche du Soleil, elle ne s'en éloigne jamais beaucoup. Après le coucher du Soleil ou avant son lever, elle apparaît très basse sur l'horizon. Mercure se distingue à l'œil nu, elle peut être plus brillante que Mars.*

> ***Au télescope apparaît comme un petit disque, qui connaît diverses phases lumineuses.***
> ***La meilleure visibilité est celle de demi-Mercure.***
> ***Mercure n'a pas de lunes.***

Comparaison entre Mercure et la Terre

Très proche du Soleil, Mercure atteint le jour une température de 400 °C et – 180 °C la nuit. Ces variations extrêmes sont liées à l'absence d'atmosphère capable de stocker la chaleur, ainsi qu'à la géométrie, car Mercure tourne sur son axe en 59 jours, soit les deux tiers du temps que cette planète met à faire le tour du Soleil. En raison de ce rapport entre jour et année sur Mercure, un observateur à la surface de Mercure ne pourrait assister à un coucher de Soleil que tous les 176 jours.

La surface de Mercure est constellée de cratères, ce qui montre qu'aucune atmosphère ne vient atténuer les effets des bombardements venant de l'espace. Elle a été presque entièrement cartographiée par les sondes spatiales. Il est possible que Mercure ait connu une collision aux tout débuts du système solaire avec un objet céleste de grande taille, ce qui aurait entraîné une perte de masse importante.

La surface de Mercure est creusée de cratères

Vénus

Deuxième planète du système solaire

Diamètre : 12 100 km ; distance moyenne du Soleil : 108 millions de km

Au début du xxe siècle, Vénus était considérée comme une planète sœur de la Terre. On pensait que son atmosphère dense cachait une abondante végétation, sorte de jungle primitive. Les premières sondes spatiales ont permis de corriger cette vision : avec des températures de 480 °C et une pression atmosphérique 90 fois supérieure à celle de la Terre, Vénus est une planète particulièrement inhospitalière. Même le plomb fond sur Vénus. L'atmosphère, constituée principalement de dioxyde de carbone, plonge la surface dans une pénombre constante. L'effet de serre qui piège les rayonnements thermiques explique les températures extrêmes. La surface de la planète porte les marques d'une activité volcanique : flux de lave figés et volcans éteints. Vénus tourne sur elle-même en 243 jours et autour du Soleil en 225 jours.

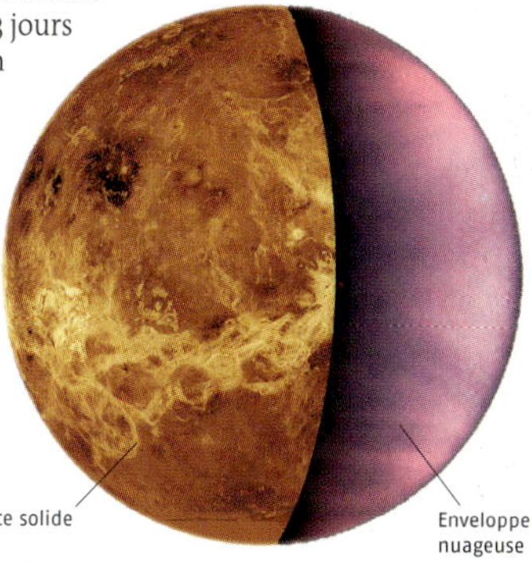

***Dans le ciel** Vénus est l'objet céleste le plus brillant après le Soleil et la Lune. On la voit à l'œil nu, à l'ouest après le coucher du Soleil et à l'est après son lever. Au télescope, Vénus a des phases lumineuses comme la Lune. Elle est surtout visible en phase de quartier ou de croissant.*

> **Visible à l'œil nu.**
> **Vénus montre son plus grand diamètre lorsqu'elle est proche du Soleil. Ensuite, on voit un mince croissant.**
> **Pas de lune.**

Comparaison entre Vénus et la Terre

Terre et Lune

Troisième planète du système solaire avec son satellite

Diamètre : 12 756 km (Terre) et 3 476 km (Lune) ; distance moyenne du Soleil : 149,6 millions de km ; distance moyenne Terre-Lune : 384 000 km

***Dans le ciel** La Lune effectue son cycle en 29,5 jours. Après le Soleil, c'est l'objet le plus lumineux de notre ciel. Le meilleur moment pour observer la surface de la Lune est le crépuscule.*

> ***Lorsque la Lune forme un mince croissant, on voit la lumière cendrée, qui n'est autre que la lumière du Soleil reflétée par la Terre.***
> ***La Terre et la Lune sont considérées comme planète double, car leur diamètre est proche.***

Rapport de grosseur entre la Terre et la Lune

La Terre est la seule planète du système solaire où il peut y avoir de l'eau liquide en surface, et dont l'atmosphère contient de l'oxygène en quantité significative. C'est la plus grande des quatre planètes telluriques. Par rapport aux autres planètes, la Terre possède une très grosse lune. La Lune est probablement constituée de fragments issus de la Terre, qui s'en seraient séparés il y a 4,5 milliards d'années, lorsque notre planète est entrée en collision avec un corps énorme. La Lune ne possède pas d'atmosphère, c'est pourquoi sa surface est marquée de nombreux cratères, qui vont de plusieurs milliers de kilomètres à quelques millimètres de diamètre. Les zones claires de la Lune sont appelées *terrae* (reliefs) et les zones sombres *maria* (mers lunaires) ; elles sont constituées de lave figée. Aujourd'hui, la Lune est un ensemble géologique pratiquement mort. Elle met un peu plus de 27 jours pour faire le tour de la Terre. Sa rotation sur elle-même prend à peu près la même durée, c'est pourquoi on voit toujours la même face.

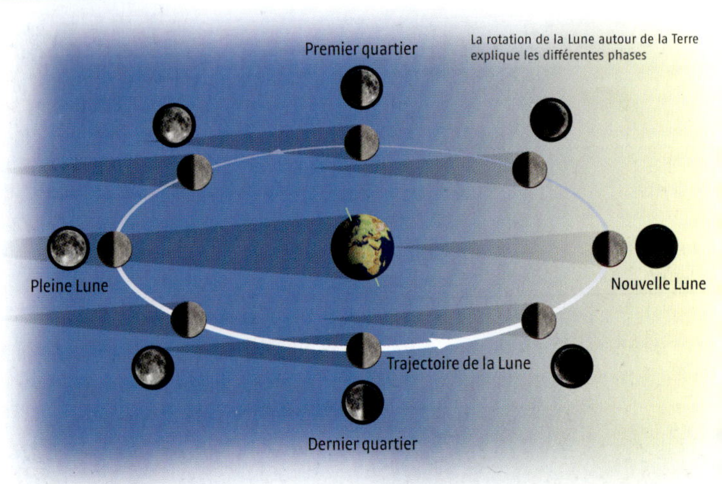

La rotation de la Lune autour de la Terre explique les différentes phases

Mars

Quatrième planète du système solaire

Diamètre : 6 790 km ; distance moyenne du Soleil : 228 millions de km

Mars est la planète tellurique la plus éloignée du Soleil. Elle fait le tour du Soleil en 687 jours ; l'année martienne est donc 2 fois plus longue que l'année terrestre. Le jour martien dure 24,6 heures, un peu plus que le jour terrestre. La planète rouge doit sa couleur aux déserts de sable et de roche qui couvrent sa surface, et qui sont riches en oxyde de fer : Mars est une planète qui « rouille ». L'Olympus Mons, qui atteint 27 km de hauteur, est un volcan éteint ; le plus grand volcan connu du système solaire. L'atmosphère de Mars est très mince, elle se compose de dioxyde de carbone et sa température estivale à l'équateur varie de + 20 °C à – 85 °C. Mars est aujourd'hui l'une des planètes les plus sèches, davantage que tous les déserts terrestres. Malgré cela, plusieurs structures géologiques témoignent de la présence d'eau sur Mars dans le passé. Mars est accompagnée de deux petits satellites, Phobos (du grec, « la peur ») et Deimos (« la terreur »).

Dans le ciel *Mars peut devenir la planète la plus lumineuse après Vénus et Jupiter, sa lueur est rouge. Un petit télescope suffit pour distinguer des structures à la surface de Mars, surtout les calottes polaires et Syrtis Major.*

> ***Visible à l'œil nu.***
> ***Mars peut s'observer au télescope uniquement lorsque cette planète est à la fois à proximité de la Terre et en opposition.***
> ***Deux satellites (invisibles avec les instruments optiques d'amateur).***

Comparaison entre Mars et la Terre

Les meilleures périodes pour observer Mars dans les années à venir

Jupiter

Cinquième planète du système solaire

Diamètre : 143 000 km ; distance moyenne du Soleil : 778 millions de km

Dans le ciel *Jupiter, la planète la plus brillante après Vénus, peut s'observer chaque année durant plusieurs mois. Avec un bon télescope, on peut distinguer ses quatre plus grosses lunes. On distingue également les deux bandes sombres qui soulignent l'équateur dans l'enveloppe gazeuse de Jupiter.*

> ***Visible à l'œil nu.***
> ***Certaines années, la grande tache rouge est très visible.***
> ***Au moins 63 lunes (dont 4 sont visibles avec un télescope d'amateur).***

Comparaison entre Jupiter et la Terre

Jupiter est la plus grande planète de notre système solaire. Elle met 11,9 ans à faire le tour du Soleil, alors qu'un jour sur Jupiter dure à peine 10 heures. Jupiter est composée en grande partie d'hydrogène, d'hélium, d'ammoniac et de méthane. Elle n'a pas de surface solide comme les planètes qui ressemblent à la Terre. Sa rotation rapide explique que les nuages de son atmosphère se regroupent en bandes parallèles à l'équateur. L'atmosphère étant le siège de turbulences, la structure des bandes nuageuses se modifie rapidement. La grande tache rouge, qui est une formation tourbillonnante observée depuis au moins 400 ans, est 3 fois plus grande que la Terre. La rotation rapide de Jupiter lui donne une forme aplatie, avec plus de 900 km d'écart entre les diamètres polaire et équatorial. Dans les couches supérieures de l'atmosphère, la température atteint – 150 °C. Jupiter possède un anneau, non visible avec les instruments d'amateur. Les quatre grands satellites, les satellites galiléens, sont appelés Io, Europe, Ganymède et Callisto. Ganymède, la plus grande lune du système planétaire, mesure 5 268 km de diamètre.

Les meilleures périodes pour observer Jupiter dans les années à venir

Saturne

Sixième planète du système solaire

Diamètre : 120 500 km ; distance moyenne du Soleil : 1,43 milliard de km

Après Jupiter, Saturne est la deuxième planète du système solaire par la taille. Ces deux planètes sont de structure très proche. Saturne possède une atmosphère d'hydrogène, d'hélium, de méthane et d'ammoniac, formant des bandes colorées liées à sa rotation rapide. Le jour saturnien dure un peu plus de 10 heures et demie, l'année – la rotation autour du Soleil – 29,5 ans. Saturne a une densité si faible qu'elle flotterait sur l'eau. Elle est encore plus aplatie que Jupiter. Son système d'anneaux est très complexe : il est formé de nombreux éléments solides, dont les dimensions vont de quelques millimètres à plusieurs mètres. C'est un mélange de poussière et de glace qui tourne autour de Saturne au niveau de l'équateur, comme un ensemble de lunes. La lune la plus brillante est Titan. Comme la Terre, elle possède une atmosphère. Elle est 10 fois plus dense que celle de la Terre et se compose principalement d'azote. Elle pourrait ressembler à l'atmosphère terrestre avant l'apparition de la vie.

Dans le ciel *Saturne est visible tous les ans durant plusieurs mois. Les détails sur son disque sont plus difficiles à repérer que sur Jupiter. Selon l'orientation de la Terre et de Saturne, les anneaux se montrent étalés, ou sur la tranche.*

- **Visible à l'œil nu.**
- **Les anneaux se distinguent avec un petit télescope.**
- **Au moins 62 lunes (5 sont visibles avec des instruments d'amateur).**

Comparaison entre Saturne et la Terre

Les meilleures périodes pour observer Saturne dans les années à venir

Uranus

Septième planète du système solaire

Diamètre : 51 100 km ; distance moyenne au Soleil : 2,9 milliards de km

***Dans le ciel** Uranus est théoriquement visible à l'œil nu, mais difficile à trouver. Au télescope, on voit un disque minuscule, de teinte verdâtre. Les détails de l'enveloppe gazeuse d'Uranus ne sont pas accessibles aux instruments optiques d'amateur.*

- **Simple à voir au télescope.**
- **Se déplace lentement par rapport aux étoiles.**
- **Au moins 27 lunes (non visibles avec les instruments d'amateur).**

Comparaison entre Uranus et la Terre

Uranus est la première planète à avoir été découverte après l'Antiquité. C'est William Herschel qui le premier l'a remarquée en 1781. Cette planète fait le tour du Soleil en 84 ans et tourne sur elle-même en 17 heures et quart. Uranus, qui fait partie des planètes gazeuses géantes, a une atmosphère faite d'hydrogène, d'hélium, d'ammoniac et de méthane. Par sa grande distance au Soleil, les phénomènes météorologiques de son atmosphère sont moins marqués que sur Jupiter et Saturne. Toutefois, on peut parfois observer des détails, à condition de disposer d'un télescope professionnel ou d'une sonde spatiale. Les couches supérieures de l'atmosphère atteignent des températures de −215 °C. L'axe de rotation d'Uranus est incliné de 98° par rapport à la verticale, ce qui donne l'impression d'une planète qui roule le long de sa trajectoire. Uranus possède un anneau, très peu visible depuis la Terre. Sa plus grande lune s'appelle Titania. De nombreuses lunes d'Uranus sont, comme celles de Jupiter et Saturne, des blocs de roche de forme irrégulière de quelques kilomètres de longueur.

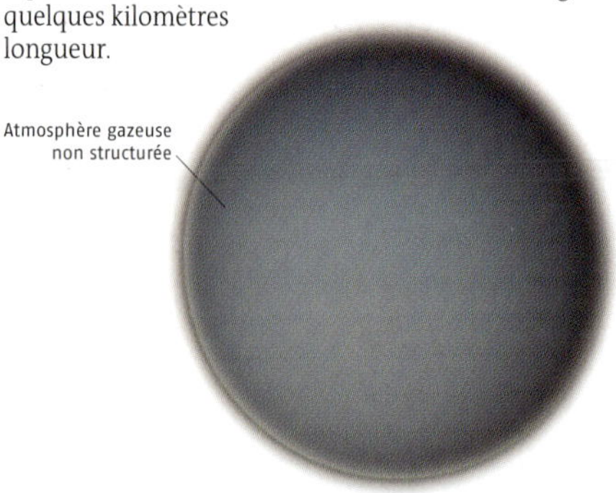

La planète Uranus au télescope

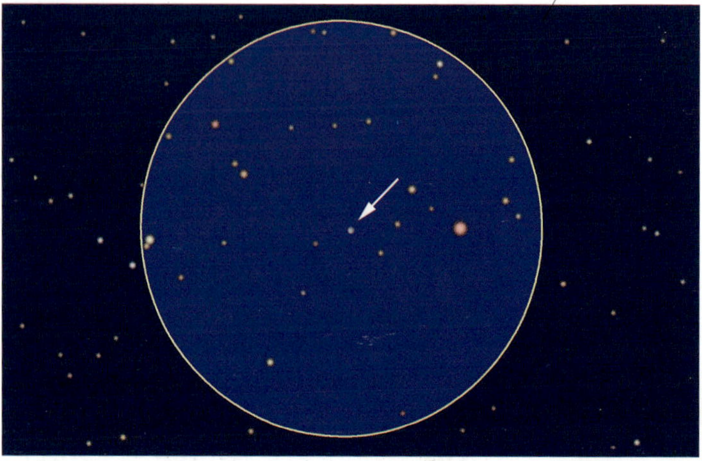

Neptune

Huitième planète du système solaire

Diamètre : 49 500 km ; distance moyenne du Soleil : 4,5 milliards de km

Johann Gottfried Galle a découvert Neptune en 1846 grâce aux calculs d'Urbain Le Verrier faits à partir d'une perturbation de la trajectoire d'Uranus. Cette planète est jumelle d'Uranus, mais elle contient plus de méthane, ce qui explique sa coloration bleutée. Un jour neptunien dure un peu plus de 16 heures, et la révolution autour du Soleil prend 165 ans. Depuis sa découverte par les Terriens, Neptune n'a donc pas bouclé une orbite autour du Soleil. La température des couches supérieures de l'atmosphère atteint – 214 °C. Malgré son fort éloignement du Soleil, Neptune connaît de plus fortes perturbations atmosphériques qu'Uranus, ce qui pourrait s'expliquer par une source de chaleur intérieure inconnue. Ainsi, à la fin des années 1980, on a pu observer une grande tache sombre correspondant à une forte tempête. En 1994, cette tache avait disparu. Neptune possède un anneau invisible depuis la Terre. Sa plus grande lune est Triton.

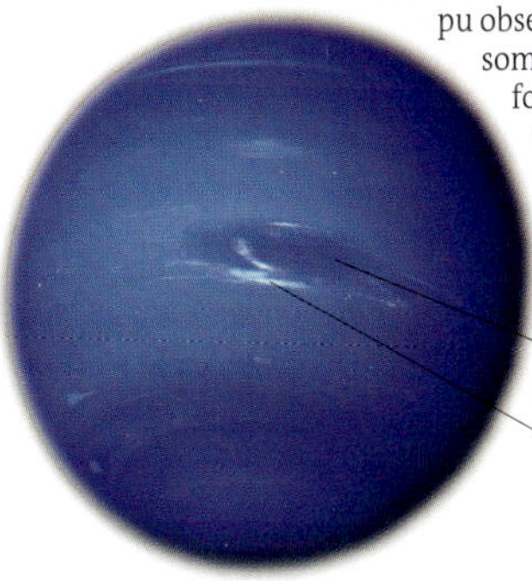

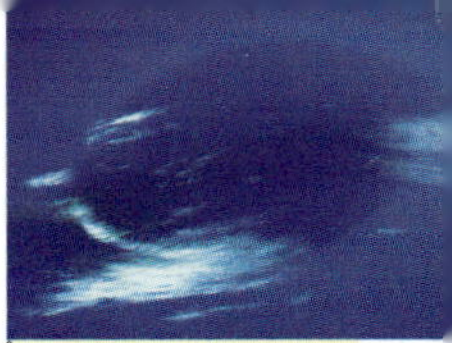

***Dans le ciel** Neptune n'est visible qu'avec des instruments optiques, éventuellement aux jumelles. Son disque minuscule, 2 fois plus petit que celui d'Uranus, se distingue d'une étoile grâce à un fort grossissement. Cette planète est visible plusieurs mois par an.*

- ***Visible aux jumelles.***
- ***Se déplace lentement par rapport aux étoiles.***
- ***Au moins 13 lunes (non visibles au télescope d'amateur).***

Comparaison entre Neptune et la Terre

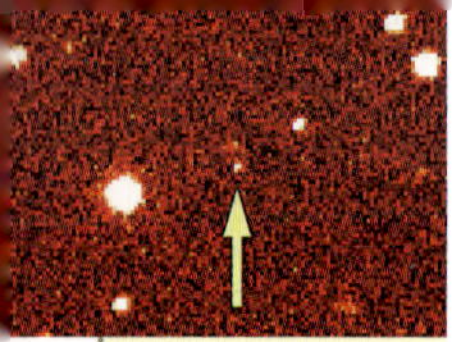

Pluton, objets de la ceinture de Kuiper

Planète naine du système solaire

Diamètre : 2 300 km ; distance moyenne du Soleil : 5,9 milliards de km

Dans le ciel *Pluton a une magnitude trop faible pour être vue avec un instrument d'amateur. Pour la trouver, il faut savoir où elle se trouve, car son aspect ne diffère pas de celui des étoiles voisines. Même avec un fort grossissement, Pluton reste un point dans le ciel.*

> ***Visible uniquement avec un grand télescope.***
> ***Les objets de la ceinture de Kuiper ne sont pas visibles avec un instrument d'amateur***
> ***Pluton possède trois lunes (invisibles au télescope d'amateur).***

Comparaison entre Pluton et la Terre

Depuis sa découverte en 1930 par Clyde Tombaugh, Pluton était considérée comme la neuvième planète du système solaire. Mais l'été 2006, l'Union astronomique internationale en a décidé autrement, et Pluton fait désormais partie des planètes naines. Depuis 1990, les astronomes découvrent de nombreux objets au-delà de la trajectoire de Neptune. Dans cette zone du ciel, baptisée « ceinture de Kuiper », environ 800 objets ont été décrits à ce jour. Le plus gros est une autre planète naine, découverte en 2005 : Éris, avec un diamètre légèrement inférieur à celui de Pluton. Sa distance moyenne du Soleil dépasse 10 milliards de km. Sa découverte a été décisive pour le changement de statut de Pluton.
La rotation de Pluton autour du Soleil dure 248 ans, et sa rotation sur elle-même 6,4 jours terrestres. La surface de cette planète naine, probablement tellurique, est entourée de gaz gelés : azote, monoxyde de carbone et méthane. De Pluton, le Soleil apparaît comme une étoile brillante. Sa plus grande lune est Charon. Les objets de la ceinture de Kuiper se distinguent des petites planètes de la ceinture d'astéroïdes (voir page suivante) non seulement par leur trajectoire, mais également par leur composition.

Illustration d'un objet de la ceinture de Kuiper, loin du Soleil

Astéroïdes, comètes et météores

Petits objets du système solaire

Diamètre du plus grand astéroïde (Cérès) : 940 km
Diamètre d'une comète typique : quelques kilomètres

De nombreux petits objets tournent autour du Soleil sur des trajectoires variées. La plupart des astéroïdes (également appelés petites planètes ou planétoïdes) tournent autour du Soleil sur une trajectoire située entre Mars et Jupiter. À côté de cette ceinture d'astéroïdes, il existe également de petites planètes qui peuvent s'approcher de la Terre. On connaît actuellement la trajectoire de plus de 100 000 planétoïdes, et l'existence de plus de 300 000 d'entre eux, il reste donc beaucoup d'observations à faire. Les comètes se déplacent sur des trajectoires fortement elliptiques, qui les conduisent brièvement à proximité de notre étoile centrale. Le Soleil réchauffe ces « boules de neige sales », ce qui explique la formation d'une queue de gaz et de poussière de plusieurs millions de kilomètres de longueur. Lorsque la Terre croise leur trajectoire quelque part dans l'Univers, de nombreux grains de poussière pénètrent dans notre atmosphère et s'échauffent, formant des météores ou étoiles filantes. Les astéroïdes, comètes et objets de la ceinture de Kuiper (voir page précédente) sont de nature proche.

Dans le ciel
De nombreux astéroïdes apparaissent aux jumelles ou au télescope comme des points lumineux. La plupart des comètes sont peu brillantes, mais certaines sont visibles à l'œil nu.

- ***Certaines comètes sont si brillantes qu'on peut les observer à l'œil nu durant des jours, des semaines, voire plusieurs mois.***
- ***La plupart des météores apparaissent vers la mi-août, lors de l'essaim météorique ou de la pluie d'étoiles filantes des Perséides.***

Comparaison entre Cérès et la Terre

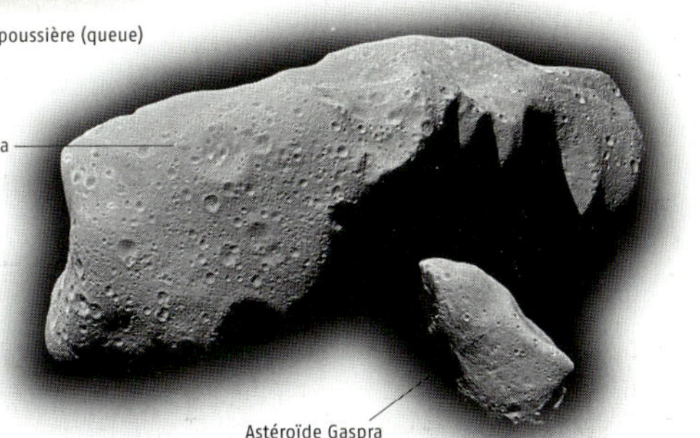

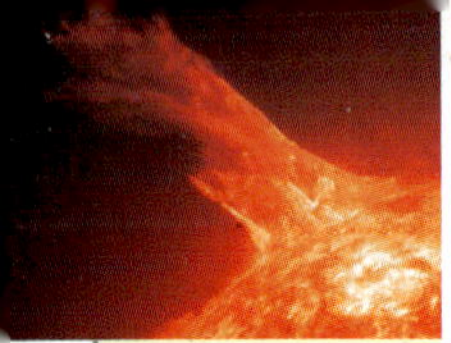

Soleil

Point central de notre système planétaire

Diamètre : 1,4 million de km ; distance de l'étoile la plus proche : 4,22 années-lumière (voir page 68)

Dans le ciel *Pour observer le Soleil, il faut prendre des précautions, car sa grande luminosité peut provoquer une cécité. On peut projeter l'image du Soleil au télescope sur une surface blanche, ou utiliser un filtre puissant monté sur le télescope.*

> ***Ne jamais regarder le Soleil directement !***
> ***Avec des lunettes spéciales, on peut regarder le Soleil sans danger.***
> ***Le Soleil est l'étoile la plus proche de la Terre.***

Comparaison entre le Soleil et la Terre

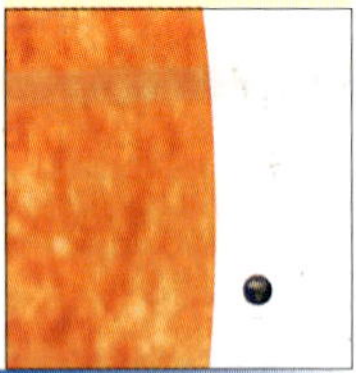

Le Soleil est la force dominante de notre système solaire. Par sa masse importante, il détermine la trajectoire de toutes les planètes, des astéroïdes, comètes et objets de la ceinture de Kuiper. Il faudrait aligner 109 Terres pour atteindre le diamètre du Soleil, et plus de 330 000 Terres pour égaler sa masse. Le Soleil est une boule d'hydrogène et d'hélium. Sa surface atteint une température de 5 500 °C, et son cœur 15 millions de degrés Celcius. Dans ces conditions extrêmes se déroule une réaction au cours de laquelle quatre noyaux d'hydrogène fusionnent pour donner un noyau d'hélium. Chaque seconde, le Soleil brûle ainsi 700 millions de tonnes d'hydrogène. L'énergie libérée par cette réaction nous parvient en partie sous forme de lumière visible. Nous pouvons voir les autres éléments du système planétaire parce qu'ils reflètent la lumière du Soleil. La surface du Soleil est faite de gaz en ébullition qui émet des fontaines en hauteur et forme des taches. Avec une lunette ou un télescope équipé spécialement, on peut observer ces taches solaires, qui sont particulièrement nombreuses tous les onze ans.

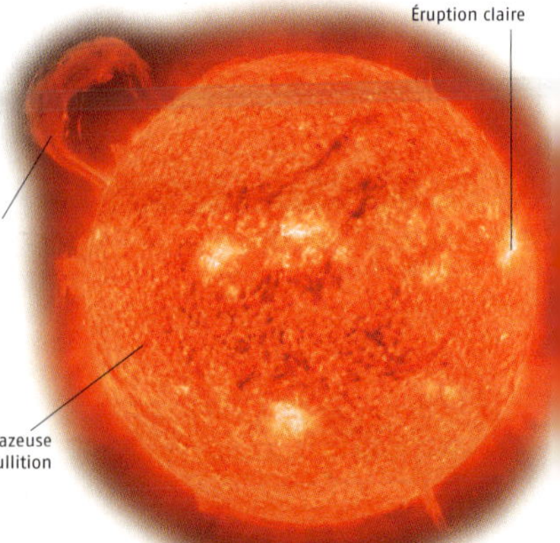

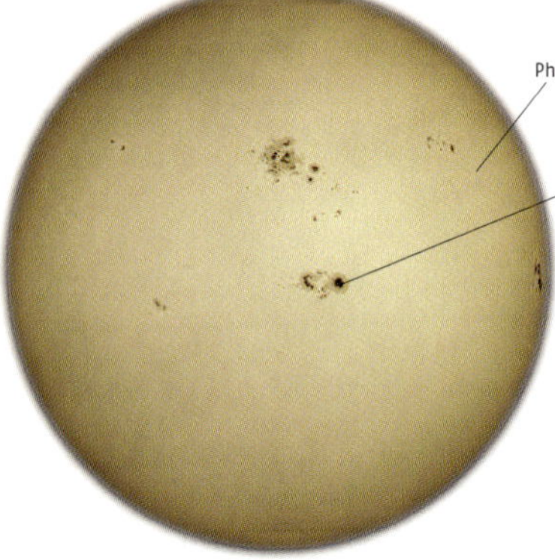

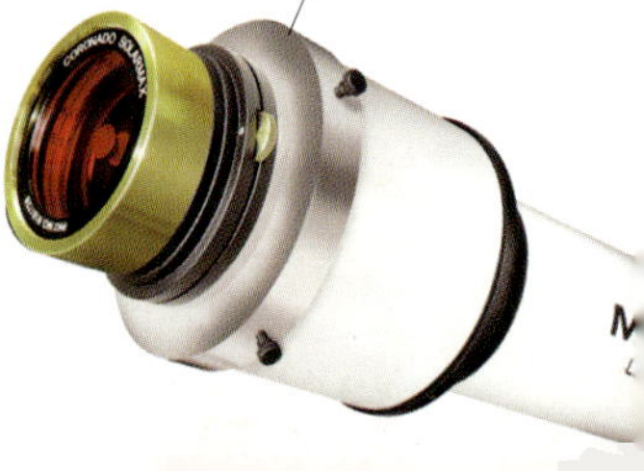

Étoiles et étoiles multiples

Frères et sœurs du Soleil

Diamètre des étoiles : 0,1 à 2 500 fois le diamètre du Soleil

Les étoiles sont des boules de gaz lumineuses formées d'hydrogène et d'hélium, et qui produisent de l'énergie par des réactions en leur centre, tout comme le Soleil. Elles se forment dans des nuages immenses de gaz et de poussière. Lorsqu'un équilibre s'établit entre la pression gazeuse (qui s'exerce vers l'extérieur) et la gravité (qui s'exerce vers l'intérieur), l'étoile émet de l'énergie de façon régulière. 99 % des étoiles connues sont dans cette phase, qui peut durer, selon la masse de l'étoile, de quelques millions à plusieurs milliards d'années. Ce n'est qu'au début et à la fin de leur existence que les étoiles connaissent de fortes variations de la brillance (page 30). Le Soleil existe depuis environ 5 milliards d'années, et il brillera encore sous sa forme actuelle à peu près aussi longtemps. Sur le plan physique, les étoiles sont des formations simples : leur évolution est prédéterminée par la masse, la magnitude et le diamètre. Depuis le milieu des années 90, les astronomes ne cessent de faire des découvertes. À ce jour, plus de 500 planètes extra-solaires ont été décrites.

Nuage gazeux à partir duquel les étoiles se forment

Jeunes étoiles chaudes

***Dans le ciel,** les étoiles restent des points brillants, même quand elles sont très éloignées de la Terre. Les paires d'étoiles forment une double optique lorsqu'elles se trouvent dans la même direction par hasard. En revanche, elles forment un système binaire si elles sont en orbite mutuelle (elles tournent toutes les deux autour d'un même centre de gravité).*

> ***Les étoiles se distinguent par leur couleur.***
>
> ***Environ 6 000 étoiles sont visibles à l'œil nu depuis la Terre au cours de l'année.***

Albiréo du Cygne : une belle étoile double

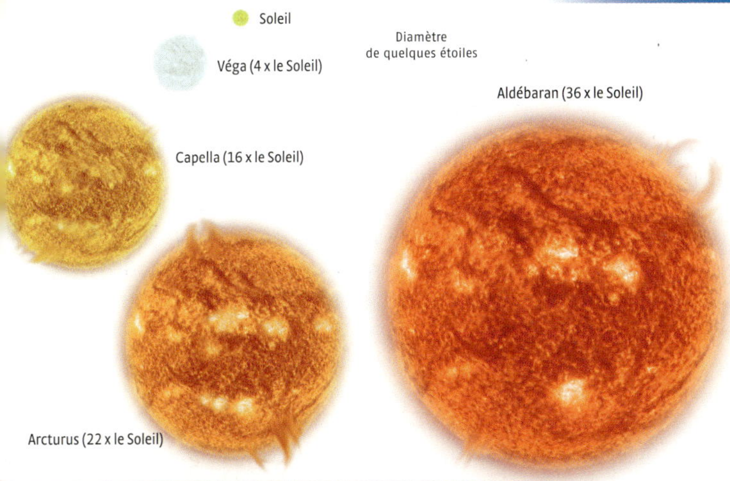

Diamètre de quelques étoiles

Soleil

Véga (4 x le Soleil)

Capella (16 x le Soleil)

Arcturus (22 x le Soleil)

Aldébaran (36 x le Soleil)

Étoiles variables

Étoiles dont la luminosité varie

Les variations de luminosité durent des millisecondes à des dizaines d'années

***Dans le ciel** Il existe des étoiles variables observables avec tous les types de lunettes et télescopes : plus de 30 000 ont été répertoriées ! Pour pouvoir les observer avec succès, il faut connaître le moment précis où elles doivent atteindre leur maximum ou leur minimum de luminosité (selon le type d'étoile).*

> ***Certaines étoiles variables doivent être observées pendant des mois pour repérer leur variabilité. Pour d'autres, quelques heures suffisent, en observant par tranches de 15 minutes, les nuits propices.***

Évolution de la luminosité

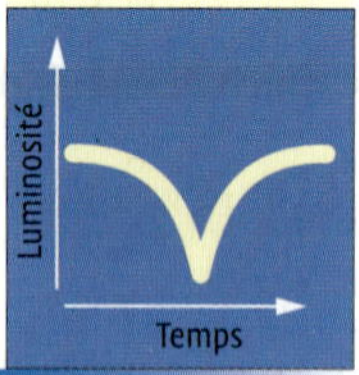

En début et en fin de leur évolution, les étoiles font preuve d'une luminosité variable. Selon leur type et la phase où elles se trouvent, la variation de luminosité est régulière ou abrupte et imprévisible. On distingue donc entre les variables pulsantes et les éruptives. Les étoiles qui adoptent le même type de comportement ont été regroupées en classes : céphéides, mira, R Coronae Borealis. Les supernovae sont les plus brillantes : il s'agit d'étoiles massives, en fin de vie, qui brillent brièvement comme des millions d'étoiles. Dans les siècles passés, trois supernovae ont été observables à l'œil nu : en 1572, 1604 et 1987. Outre les causes physiques des variations de luminosité, il peut y avoir des causes géométriques : si deux étoiles sont très proches l'une de l'autre et orientées de telle sorte que nous voyions leurs trajectoires quasiment de côté, elles peuvent se masquer mutuellement (variable optique). Ce type de variabilité est assez fréquent, le plus connu étant celui d'Algol de Persée.

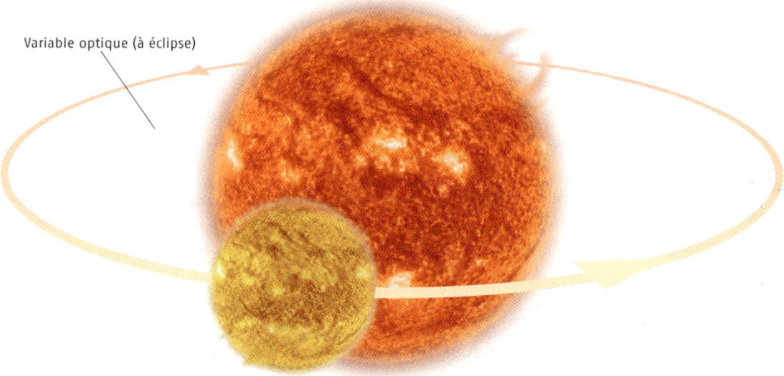

Nébuleuse planétaire

Couche gazeuse externe autour d'une vieille étoile

Diamètre typique : 1 année-lumière

L'appellation de nébuleuse planétaire remonte à William Herschel qui, au XVIIIe siècle, a choisi ce nom en raison de la forme arrondie de ce type d'objets. Le terme planétaire a été conservé, bien qu'il soit inexact. Il s'agit en fait d'un brouillard essentiellement composé d'hydrogène. Lorsqu'une étoile de faible masse arrive en fin de vie, ses couches externes sont expulsées, formant un nuage de matière. Dans certains cas, l'étoile centrale reste visible. Le rayonnement énergétique de l'étoile donne à la nébuleuse sa luminosité. Dans l'évolution d'une étoile, c'est une phase très courte : après 50 000 ans en moyenne, la nébuleuse s'est étendue au point de n'être plus visible. L'étoile centrale, la naine blanche, reste seule. Le Soleil aussi, en fin de vie, formera une nébuleuse planétaire et deviendra une naine blanche. Dans notre galaxie, nous connaissons environ 2 000 nébuleuses planétaires. Mais leur nombre réel est estimé à 10 ou 20 fois plus, car elles restent dans leur majorité cachées par un nuage de poussière.

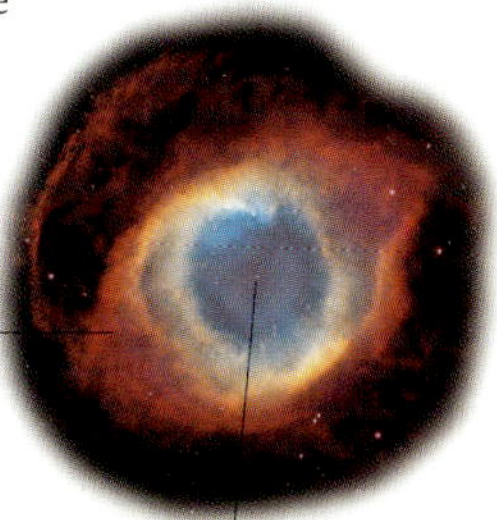

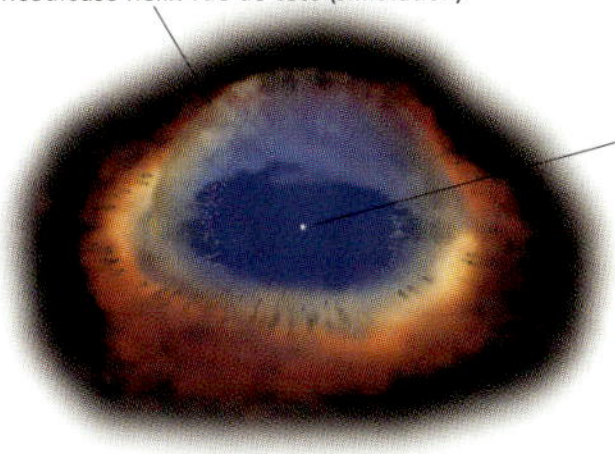

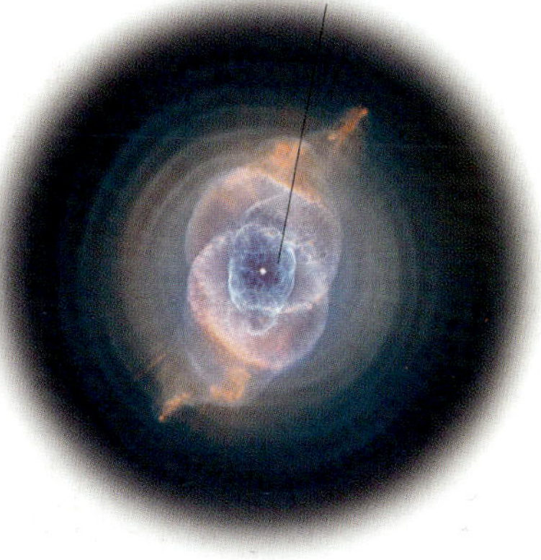

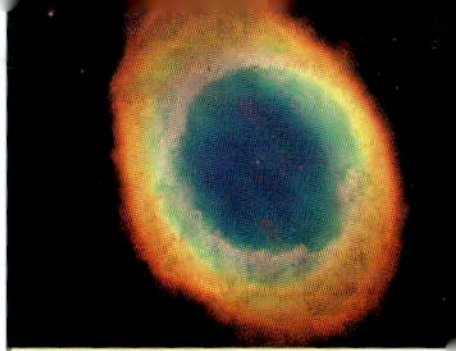

***Dans le ciel** Pour observer les nébuleuses planétaires, un télescope est presque toujours nécessaire. Ces objets, très petits, demandent un fort grossissement. Si les clichés longuement exposés donnent de belles couleurs, l'observation instantanée est nettement moins colorée.*

- ***Objets pour le télescope.***
- ***Des filtres spéciaux pour nébuleuses améliorent la visibilité de ces phénomènes.***
- ***Les nébuleuses M 57 (Ring Nebula) et M 27 (Dumbbell Nebula) sont les plus brillantes de l'hémisphère nord.***

Les filtres à nébuleuses renforcent le contraste au télescope

Amas ouverts

Groupe d'étoiles (de 20 à plusieurs milliers) qui se sont formées en même temps

Diamètre typique : 10 à 100 années-lumière

La plupart des étoiles se forment dans des amas ouverts (ou galactiques). Les amas sont ce qui reste lorsque la majeure partie d'un nuage de gaz ou de poussière se densifie pour former des étoiles. En effet, certains amas ouverts contiennent un reste de nébuleuse.

Les amas ouverts sont des formations astronomiques relativement jeunes, de quelques millions d'années, peut-être 10 millions d'années. Le record est détenu par NGC 188 (voir page 70), avec 5 milliards d'années. Les amas stellaires étant faiblement reliés par la gravité, ils ne durent souvent qu'un temps limité : en 150 à 800 millions d'années, un amas typique perd la moitié de ses étoiles. Tous les amas ouverts sont situés près du plan de notre galaxie (voir page 35) dans le ciel, le long de la Voie lactée. Les étoiles d'un amas ouvert sont proches les unes des autres : l'écart du Soleil à l'étoile la plus proche est supérieur à 4 années-lumière, tandis que l'écart entre deux étoiles d'un amas est typiquement de 0,5 à 3 années-lumière.

***Dans le ciel** De nombreux amas ouverts sont visibles aux jumelles, mais il faut utiliser le télescope pour distinguer les étoiles qui les composent. Pour les amas, un grossissement faible à moyen peut suffire. Leur aspect est très variable.*

> ***Objets pour toutes tailles d'instruments.***

> ***Dans l'hémisphère nord, six amas stellaires sont aisément reconnaissables à l'œil nu : les Pléiades, les Hyades, l'amas de Coma, Præsepe et l'amas double de Persée.***

Les Hyades, amas ouvert dans la constellation du Taureau

Amas ouvert Messier 7

Double amas stellaire de Persée

Amas globulaires

Groupes de plusieurs dizaines ou centaines d'étoiles qui se sont formées ensemble
Diamètre : de 15 à 350 années-lumière

Contrairement aux amas ouverts, les amas globulaires sont des formations très anciennes : âgés de 10 à 13 milliards d'années, ils comptent parmi les objets les plus anciens de l'Univers. Ils font encore partie de notre galaxie, dont ils forment un halo lointain, très excentré. On les trouve dans le ciel en regardant en direction de la Voie lactée, dans la constellation du Sagittaire, mais également loin de la Voie lactée. Presque tous les amas globulaires sont à plus de 15 000 années-lumière du centre de notre galaxie, près d'un tiers à plus de 150 000 années-lumière. Ils renferment le plus souvent plusieurs centaines de milliers d'étoiles, parfois jusqu'à 10 millions. Au centre de l'amas, les étoiles sont beaucoup plus denses que dans les amas ouverts : la distance entre elles est en moyenne de 0,3 année-lumière. Si on regardait le ciel depuis une planète à l'intérieur d'un amas globulaire, on verrait une multitude d'étoiles brillantes et proches. Notre galaxie possède environ 150 amas globulaires.

Dans le ciel *Les amas globulaires les plus clairs sont visibles aux jumelles sous l'aspect de taches diffuses, mais il faut un télescope pour en distinguer les étoiles. Un grossissement moyen à fort est nécessaire.*

> ***Objets pour les jumelles et la lunette astronomique. L'observation des détails demande un télescope.***
> ***L'amas globulaire le plus brillant est Oméga du Centaure (invisible en Europe centrale).***
> ***Dans le ciel de l'hémisphère nord, M 3, M 5 et M 13 sont les amas globulaires les plus brillants.***

Vue d'un amas globulaire au télescope

Amas globulaire avec des étoiles rougeâtres anciennes

Les amas globulaires se situent dans un halo autour de la Voie lactée

Nébuleuses

Nuages gazeux lumineux ou réfléchissant la lueur des étoiles, ou nuages de poussière sombres

Diamètre : de 1 année-lumière à plusieurs milliers d'années-lumière

Une nébuleuse (du latin *nebula* = nuage) est un objet céleste d'aspect diffus. Les nébuleuses forment en astronomie un groupe d'objets hétérogène. Il existe des nébuleuses qui brillent d'elles-mêmes parce qu'elles sont situées près d'étoiles très chaudes, et d'autres qui ne font que réfléchir la lumière des étoiles voisines. On parle donc de nébuleuses en émission et de nébuleuses par réflexion. Les nébuleuses planétaires (voir page 31) sont aussi des nébuleuses en émission. Il existe également des nébuleuses obscures, nuages de poussière denses et froids qui absorbent la lumière des étoiles situées derrière eux. Les nuages de gaz et de poussière sont le lieu de naissance des étoiles, et on voit souvent dans les nébuleuses des étoiles bleues qui brillent. Les rémanents de supernova sont des nébuleuses en émission qui résultent de l'explosion d'une étoile de masse élevée. L'exemple le plus connu est la nébuleuse du Crabe (voir page 150). Si les nébuleuses se distinguent nettement de leur environnement, leur densité est faible : elles contiennent moins de particules au mètre cube que le meilleur vide obtenu sur Terre avec un procédé technique.

Dans le ciel *L'observation des nébuleuses demande différents instruments. Pour les objets de grandes dimensions, il faut pouvoir balayer un champ visuel assez vaste, alors que certains détails ne peuvent se distinguer qu'avec un fort grossissement.*

- ***Objets adaptés pour tous les instruments optiques.***
- ***Des filtres spéciaux améliorent la visibilité de certaines nébuleuses***
- ***Les nébuleuses les plus lumineuses sont celle d'Orion (à la limite de l'hémisphère nord) et Êta Carinae (hémisphère sud).***

La nébuleuse du Crabe : reste d'une explosion stellaire

La Voie lactée

Bande claire formant un arc dans le ciel nocturne
Notre galaxie vue de l'intérieur
Diamètre de notre galaxie : 100 000 années-lumière

Démocrite, philosophe grec, expliquait déjà en 380 av. J.-C. que la Voie lactée devait être un amas d'étoiles. Mais c'est Galileo Galilei qui a pu les observer le premier, près de 2 000 ans plus tard, à la lunette. Toutes les étoiles que nous pouvons observer à l'œil nu ou au télescope font partie de la Voie lactée (la Galaxie). C'est notre patrie cosmique, un ensemble de 200 milliards d'étoiles disposées en un disque de 3 000 années-lumière d'épaisseur, autour d'un centre plus dense. Des bras spiraux partent du centre de la Galaxie. Notre système solaire est situé dans l'un de ces bras spiraux, à environ 27 000 années-lumière du centre de la Voie lactée. Comme toutes les étoiles, le Soleil tourne autour du centre de la Galaxie, sa rotation dure environ 220 millions d'années, alors que nous nous déplaçons dans l'Univers à une vitesse de 800 000 km/h. Notre Galaxie n'est qu'un système stellaire parmi de nombreuses galaxies (voir page 36).

Dans le ciel *Pour bien observer la Voie lactée, il vaut mieux se trouver dans un lieu sans éclairage. Un ciel sans Lune est préférable. On peut distinguer à l'œil nu de nombreux amas stellaires et nébuleuses obscures.*

- ***Observable à l'œil nu ou à la lunette.***
- ***La portion la plus claire de la Voie lactée se situe au nord, dans le Cygne.***
- ***Le centre de la Voie lactée se trouve dans le Sagittaire.***

Vue du centre de la Voie lactée

Voie lactée vue d'en haut

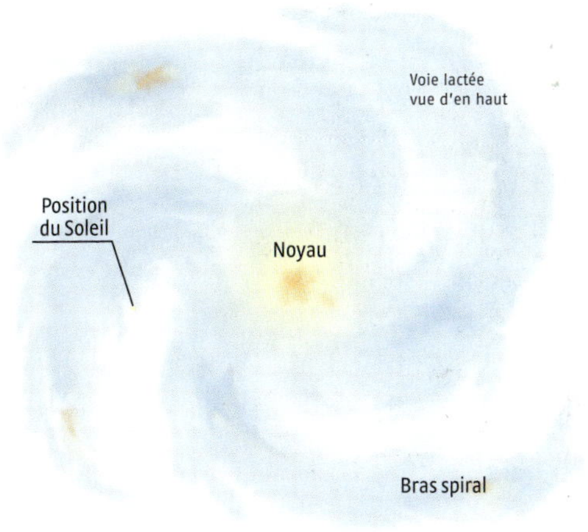

Voie lactée vue de côté

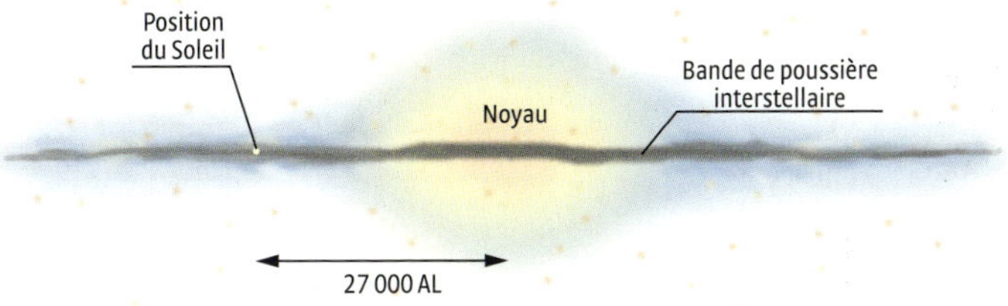

Galaxies

Systèmes stellaires, comme notre Galaxie

Diamètre : de quelques milliers à 6 millions d'années-lumière

***Dans le ciel** Il faut un télescope pour pouvoir observer la majeure partie des galaxies, à l'exception de quelques-unes qui sont plus claires ou plus proches. On peut alors les distinguer à la lunette, voire à l'œil nu. Les galaxies s'observent avec un grossissement faible à moyen.*

> **La plupart des galaxies ne sont visibles qu'au télescope.**
> **Les plus lumineuses sont Andromède (dans le ciel du nord), et le Grand et le Petit Nuage de Magellan (ciel du sud).**

Galaxie vue de côté, avec une bande de poussière sombre

La nature des galaxies n'a pu être établie qu'en 1924, lorsque l'astronome Edwin Hubble a chiffré la distance qui nous sépare d'Andromède. Une galaxie est un assemblage d'étoiles, de gaz, de poussières et de matière noire, comme notre Voie lactée. Certaines galaxies ont une masse légèrement supérieure aux amas globulaires, et d'autres contiennent mille milliards de masses solaires. Les astronomes distinguent plusieurs types de galaxies : les galaxies spirales ont un noyau dont partent des bras spiraux. Une galaxie spirale barrée est une galaxie spirale avec une barre centrale, d'où partent les bras spiraux. Notre galaxie est de ce type. Les galaxies elliptiques n'ont pas de bras spiraux, mais une forme sphéroïdale. Certaines galaxies n'ont pas de forme géométrique précise, elles sont irrégulières. Les galaxies lenticulaires n'ont pas de bras, mais elles possèdent un centre plus épais (le bulbe) et un disque. Certaines galaxies émettent une grande quantité de rayonnements radio. Il y a plus de petites que de grandes galaxies.

Galaxie du Tourbillon, M 51, dans la constellation des Chiens de Chasse

Noyau de la galaxie

Bras spiraux avec étoiles et nébuleuses rouges

Galaxie satellite

Galaxie spirale barrée

Amas galactiques

Assemblages pouvant regrouper plusieurs milliers de galaxies

Diamètre : typiquement de 10 à 20 millions d'années-lumière

Les galaxies ne sont pas isolées dans l'Univers, elles forment avec leurs voisines des groupes liés par la gravitation. Elles se déplacent en formations dans l'Univers. Comme pour les étoiles qui composent une galaxie, c'est la gravité qui commande ce ballet. Notre Voie lactée constitue, avec la galaxie d'Andromède, le centre de gravité du Groupe local, qui comporte plus d'une trentaine de galaxies, généralement de petite taille. Le Groupe local est voisin de l'amas galactique de la Vierge, dont le centre de gravité est la constellation de la Vierge. Cet amas regroupe environ 2 000 galaxies, sur un espace de 9 millions d'années-lumière. Les astronomes estiment le nombre d'amas galactiques dans un rayon de 1 milliard d'années-lumière à 160 000, regroupant 3 millions de grandes et 30 millions de petites galaxies. On sait aujourd'hui que ces 160 000 amas galactiques se regroupent en 80 superamas, qui sont des amas d'amas galactiques.

Dans le ciel *Les amas galactiques s'observent avec un très gros télescope, à l'exception, notamment, de l'amas galactique de la Vierge. Le ciel comporte également de petits groupes de quelques galaxies.*

> ***Les amas galactiques s'observent au télescope.***
> ***Les amas les plus lumineux du groupe local sont : M 31, M 32, M 33, M 110, le Grand et le Petit Nuage de Magellan.***
> ***L'amas galactique le plus connu est celui de la Vierge.***

Groupe galactique « Stephen's Quintet »

La galaxie spirale M 33 fait partie du Groupe local

Une partie de l'amas galactique de la Vierge

Les constellations

Andromeda

Andromède – Andromedae – And

Dimension : 722 degrés carrés (19e) entièrement visible de 90° Nord à 36° Sud

Repérage *Andromède est une constellation typique d'automne. Il faut un peu d'imagination pour reconnaître la fille du roi Céphée dans cette figure. L'étoile la plus brillante est Sirrah.*

> **Visible de juin à février.**
> **Les 3 étoiles les plus brillantes d'Andromède sont situées sur la diagonale, 2 étoiles moins brillantes sur une branche latérale.**
> **La galaxie d'Andromède est située dans le même secteur.**

Andromède apparaît dans le ciel du soir, entre septembre et février. Cette constellation comporte 3 étoiles relativement brillantes qui forment une longue chaîne. À droite, Andromède touche Pégase. Dans la mythologie grecque, Andromède a été enchaînée à un rocher pour être offerte à un monstre marin, afin d'apaiser Poséidon, le dieu de la Mer. Persée, dont la constellation est proche d'Andromède, a triomphé du monstre marin pour libérer la princesse.

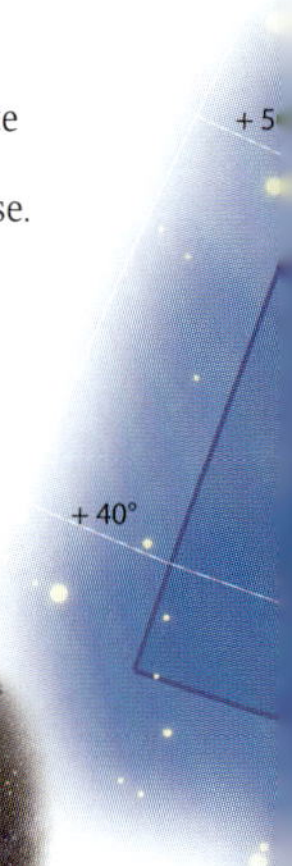

TRIANGLE ▸

Galaxie d'Andromède
Messier 31

Nuage planétaire NGC 7662

Étoile triple Alamak

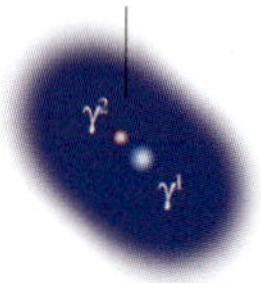

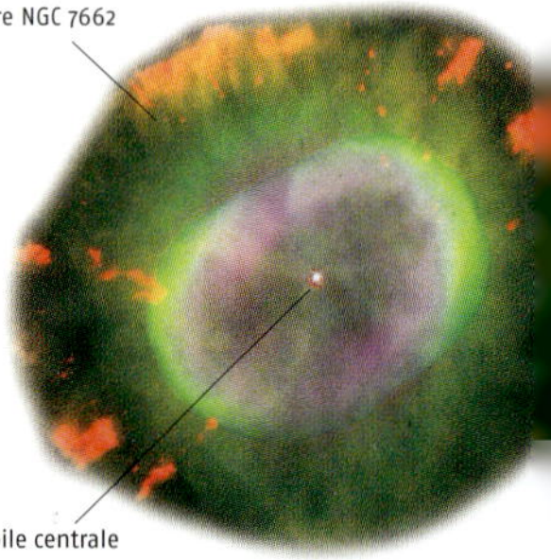

Étoile centrale

Observation

Sous la constellation, on trouve, près d'une étoile moins brillante, la galaxie d'Andromède. Par ciel sombre, on peut la distinguer à l'œil nu, comme une tache diffuse. À la lunette, on remarque ses galaxies sœurs, M 32 et M 110. Pour voir les bras spiraux de M 31, il faut un télescope.

Étoiles d'Andromède

Nom	*Description*	*Magnitude*	*Distance*
Sirrah (α)	*« Épaule de cheval », bleutée*	*2,1*	*97 AL*
Mirach (β)	*rouge*	*2,1*	*199 AL*
Alamak (γ)	*étoile triple*	*2,3/6,3/5,0*	*355 AL*
56 And	*double étoile optique, orange/rouge*	*5,7/5,9*	*360/990 AL*

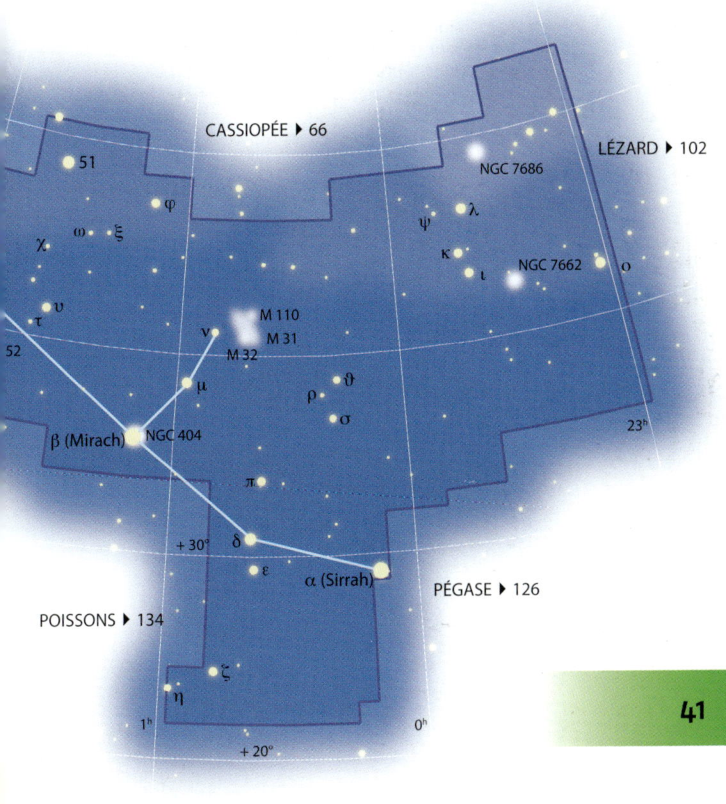

Objets du ciel profond d'Andromède			
Nom	*Description*	*Magnitude*	*Distance*
M 31	*galaxie d'Andromède, galaxie spirale*	*3,4*	*3 M AL*
M 32	*galaxie elliptique, satellite de M 31*	*8,2*	*3 M AL*
M 110	*galaxie elliptique, satellite de M 31*	*8,5*	*3 M AL*
NGC 404	*galaxie spirale*	*10,1*	*8 M AL*
NGC 752	*amas ouvert*	*5,7*	*1200 AL*
NGC 7662	*« Boule de neige bleue », nébuleuse planétaire*	*8,6*	*2610 AL*
NGC 7686	*amas ouvert*	*5,6*	*3200 AL*

Observation

Alamak, située à droite de la chaîne d'Andromède, est une étoile triple. Les composants brillants sont orange et bleu, et la troisième étoile est tout près du composant bleu. Il faut une lunette pour l'observer.

Antlia

Machine pneumatique – Antliae – Ant

Dimension : 239 degrés carrés (62e), entièrement visible de 50° Nord à 90° Sud

***Repérage** La machine pneumatique est une petite constellation de l'hémisphère sud, peu lumineuse. Elle ne comporte aucun objet brillant et est souvent noyée dans le brouillard de l'horizon.*

> ***Visible de janvier à avril.***
> ***Peu d'étoiles et d'objets observables avec un instrument d'amateur.***

La machine pneumatique est une constellation peu lumineuse, située à l'horizon de l'hémisphère sud. On peut l'observer le soir, en mars et avril, dans une zone du ciel où il y a peu de constellations remarquables. Nicolas Louis de Lacaille, astronome français, a découvert cette petite constellation en 1756, et l'a dédiée à l'inventeur de la pompe à air, le physicien Denis Papin. Il n'y a pas d'étoile brillante ni d'objet du ciel profond dans Antlia.

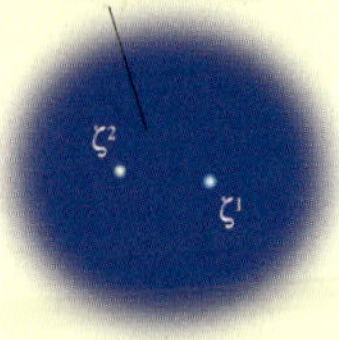

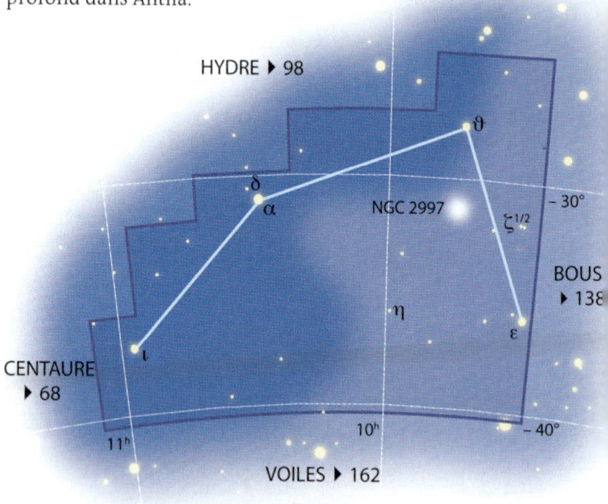

Galaxie spirale NGC 2997

Observation

Zêta-1 semble être une véritable étoile double, bien que l'écart entre les 2 objets ait très peu varié depuis leur découverte. Dans de bonnes conditions de visibilité, on devrait pouvoir distinguer les 2 étoiles à la lunette.

Étoiles et objets du ciel profond de la machine pneumatique			
Nom	*Description*	*Magnitude*	*Distance*
Zêta-1 (ζ1)	étoile double	6,2/7,1	372 AL
NGC 2997	galaxie spirale	10,6	32 M AL

Apus

Oiseau de Paradis – Apodis – Aps

Dimension : 206 degrés carrés (67e) ; entièrement visible de 7° Nord à 90° Sud

L'Oiseau de Paradis n'est pas visible de l'hémisphère nord. Ce sont des marins hollandais, Pieter Dirszoon Keyser et Frederick de Houtman, qui ont décrit cette constellation vers la fin du XVIe siècle. L'Oiseau de Paradis est proche du pôle Sud. Quatre étoiles peu brillantes en dessinent les contours. Cette constellation est proche du Triangle austral, que l'on rencontre lorsqu'on prolonge une ligne imaginaire du pôle Sud à l'Oiseau de Paradis.

Repérage *L'Oiseau de Paradis est visible toute l'année dans une grande partie de l'hémisphère sud. Ses 4 étoiles brillantes sont toutes orange ou rouge orangé.*

> ***Invisible en Europe.***
> ***4 étoiles relativement peu brillantes forment l'Oiseau de Paradis.***

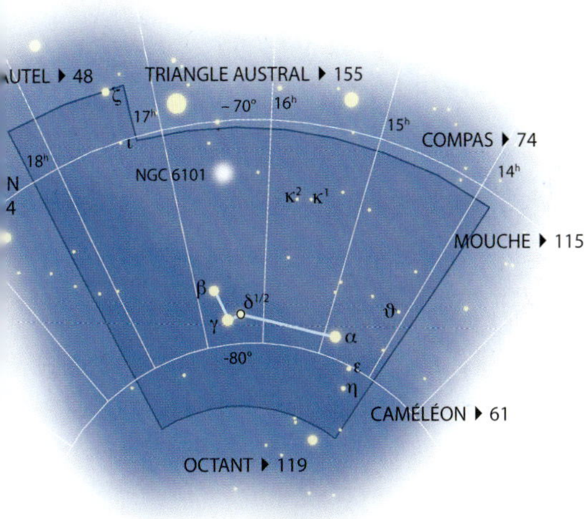

Étoile double Delta

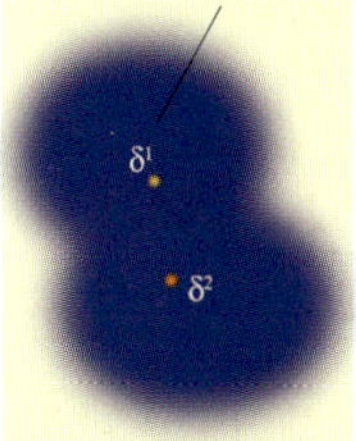

Amas globulaire NGC 6101

Observation

L'amas globulaire NGC 6101 est près de la limite nord de la constellation, non loin d'Atria, l'étoile la plus brillante du Triangle austral. Pour observer cet objet du ciel profond, il faut un télescope.

Étoiles et objets du ciel profond de l'Oiseau de Paradis

Nom	*Description*	*Magnitude*	*Distance*
Delta (δ^1, δ^2)	étoile double optique (rouge/orange)	4,7/5,1	765/663 AL
NGC 6101	amas globulaire	9	40 000 AL

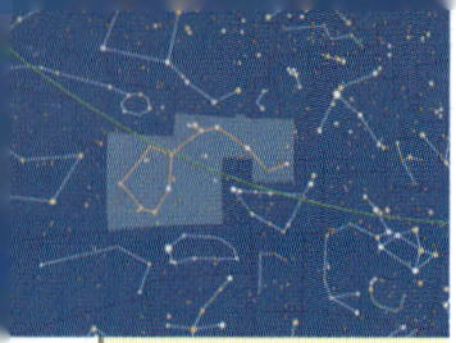

Aquarius

Verseau – Aquarii – Aqr

Dimension : 980 degrés carrés (10e) ; entièrement visible de 65° Nord à 87° Sud

***Repérage** Le Verseau est une constellation typiquement automnale, dont les étoiles les plus claires sont toutes regroupées dans la zone ouest. La figure mythologique est difficile à identifier : les bras, les épaules et la tête du porteur d'eau sont à droite de la constellation.*

> **Visible de juillet à novembre.**
> **Aquarius a donné son nom aux Aquarides, pluie d'étoiles filantes qui s'observe surtout au printemps et en été.**

Le Verseau, ou porteur d'eau, est surtout visible le soir, entre septembre et novembre. C'est une grande constellation, qui ne contient que quelques étoiles de magnitude moyenne. Le Verseau est l'un des douze signes du zodiaque, entre le Taureau (à l'ouest) et les Poissons (à l'est). Dans la mythologie grecque, le porteur d'eau Deucalion et son épouse ont pour mission de porter les jours et les nuits sur l'eau. C'est ainsi qu'ils empêchent Zeus, père des dieux, de faire disparaître l'humanité pécheresse dans un déluge. Selon une autre interprétation de la symbolique, le Verseau est l'échanson chargé de servir à boire à Zeus.

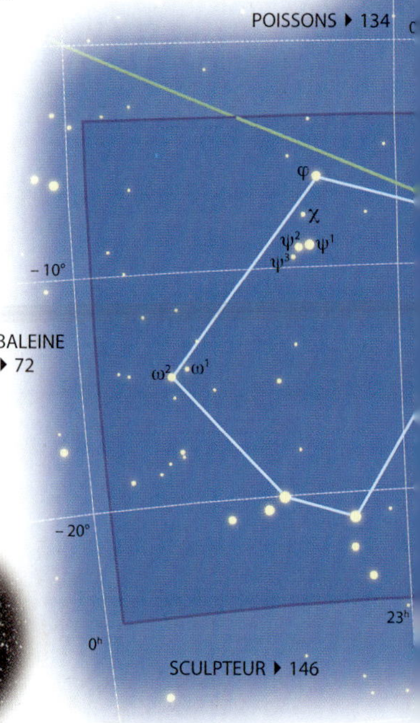

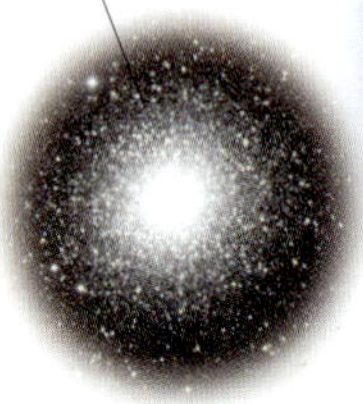
Amas globulaire M 2

Observation

L'amas globulaire M 2 forme un triangle rectangle avec les deux étoiles Sadalmelik et Sadalsud, de magnitude moyenne. Il peut s'observer à la lunette, comme une tache nébuleuse. Pour distinguer les étoiles qui le forment, comme sur la photo ci-contre, il faut un télescope.

Étoiles du Verseau

Nom	Description	Magnitude	Distance
Sadalmelik (α)	« Étoile chanceuse du roi », jaune	2,95	760 AL
Sadalsud (β)	« La plus chanceuse des étoiles chanceuses », jaune	2,9	612 AL
Sadachbia (γ)	blanc bleuté	3,9	158 AL
Skat (δ)	blanc bleuté	3,3	159 AL
Albali (ε)	blanc bleuté	3,8	229 AL
Zêta (ζ)	étoile double jaune	3,7/3,9	107 AL

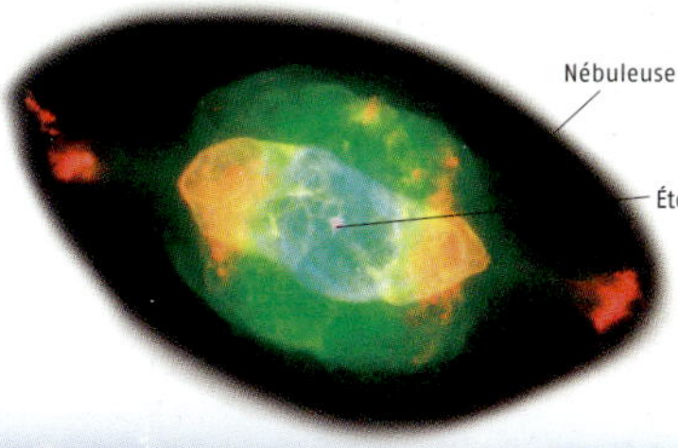

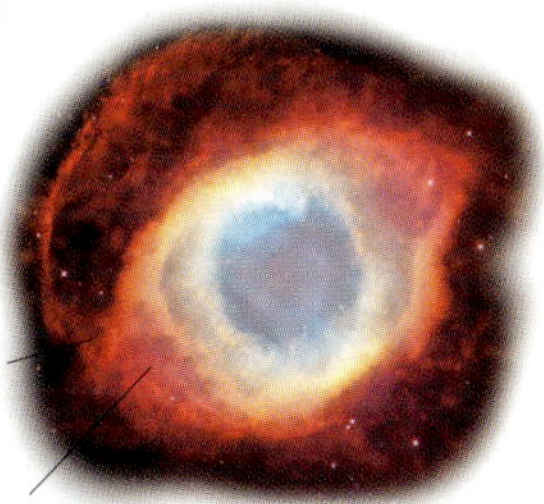

Objets du ciel profond du Verseau

Nom	Description	Magnitude	Distance
M 2	*amas globulaire*	*6,5*	*35 900 AL*
M 72	*amas globulaire*	*6,5*	*58 700 AL*
M 73	*groupe d'étoiles en Y*	*9*	*2000 AL*
NGC 7009	*« nébuleuse de Saturne »*	*8,0*	*2400 AL*
NGC 7293	*« nébuleuse de l'Hélice »*	*8*	*450 AL*

Observation

La nébuleuse de l'Hélice est l'une des plus grandes nébuleuses planétaires que l'on puisse observer dans le ciel. Le plus simple pour la trouver, est de partir de Fomalhaut dans le Poisson austral. On peut observer une nébuleuse étendue, peu brillante, en l'absence de pollution lumineuse.

Aquila

Aigle – Aquilae – Aql

Dimension : 652 degrés carrés (22e) ; entièrement visible de 78° Nord à 71° Sud

Repérage *L'Aigle est une constellation d'été, qui se repère surtout grâce à Altaïr, qui forme l'angle inférieur du triangle. Altaïr fait partie des 20 étoiles les plus brillantes du ciel.*

> ***Visible de mai à octobre.***
> ***3 étoiles de magnitude moyenne (Bêta, Gamma, Delta) forment un triangle quasi équilatéral, couché sur le côté. Altaïr est située entre Bêta et Gamma.***

L'Aigle peut facilement s'observer le soir, d'août à octobre. Les étoiles qui composent cette constellation sont de magnitude moyenne, à part Altaïr, nettement plus brillante. Altaïr, Deneb du Cygne et Véga de la Lyre sont les trois sommets du grand Triangle d'été. L'Aigle est situé dans la Voie lactée, accompagné de plus petites constellations : l'Écu, la Flèche et le Dauphin. Selon la légende grecque, l'Aigle a enlevé Ganymède (le Verseau) pour l'emmener au mont Olympe. L'Aigle conserve également les éclairs de Zeus, père des dieux.

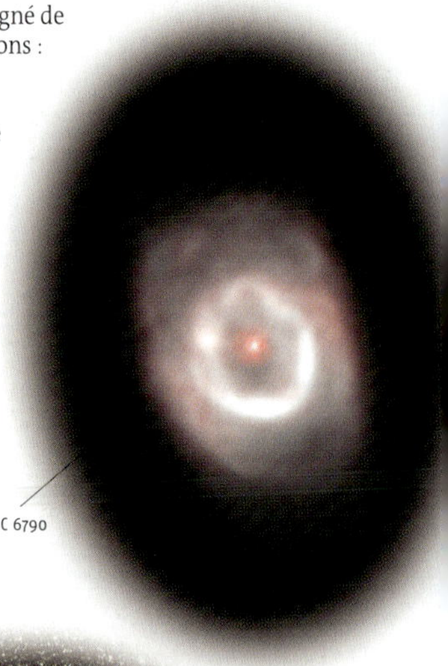

Nébuleuse planétaire NGC 6790

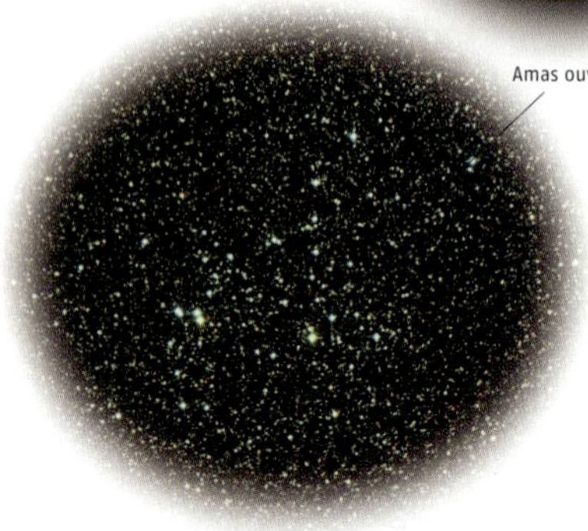

Amas ouvert NGC 6709

Observation

En biais, sous Zêta et Epsilon, on trouve l'amas ouvert NGC 6709, qui regroupe environ 40 étoiles. Il est visible à la lunette, mais il faut un télescope pour distinguer les détails. NGC 6709 occupe dans le ciel à peu près la même étendue qu'une demi-Lune.

Étoiles de l'Aigle

Nom	Description	Magnitude	Distance
Ataïr (α)	« Aigle en vol », blanche	0,8	17 AL
Alshain (β)	jaune	3,0	45 AL
Tarazed (γ)	rougeâtre	2,7	460 AL
Deneb al Okab (ζ)	blanc bleuté	3,0	83 AL
Êta (η)	variable, blanc-jaune	3,5-4,4	1173 AL
57	étoile double	5,7/6,5	350 AL

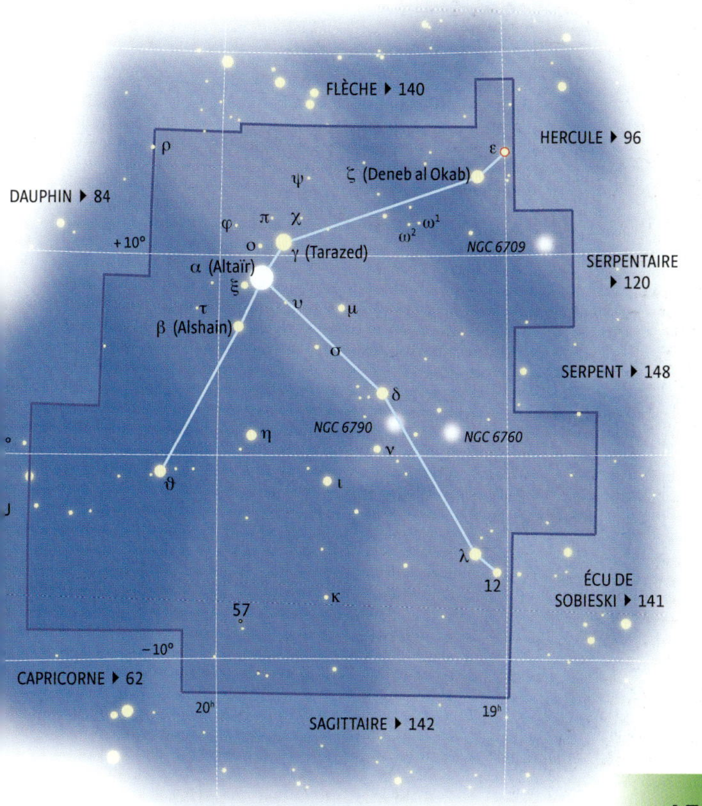

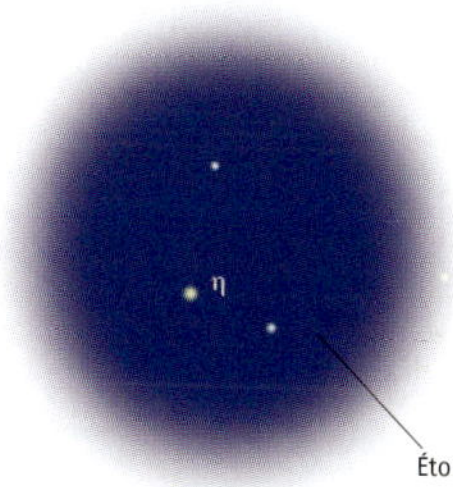

Objets du ciel profond de l'Aigle

Nom	*Description*	*Magnitude*	*Distance*
NGC 6709	*amas ouvert*	*7,5*	*3000 AL*
NGC 6760	*amas ouvert*	*9*	*19 600 AL*
NGC 6790	*nébuleuse planétaire*	*10,5*	*5200 AL*

Observation

Êta Aquilae a été, en 1874, l'une des premières étoiles variables découvertes par les astronomes. C'est une céphéide, une supergéante pulsatile. Sa magnitude varie dans le même ordre que celle de Delta Cephei (de 3,5 à 4,4), prototype des céphéides, classe d'objets variables.

Ara

Autel – Arae – Ara

Dimension : 237 degrés carrés (63e) ; entièrement visible de 23° Nord à 90° Sud

Repérage *L'Autel est une petite constellation visible dans le ciel austral, au sud du Scorpion, entre le Télescope et la Règle.*

> ***Non visible en Europe.***
> ***6 étoiles de magnitude moyenne en forme de chaise.***
> ***Au milieu de la Voie lactée, avec des nébuleuses claires et obscures.***

L'Autel n'est pas visible depuis l'Europe, car cette constellation est en bas du ciel austral, au sud du Scorpion, dans une zone dense de la Voie lactée. Elle fait partie des constellations décrites par les Grecs anciens. Ses contours sont marqués par des étoiles de magnitude moyenne, qui rappellent un peu la forme de la Coupe. À gauche de l'Autel se trouve le Télescope (Telescopium), à droite la Règle (Norma), deux petites constellations placées dans le ciel par la suite.

Amas ouvert NGC 6193

Amas globulaire NGC 6397

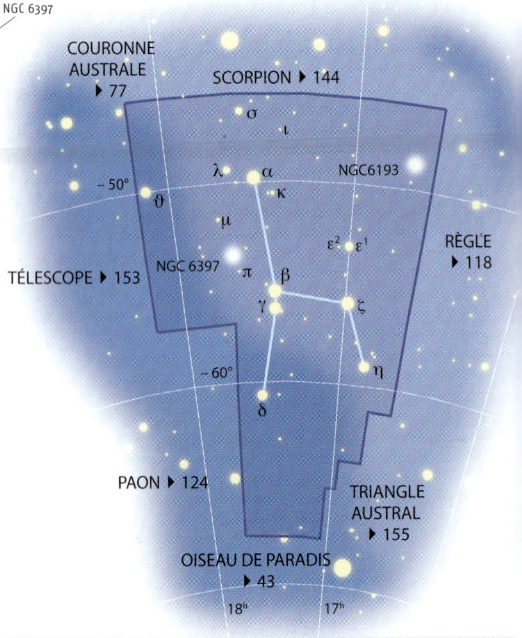

Observation

En partant de la ligne qui rejoint Alpha et Bêta, on trouve l'amas globulaire NGC 6397, dont on peut distinguer les étoiles au moyen d'un petit télescope. Cet amas de forme angulaire a la dimension de la demi-Lune.

Étoiles et objets du ciel profond de l'Autel

Nom	Description	Magnitude	Distance
Alpha (α)	blanc bleuté	2,8	242 AL
Bêta (β)	supergéante rouge orangé	2,8	600 AL
Gamma (γ)	supergéante bleue	3,3	1140 AL
NGC 6193	amas ouvert	5	4565 AL
NGC 6397	amas globulaire	5,8	10 500 AL

Aries

Bélier – Arietis – Ari

Dimension : 441 degrés carrés (39e) ; entièrement visible de 90° Nord à 60° Sud

Le Bélier est visible de novembre à janvier, le soir, en direction du sud. Cette petite constellation, qui ne comporte que 2 étoiles brillantes, est située légèrement au-dessous de la chaîne étoilée d'Andromède. Le Bélier est un signe du zodiaque, encadré par les Poissons et le Taureau. Dans la mythologie grecque, il représente le bélier à toison d'or que recherchent Jason et les Argonautes. Il y a 2000 ans, le Soleil se levait dans le Bélier au début du printemps.

Repérage *Le Bélier est une petite constellation marquante, formée d'une chaîne d'étoiles. Fin octobre, il atteint sa position au sud à minuit. L'étoile la plus brillante est Hamal.*

- **Visible de juillet à février.**
- **Constellation avec un seul objet du ciel profond pour télescope de puissance moyenne.**
- **Jadis, le Soleil était situé dans le Bélier au début du printemps.**

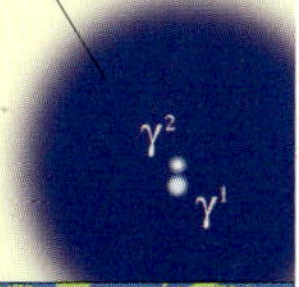

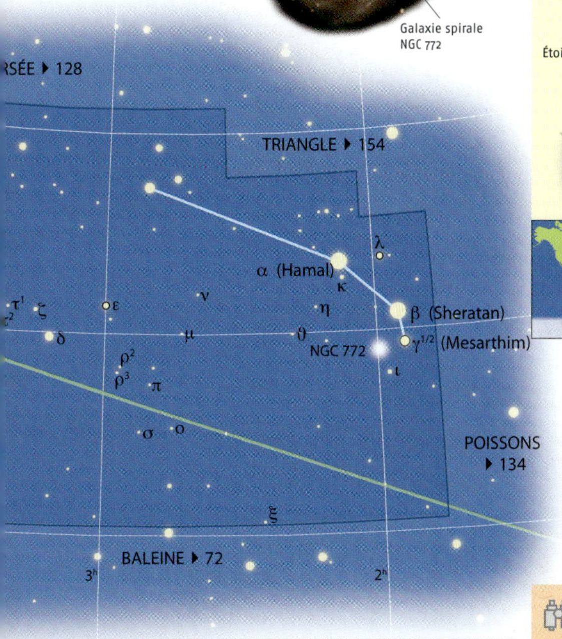

Étoiles et objets du ciel profond du Bélier

Nom	Description	Magnitude	Distance
Hamal (α)	« Agneau », rougeâtre	2,0	66 AL
Sheratan (β)	« Seconde », blanchâtre	2,6	60 AL
Mesarthim (γ)	étoile double	4,6/4,7	204 AL
Epsilon (ε)	étoile double serrée	5,2/5,5	290 AL
Lambda (λ)	étoile double	4,8/7,3	133 AL
NGC 772	galaxie spirale	10,3	100 M AL

Observation

À droite d'Hamal, on peut distinguer, à la fin de la chaîne d'étoiles, Mesarthim, une belle étoile double blanc bleuté, découverte en 1664 par Robert Hooke. Les 2 étoiles peuvent se distinguer au télescope à faible grossissement.

Auriga

Cocher – Aurigae – Aur

Dimension : 657 degrés carrés (21e) ; entièrement visible de 90° Nord à 34° Sud

***Repérage** Le Cocher est visible en hiver, le soir. Sa partie nord, avec Capella, étoile brillante, est circumpolaire.*

> ***Visible de juin à mai.***
> ***Forme caractéristique avec Capella comme étoile brillante, ainsi que 6 autres brillantes ou moyennement brillantes.***
> ***M 36, M37, M 38 : 3 amas stellaires brillants visibles à la lunette.***

Le Cocher est une grande constellation typique, dont la partie nord, autour de l'étoile brillante Capella, est circumpolaire. En décembre, le Cocher se trouve proche du Zénith vers minuit. Cet heptagone forme une constellation d'hiver classique, qui a une étoile en commun avec le Taureau : Elnath (Bêta du Taureau). Capella est la sixième étoile du ciel pour sa magnitude. Dans l'hexagone d'hiver, Capella est l'angle le plus au nord. Pour les Grecs, la constellation du Cocher était dédiée à Erichthonios, héros athénien affligé de pieds de serpent, qui a inventé le chariot.

Amas ouvert Messier 38

Amas ouvert Messier 37

Observation

Le plus bel amas ouvert dans le Cocher est M 37, qui se situe pratiquement sur la ligne de jonction entre Thêta du Cocher et Bêta du Taureau. Le plus brillant des amas stellaires se distingue à la lunette ; au télescope, le spectacle est encore plus beau.

Étoiles du Cocher

Nom	*Description*	*Magnitude*	*Distance*
Capella (α)	*« Chèvre », jaune*	*0,08*	*42 AL*
Menkalinan (β)	*« Épaule », blanc bleuté*	*1,9*	*82 AL*
Almaaz (ε)	*variable à éclipses*	*3,0-3,8*	*2000 AL*
Haedus (ζ)	*variable à éclipses*	*3,7-4,0*	*790 AL*
Hassaleh (ι)	*rougeâtre*	*2,7*	*512 AL*
Thêta (ϑ)	*étoile double*	*2,6/7,1*	*173 AL*

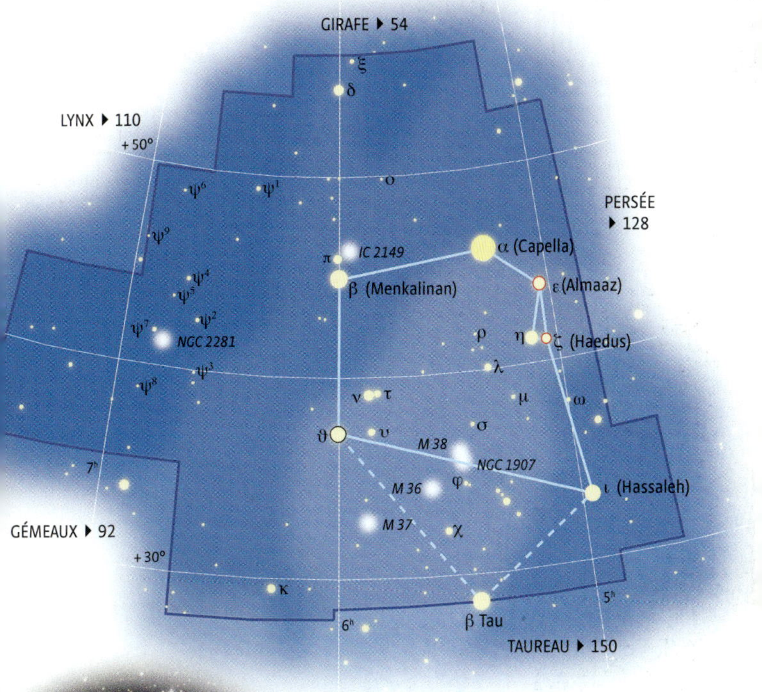

Amas ouvert Messier 36

Objets du ciel profond du Cocher			
Nom	***Description***	***Magnitude***	***Distance***
M 36	*amas ouvert*	*6,5*	*3900 AL*
M 37	*amas ouvert*	*6*	*4200 AL*
M 38	*amas ouvert*	*7,0*	*3900 AL*
NGC 1907	*amas ouvert*	*8,2*	*4500 AL*
NGC 2281	*amas ouvert*	*6,5*	*1500 AL*
IC 2149	*nébuleuse planétaire*	*10,6*	*3200 AL*

Observation

M 38, au cœur du Cocher, se repère à la lunette. Au télescope, on peut distinguer une centaine d'étoiles. Tout près de M 38 se trouve NGC 1907, autre amas ouvert, assez petit et peu brillant.

Bootes

Bouvier – Bootis – Boo

Dimension : 907 degrés carrés (13e) ; entièrement visible de 90° Nord à 35° Sud

Repérage *Le Bouvier a une forme marquante, qui évoque un cerf-volant. Son étoile la plus brillante, Arcturus, forme l'angle nord du Triangle du Printemps.*

> ***Visible de janvier à août.***
> ***Arcturus, étoile principale du Bouvier, est la quatrième étoile du ciel en magnitude.***
> ***Cette constellation donne son nom à la pluie d'étoiles des Quadrantides (visible en janvier).***

Le Bouvier est plus facile à observer au printemps, en soirée. Certains voient dans cette constellation un cornet de glace ou un cerf-volant, dont la pointe inférieure est marquée par Arcturus, quatrième étoile du ciel par sa brillance, nettement rouge. Arcturus forme avec Spica de la Vierge et Denebola du Lion le Triangle du Printemps. Dans la mythologie grecque, il y a plusieurs interprétations : dans une légende, il tient deux chiens (Canes Venatici) en laisse et poursuit l'Ourse (Ursa Major). Dans une autre, le Bouvier est le fils de Zeus et de la nymphe Callisto.

Observation

Izar (Epsilon), deuxième étoile du Bouvier en brillance, est un système double. Sa composante la plus brillante est une étoile bleue, la moins brillante est blanc bleuté. Il faut un petit télescope avec un fort grossissement pour les distinguer.

Étoiles du Bouvier

Nom	Description	Magnitude	Distance
Arcturus (α)	« Gardien de l'Ourse », rougeâtre	−0,05	37 AL
Nekkar (β)	« Conducteur de bœufs », jaune	3,5	219 AL
Seginus (γ)	blanche	3	85 AL
Izar (ε)	« Ceinture », étoile double	3,5/7,8	210 AL
Muphrid (η)	jaune	2,7	37 AL
Alkalurops (μ)	« Massue », étoile triple	4,3	121 AL
Nu-1, -2 (ν^1, ν^2)	double étoile optique	5,0/5,0	870/430 AL

Observation

Nu-1 et -2 est un bel objet à observer à la lunette : il comporte 2 étoiles qui se trouvent par hasard dans la même direction, alors qu'elles sont très éloignées l'une de l'autre. Nu-1 est orange, Nu-2 blanche. Elles se trouvent près de la pointe, marquée par l'étoile Nekkar.

Objets du ciel profond du Bouvier

Nom	*Description*	*Magnitude*	*Distance*
NGC 5248	*galaxie spirale*	*10,2*	*50 M AL*
NGC 5466	*amas globulaire*	*9,1*	*52 000 AL*

Camelopardalis

Girafe – Camelopardalis– Cam

Dimension : 757 degrés carrés (18e) ; entièrement visible de 90° Nord à 4° Sud

***Repérage** La Girafe remplit une zone du ciel plutôt vide, entre le Dragon, la Grande Ourse, le Cocher et Cassiopée, près du pôle Nord. Ses étoiles sont peu brillantes.*

- ***Visible toute l'année.***
- ***De forme relativement simple, une girafe vue de côté, avec un long cou et deux pattes.***
- ***Contient quelques objets du ciel profond, que l'on peut voir à la lunette.***

La Girafe est une constellation circumpolaire, visible toute l'année. Elle atteint sa plus grande hauteur dans le ciel entre septembre et février. C'est une grande constellation, mais ses étoiles sont peu brillantes. Elle est donc difficile à trouver, au milieu de constellations plus brillantes, comme la Grande Ourse, le Cocher, Persée et Cassiopée. C'est Petrus Plancius, théologien et astronome hollandais, qui a défini cette constellation en 1613, pour donner un nom à cette zone circumpolaire du Nord. Elle représente l'animal sur lequel Rébecca est montée pour rejoindre Isaac, son futur époux, à Cana.

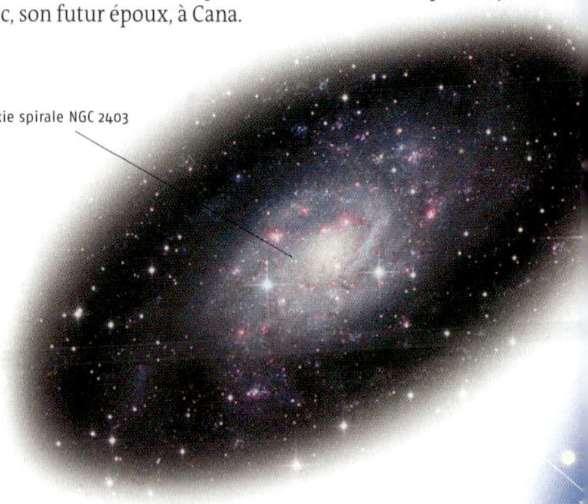

Observation

Collinder 464 (Cr 464) est un amas stellaire relativement inconnu au milieu, entre Bêta de la Girafe et l'étoile Polaire. Cet amas de 50 étoiles couvre une zone qui fait 4 fois le diamètre de la pleine Lune.

Objets du ciel profond de la Girafe

Nom	Description	Magnitude	Distance
NGC 1502	amas ouvert	6	3000 AL
NGC 2403	galaxie spirale	8,4	12 M AL
IC 342	galaxie spirale	9,1	6 M AL
Cr 464	amas ouvert	4,2	370 AL

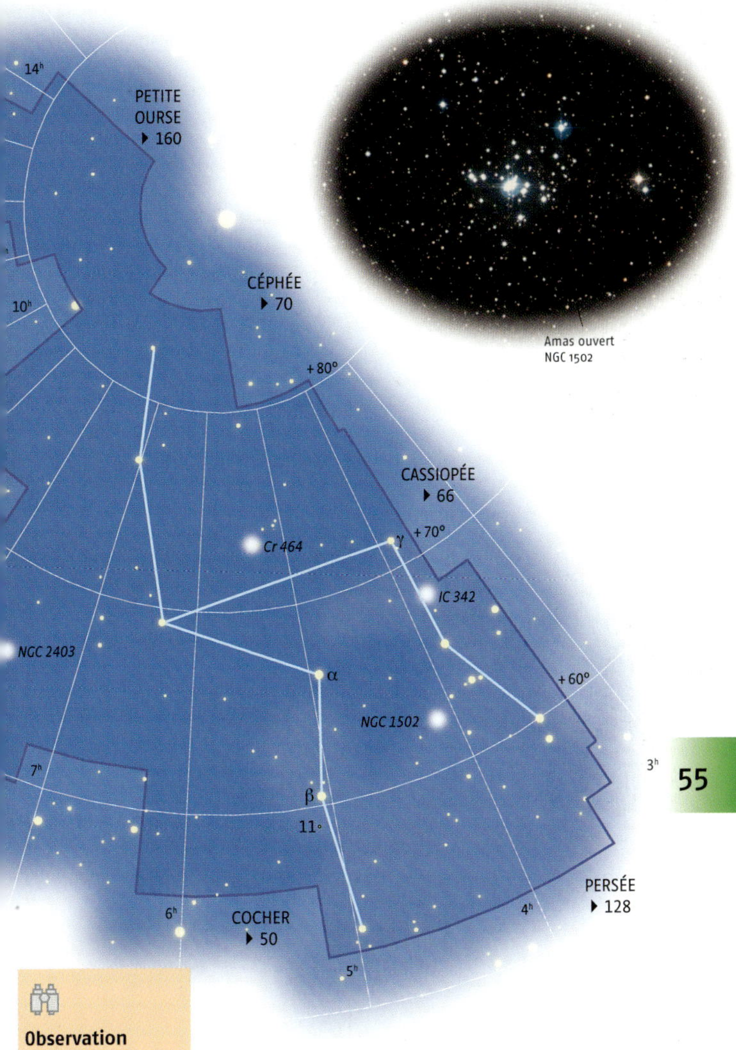

Amas ouvert NGC 1502

Observation

L'amas ouvert NGC 1502 est petit, mais très brillant. Situé entre les pattes de la Girafe, il est visible à la lunette. Mais il faut un télescope pour en distinguer les étoiles.

Étoiles de la Girafe

Nom	*Description*	*Magnitude*	*Distance*
Alpha (α)	*supergéante bleue*	*4,3*	*5000 AL*
Bêta (β)	*supergéante jaune*	*4,0*	*1000 AL*
11/12	*étoile double optique*	*5,1/6,3*	*650 AL*

Caelum

Burin – Caeli – Cae

Dimension : 125 degrés carrés (81ᵉ) ; entièrement visible de 41° Nord à 90° Sud

Repérage *Le Burin est une constellation mineure, très peu visible d'Europe moyenne. Aucune étoile ne dépasse 4,5 de magnitude.*

> ***Culmine dans le ciel du soir en hiver.***
> ***Très difficile à voir, car cette constellation reste toujours à l'horizon, vue d'Europe.***

Le Burin, entre Éridan et la Colombe, n'est visible d'Europe moyenne que dans de très bonnes conditions. Cette petite constellation a été définie en 1765 par Nicolas Louis de Lacaille. Le burin est un ciseau d'acier utilisé en gravure et sculpture. La constellation ne comporte pas beaucoup d'objets intéressants à observer.

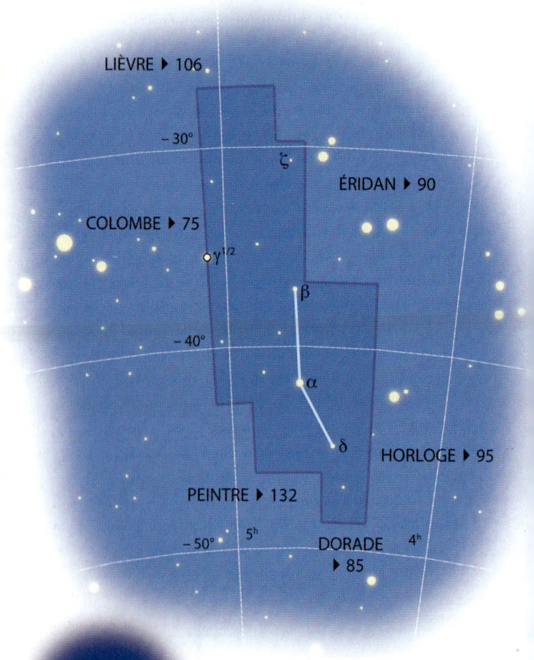

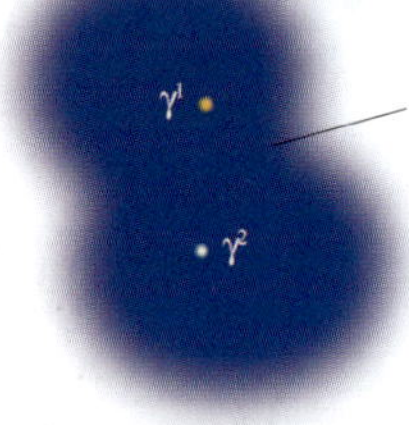

Observation

Si vous aimez les situations extrêmes, vous pouvez essayer d'observer l'étoile double Gamma, à la limite entre le Burin et la Colombe. Avec un grand télescope, on doit pouvoir distinguer les 2 étoiles, de magnitude très différente.

Étoiles et objets du ciel profond du Burin

Nom	Description	Magnitude	Distance
Alpha (α)	blanc-jaune	4,4	66 AL
Bêta (β)	blanc	5,0	90 AL
Gamma (γ)	étoile double	4,6/8,1	185 AL

Cancer

Cancer – Cancri – Cnc

Dimension : 506 degrés carrés (31e) ; entièrement visible de 90° Nord à 57° Sud

La constellation du Cancer atteint fin janvier-début février sa plus haute position, vers minuit. Dépourvue d'étoile très brillante, elle passe souvent inaperçue, entre le Lion (à l'est) et les Gémeaux (à l'ouest). Le Cancer forme un Y inversé, et les pinces du « crabe » se terminent par les étoiles Iota et Alpha. Dans la mythologie grecque, le Cancer attaque Hercule lors de son combat contre l'Hydre, et il est écrasé par le poids du héros. Dans l'Antiquité, le Soleil atteignait dans le Cancer son point le plus septentrional, d'où l'expression « Tropique du Cancer ».

***Repérage** Le Cancer est une constellation du printemps très discrète, en forme de Y inversé.*

- ***Visible de novembre à mai.***
- ***Constellation peu brillante.***
- ***Objet le plus visible : « la crèche (ou ruche) », amas ouvert.***

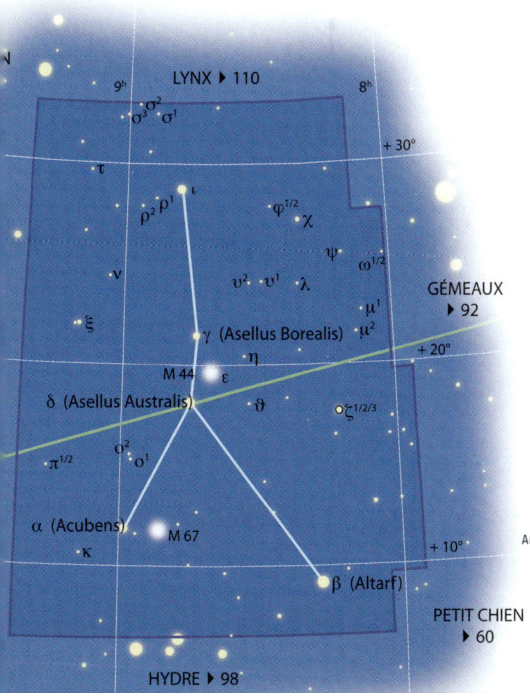

Amas ouvert Messier 67

Amas ouvert Messier 44

Étoiles et objets du ciel profond du Cancer

Nom	Description	Magnitude	Distance
Acubens (α)	« la Pince », blanche	4,3	174 AL
Altarf (β)	rouge orangé	3,5	290 AL
Asellus Borealis (γ)	« l'Âne du Nord », blanche	4,7	158 AL
Asellus Australis (δ)	« l'Âne du Sud », rouge orangé	3,9	136 AL
Zêta (ζ)	Étoile triple	5,6/6,0/6,2	83 AL
M 44	« la Crèche », amas ouvert	3,1	577 AL
M 67	amas ouvert	7	2400 AL

Observation

Entre les étoiles Gamma et Delta du Cancer se trouve l'amas ouvert Messier 44. Lorsque le ciel est sombre, la Crèche (ou Ruche, deux sens du mot latin praesepe) est visible à l'œil nu.
À la lunette, on voit de nombreuses étoiles, dont Epsilon, la plus brillante. M 44 paraît trois fois plus grand que la pleine Lune.

Canes Venatici

Chiens de chasse – Canum Venaticorum – CVn

Dimension : 465 degrés carrés (38e) ; entièrement visible de 90° Nord à 38° Sud

Repérage *Les Chiens de chasse sont une petite constellation proche de la Grande Ourse. L'étoile la plus brillante, Cor Caroli, permet de repérer cette constellation, de faible magnitude par ailleurs.*

> **Visible de décembre à août.**
> **2 étoiles forment la constellation.**
> **M3 est l'un des amas globulaires les plus brillants du ciel du Nord.**

Galaxie spirale Messier 106

C'est en avril que les Chiens de chasse atteignent leur point culminant dans le ciel, en début de nuit. Cette petite constellation au sud de la Grande Ourse est circumpolaire en Europe moyenne. Les Chiens de chasse ne comportent qu'une étoile relativement brillante : Cor Caroli (« le cœur de Charles ») en hommage au roi Charles Ier d'Angleterre. C'est un astronome polonais, Johann Hevelius qui a créé cette constellation en 1687. Elle représente deux chiens de chasse qui poursuivent la Grande Ourse et sont tenus en laisse par le Bouvier.

Galaxie spirale Messier 51

Galaxie satellite

Étoiles et objets du ciel profond des Chiens de chasse

Nom	Description	Magnitude	Distance
Cor Caroli (α)	« Cœur de Charles », étoile double	2,9/5,5	110 AL
Chara (β)	« Joie », jaune	4,2	27 AL
La Superba (Y)	« la Superbe », variable supergéante rouge	5,2–5,6	710 AL
M 3	amas globulaire	6	34 000 AL
M 51	« galaxie du Tourbillon », galaxie spirale	8,4	26 M AL
M 63	« galaxie du Tournesol », galaxie spirale	8,6	23 M AL
M 106	galaxie spirale	8,3	20 M AL

Amas globulaire Messier 3

Observation

À peu près au milieu entre Arcturus du Bouvier et Cor Caroli des Chiens de chasse, se trouve l'amas globulaire M 3. C'est un objet brillant, facile à repérer aux jumelles. Au télescope, on peut admirer les nombreuses étoiles qui le composent.

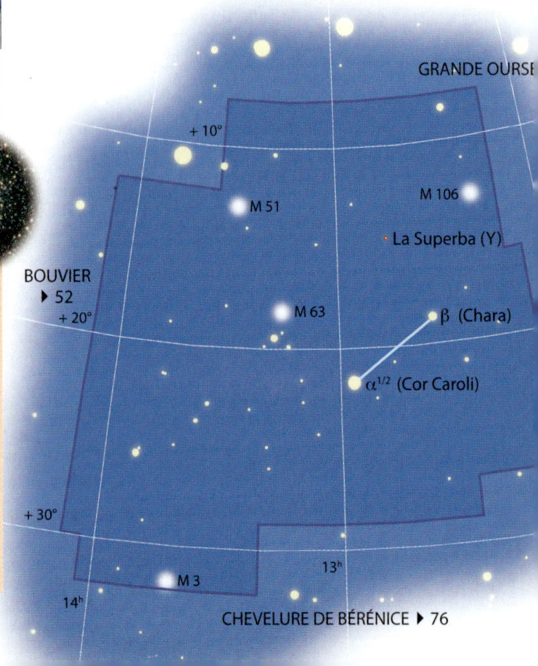

Canis Maior

Grand Chien – Canis Maioris – Cma

Dimension : 380 degrés carrés (43e) ; entièrement visible de 57° Nord à 90° Sud

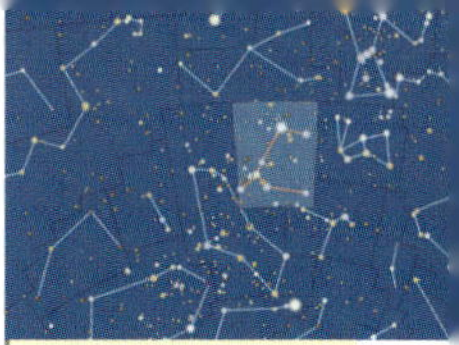

Le Grand Chien est une constellation classique, située à gauche, sous Orion. Il comprend Sirius, l'étoile la plus brillante du ciel, et 3 autres étoiles très brillantes. Les Babyloniens voyaient déjà un chien dans cette constellation, à côté d'Orion, le Chasseur du ciel. Les Grecs avaient la même interprétation. En Égypte, au temps des pharaons, le premier lever de Sirius dans le ciel du matin annonçait les premières crues du Nil – un moment important pour l'agriculture. Pour les Égyptiens, le lever de Sirius annonçait également les grandes chaleurs de l'été, d'où le nom de canicule (du latin *canicula*, « petite chienne »).

***Repérage** Le Grand Chien regroupe plusieurs étoiles très brillantes, mais pas toujours très visibles d'Europe moyenne, car basses sur l'horizon. Sirius est aussi appelée la « petite chienne ».*

- ***Visible de novembre à février.***
- ***Sirius représente la gueule, Mirzam l'extrémité d'une patte avant, Aludra le bout de la queue.***
- ***Sirius est l'étoile la plus brillante du ciel.***

Amas ouvert NGC 2362

Amas ouvert Messier 41

Étoiles et objets du ciel profond du Grand Chien

Nom	Description	Magnitude	Distance
Sirius (α)	« Petite Chienne », étoile la plus brillante	−1,4	8,6 AL
Mirzam (β)	« Héraut », bleue	2,0	500 AL
Wezen (δ)	« Poids », blanche	1,8	1800 AL
Adhara (ε)	« les Vierges », bleue	1,5	430 AL
Phurud (ζ)	étoile double (blanche/orange)	3,0/7,7	336 AL
Aludra (η)	grande étoile double	2,4/6,9	3 200 AL
M 41	amas ouvert	4,5	2 200 AL
NGC 2360	amas ouvert	7,2	3 700 AL
NGC 2362	amas ouvert	4,1	5 200 AL

Observation

L'amas ouvert M 41 forme un triangle avec Sirius et Mirzam. Il regroupe une cinquantaine d'étoiles sur une surface supérieure à celle de la pleine Lune. Visible à l'œil nu dans de bonnes conditions, c'est un beau spectacle à la lunette.

Canis Minor

Petit Chien – Canis Minoris – CMi

Dimension : 183 degrés carrés (71e) ; entièrement visible de 90° Nord à 77° Sud

***Repérage** Le Petit Chien est une petite constellation dans le ciel du soir, en hiver. Son étoile principale, Procyon, fait partie des 10 étoiles les plus brillantes.*

- ***Visible de novembre à mars.***
- ***Procyon a un satellite proche, visible uniquement avec un grand télescope.***

Le Petit Chien est visible dans le ciel du soir, de janvier à avril. Cette petite constellation ne regroupe pas beaucoup d'objets intéressants, à part Procyon, son étoile principale, la huitième étoile du ciel par sa magnitude, qui marque l'arrière-train du chien. La deuxième étoile de la constellation est Gomeisa, située au cou du chien. Le Petit Chien est entouré des Gémeaux, du Cancer, de l'Hydre et de la Licorne. Dans la mythologie grecque, il accompagne, avec le Grand Chien, le Chasseur d'Orion.

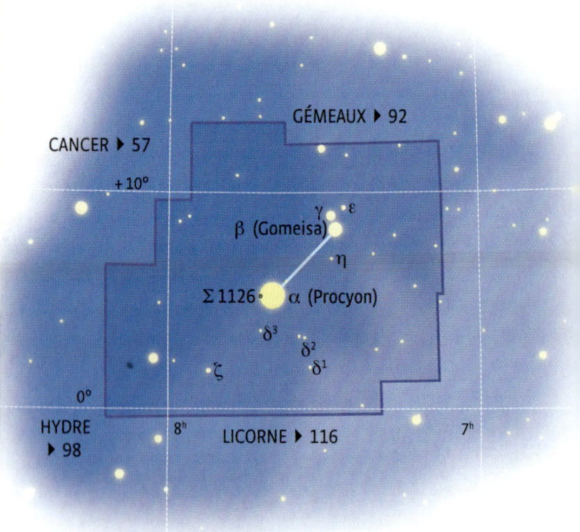

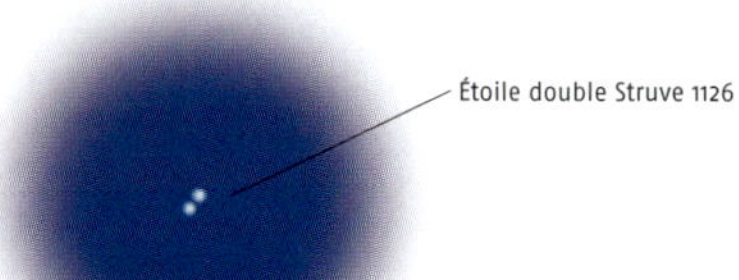

Observation

À gauche sous Procyon se trouve l'étoile double Σ 1126 (Σ pour F.G. Wilhelm Struve, qui l'a découverte). Pour voir cette étoile, il faut un télescope d'au moins 150 mm d'ouverture. Elle a un autre satellite (de magnitude 10,8), relativement distant.

Étoiles et objets du ciel profond du Petit Chien			
Nom	**Description**	**Magnitude**	**Distance**
Procyon (α)	*« Avant le chien »*	0,4	11 AL
Gomeisa (β)	*blanc bleuté*	2,9	170 AL
Σ 1126	*étoile double serrée*	6,6/6,9	*inconnue*

Chamaeleon

Caméléon – Chamaeleontis – Cha

Dimension : 132 degrés carrés (79e) ; entièrement visible de 7° Nord à 90° Sud

Le Caméléon n'est jamais visible en Europe, car il se situe tout près du pôle Sud céleste. Il a été découvert par des marins néerlandais, Pieter Dirkszoon Keyser et Frederick de Houtman, vers la fin du XVIe siècle. C'est une petite constellation sans étoile brillante, en bordure de la Voie lactée. Une étoile double ordinaire et une nébuleuse planétaire sont les seuls objets notables dans le Caméléon.

***Repérage** Le Caméléon entoure le pôle Sud céleste avec d'autres petites constellations. Il est circumpolaire dans une grande partie de l'hémisphère sud.*

> ***Invisible en Europe.***
> ***Ne renferme pas d'étoile brillante.***

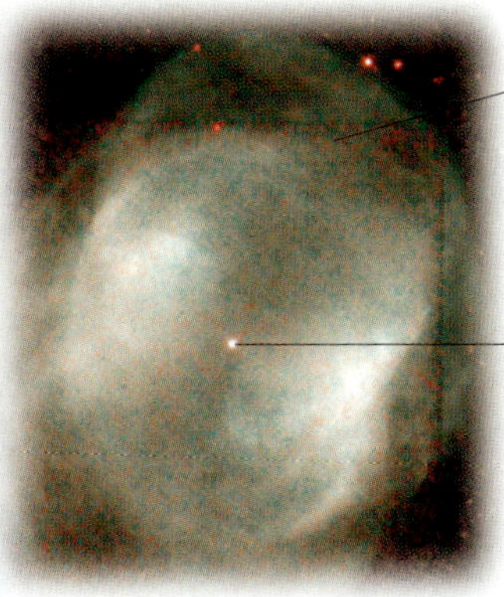

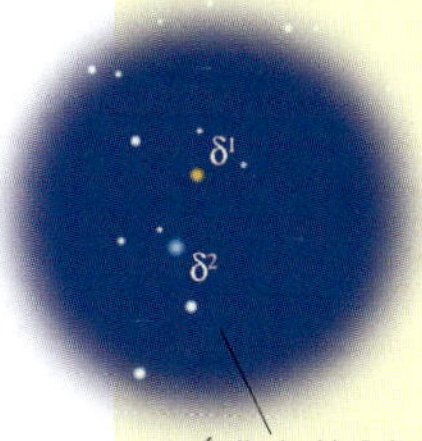

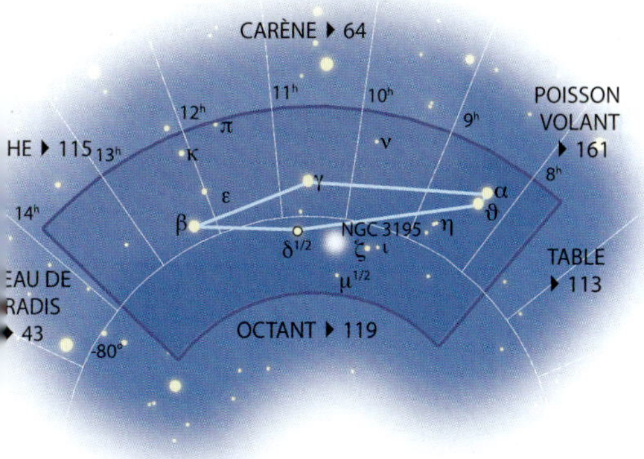

Étoiles et objets du ciel profond du Caméléon

Nom	Description	Magnitude	Distance
Alpha (α)	blanche	4,1	63 AL
Bêta (β)	blanc bleuté	4,2	271 AL
Delta (δ)	étoile double optique	4,5/5,5	354/364 AL
NGC 3195	nébuleuse planétaire	11,6	5200 AL

Observation

L'étoile centrale de la constellation, Delta, est une étoile double optique, visible à la lunette. Elle se compose d'une étoile peu brillante orange et d'une autre plus brillante, blanche, elle-même une étoile double, ce qui ne se distingue qu'au télescope.

Capricornus

Capricorne – Capricorni – Cap

Dimension : 414 degrés carrés (40e) ; entièrement visible de 62° Nord à 90° Sud

Repérage *Le Capricorne est une constellation du zodiaque qui atteint son point culminant en août à minuit. Ses étoiles sont relativement faibles.*

- ***Visible de juillet à septembre.***
- ***Delta est l'étoile la plus brillante, et non Alpha.***
- ***Alpha du Capricorne est une étoile peu connue, mais visible à l'œil nu.***

Le Capricorne est une constellation peu brillante, la plus petite du zodiaque. Elle est précédée par le Sagittaire et suivie par le Verseau. Le Capricorne atteint son point culminant dans le ciel du soir en automne. Selon la mythologie grecque, elle représente le dieu Pan, à tête de chèvre. Poursuivi par un monstre, Pan aurait sauté dans un fleuve, où le bas de son corps se serait transformé en poisson. Il y a 2000 ans, le solstice d'hiver avait lieu quand le Soleil se trouvait dans le Capricorne, d'où le nom du tropique du Capricorne.

Amas globulaire Messier 30

Observation

L'amas globulaire M 30 n'est pas facile à trouver dans cette zone pauvre en étoiles brillantes. En partant de Deneb Algedi, on peut suivre la chaîne d'étoiles jusqu'à Zêta. À l'est de cette étoile se trouve M 30, visible à la lunette dans de bonnes conditions.

Étoile double Alpha

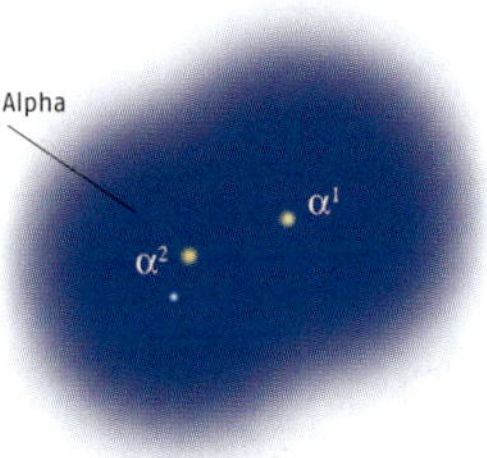

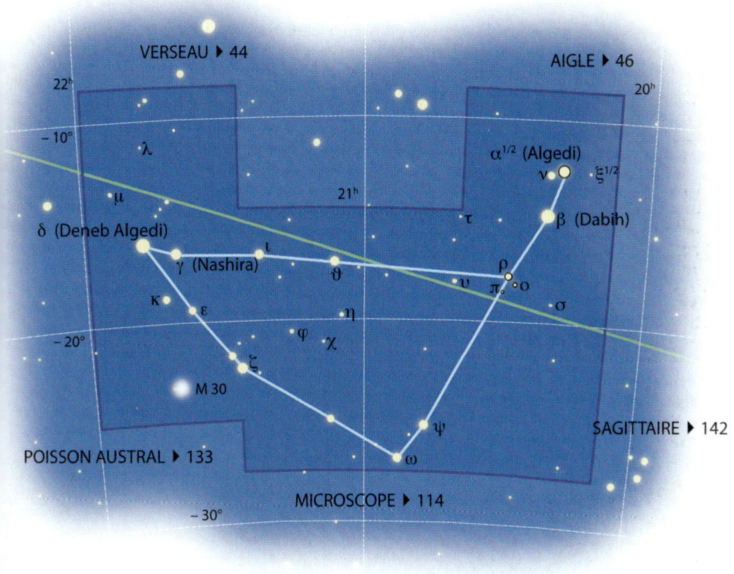

Étoiles du Capricorne

Nom	Description	Magnitude	Distance
Algedi (α)	« Chevreau », étoile double	3,6/4,3	109/686 AL
Dabih (β)	« Étoile de la Chance du Boucher »	3,1/6,1	340 AL
Nashira (γ)	géante blanche	3,7	139 AL
Deneb Algedi (δ)	« la Queue du Chevreau »	2,9	39 AL
Zêta (ζ)	jaune	3,8	398 AL
Omicron (ο)	étoile double large	5,9/6,7	239 AL
Pi (π)	étoile double optique (?)	5,2/8,3	670 AL
Rhô (ρ)	étoile double optique	5,0/6,6	99 AL

Objets du ciel profond du Capricorne

Nom	Description	Magnitude	Distance
M 30	amas globulaire	7,5	26 000 AL

Observation

L'étoile double Alpha se distingue à l'œil nu. Elle est située près de Bêta, dans la partie ouest du Capricorne. À la lunette, on peut voir que ses deux étoiles sont également doubles : l'une se distingue avec une petite lunette, l'autre exige un grossissement supérieur.

Carina

Carène – Carinae – Car

Dimension : 494 degrés carrés (34e) ; entièrement visible de 15° Nord à 90° Sud

Repérage *La carène culmine en février vers minuit. Elle est située très bas dans le ciel austral. Canopus est la deuxième étoile de la voûte céleste en magnitude.*

- ***Invisible en Europe.***
- ***La nébuleuse de la Carène est la plus brillante de la voûte céleste.***
- ***La « Fausse Croix » : Iota et Epsilon de la Carène, avec Kappa et Delta des Voiles*** *(**voir page 162**)*.

Cette vaste constellation n'est jamais visible depuis l'Europe. Son étoile la plus brillante, Canopus, est située très au sud par rapport à Sirius. C'est la deuxième en magnitude après Sirius. Elle n'apparaît au-dessus de l'horizon du Sud qu'à partir du sud du bassin méditerranéen. La Carène fait partie d'une ancienne constellation : le Navire Argo, que Nicolas Louis de Lacaille a divisé. Il s'agit de la quille de ce navire, sur lequel Jason et les Argonautes s'embarquent à la recherche de la Toison d'Or.

Amas ouvert « Pléiades australes »

Nébuleuse gazeuse de la Carène

Observation

Entre la « Fausse Croix » (ci-dessus) et la Croix du Sud se trouve la nébuleuse Êta Carinae. Visible à l'œil nu, elle se révèle à la lunette ou au télescope riche en détails. L'étoile Êta fait 1 000 fois la masse du Soleil.

Étoiles de la Carène

Nom	*Description*	*Magnitude*
Canopus (α)	*deuxième étoile par sa magnitude*	– 0,6
Miaplacidus (β)	*« Mer calme », blanc bleuté*	1,7
Avior (ε)	*rouge orangé*	1,9
Êta (η)	*variable en nébuleuse gazeuse*	5-6 (le plus souvent)
Thêta (ϑ)	*blanc bleuté, en amas stellaire*	2,7
Epsilon (υ)	*étoile double blanc bleuté*	3,0/6,2

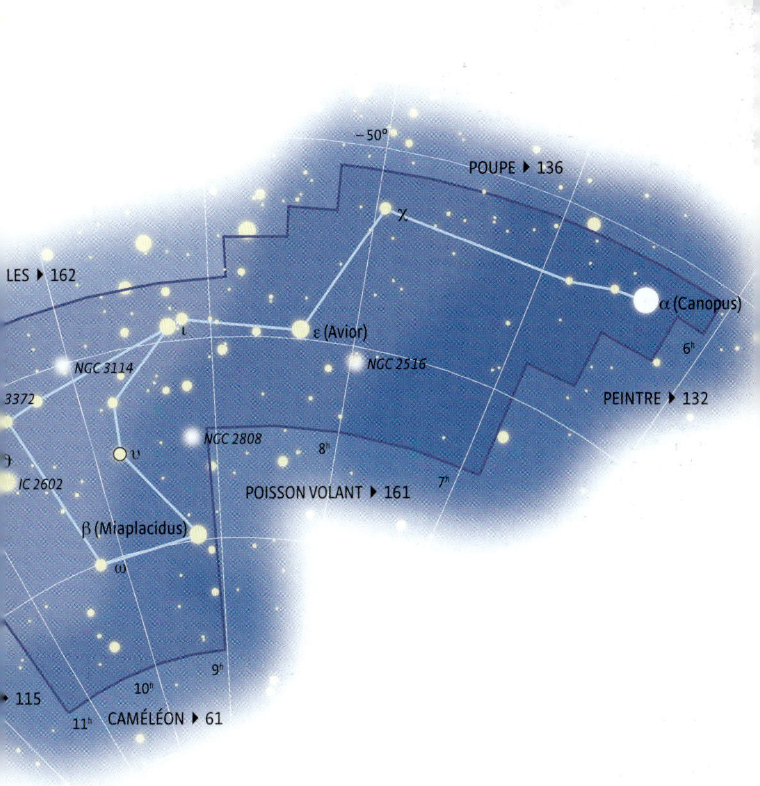

Objets du ciel profond de la Carène

Nom	*Description*	*Magnitude*	*Distance*
NGC 2516	*amas ouvert*	*3,8*	*1200 AL*
NGC 2808	*amas globulaire*	*6,3*	*30 000 AL*
NGC 3114	*amas ouvert*	*4,2*	*3000 AL*
NGC 3372	*nébuleuse gazeuse « Êta Carinae »*	*–*	*7500 AL*
NGC 3532	*amas ouvert*	*3,0*	*1300 AL*
IC 2602	*« Pléiades australes », amas ouvert*	*2*	*440 AL*

Observation

Les Pléiades australes ressemblent à leurs cousines du Nord, les Pléiades boréales (page 150). L'amas ouvert IC 2602, un peu au sud de la nébuleuse gazeuse de la Carène, est deux fois plus étendu que la pleine Lune. L'étoile Thêta en fait partie.

Cassiopeia

Cassiopée – Cassiopeiae – Cas

Dimension : 598 degrés carrés (25e) ; entièrement visible de 90° Nord à 12° Sud

Repérage *Cassiopée est visible dans la soirée, entre septembre et mars. Le « W du ciel » est toujours situé de l'autre côté de la Grande Ourse, par rapport à l'étoile Polaire.*

- ***Visible toute l'année.***
- ***5 étoiles forment cette constellation aisément repérable, l'une d'entre elles est nettement moins brillante que les autres.***
- ***En 1572, une supernova a été repérée dans Cassiopée.***

Cassiopée est une constellation facile à identifier, en forme de W ou de M, circumpolaire pour une grande partie de l'Europe. Elle atteint son point culminant en octobre à minuit. Située sur le trajet de la Voie lactée, elle contient de nombreux amas stellaires. Selon la légende grecque, Cassiopée est la reine d'Éthiopie, qui affirme être plus belle que les Néréides. Les nymphes se plaignent alors à leur père, Poséidon, le dieu de la Mer, qui envoie un monstre dévaster les côtes éthiopiennes pour punir Cassiopée.

Amas ouvert Messier 52

Amas ouvert Messier 103

Observation

La distance entre M 52 et l'étoile Bêta est un peu plus grande qu'entre Bêta et Alpha. M 52 est un amas ouvert, qui fait la moitié du disque lunaire. Les plus brillantes de son millier d'étoiles se distinguent à la lunette.

Étoiles de Cassiopée

Nom	Description	Magnitude	Distance
Schedar (α)	« la Poitrine », rouge orangé	2,2	228 AL
Caph (β)	« la Main colorée », blanche	2,3	54 AL
Gamma (γ)	variable blanc bleuté	1,6-3,6	613 AL
Ruchbah (δ)	« le Genou », blanc bleuté	2,7	99 AL
Segin (ε)	bleutée	3,3	442 AL
Êta (η)	étoile double (jaune/rouge)	3,5/7,5	19 AL
Iota (ι)	étoile double	4,6/7,1	142 AL

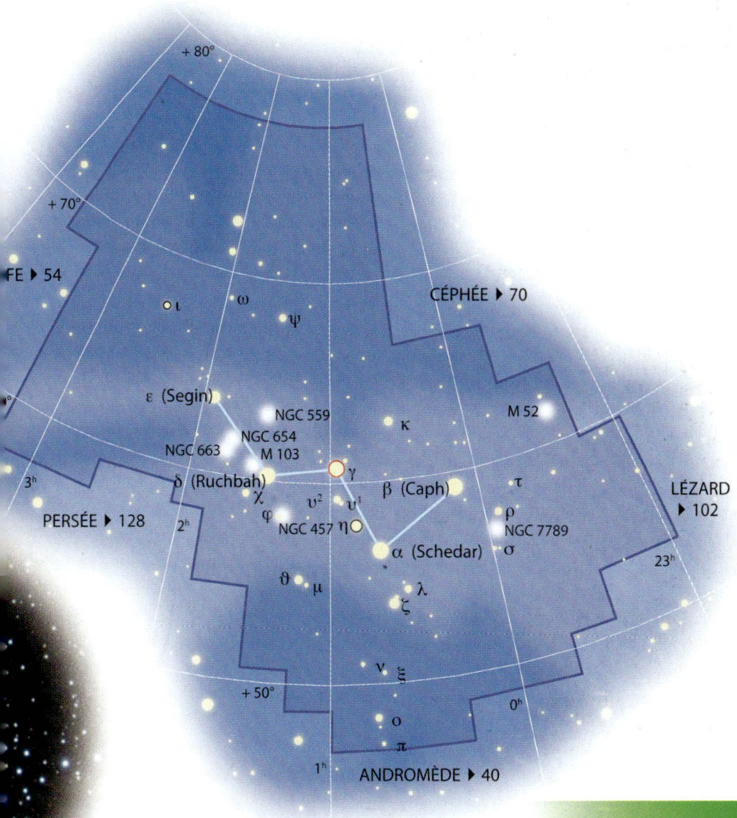

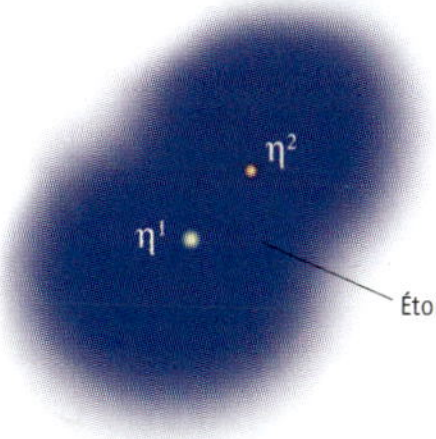

Étoile double Êta

Objets du ciel profond de Cassiopée

Nom	*Description*	*Magnitude*	*Distance*
M 52	*amas ouvert*	*7,5*	*5200 AL*
M 103	*amas ouvert*	*7,5*	*8200 AL*
NGC 457	*amas ouvert*	*6,4*	*8000 AL*
NGC 559	*amas ouvert*	*9,5*	*3700 AL*
NGC 654	*amas ouvert*	*6,5*	*8100 AL*
NGC 663	*amas ouvert*	*7,1*	*8200 AL*
NGC 7789	*amas ouvert*	*6,7*	*6200 AL*

Observation

Sur la droite qui relie Alpha et Gamma, on trouve Êta, belle étoile double. Ses deux composantes, l'une jaune, l'autre rouge, sont visibles avec une petite lunette. 6 autres étoiles, nettement moins brillantes, font partie du même système.

Centaurus

Centaure – Centauri – Cen

Dimension : 1060 degrés carrés (9e) ; entièrement visible de 25° Nord à 90° Sud

Repérage *Le Centaure est une constellation du ciel austral, qui fait partie des 48 constellations décrites par Ptolémée. Il contient 9 étoiles brillantes ou très brillantes.*

> ***Pratiquement invisible en Europe centrale.***
> ***Rigil Kentaurus est la troisième étoile en magnitude.***
> ***Proxima est l'étoile la plus proche du Soleil.***
> ***Omega : le plus beau et brillant amas globulaire.***

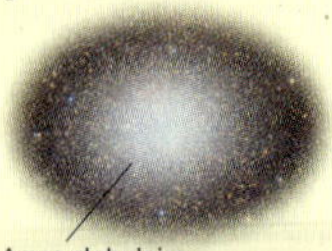

Amas globulaire Omega

Seule la partie nord du Centaure dépasse de l'horizon en Europe centrale, les soirs de printemps. Cette grande constellation caractéristique n'est entièrement visible qu'au-dessous des Tropiques. Dans la mythologie grecque, le Centaure est une créature mi-homme mi-cheval. La constellation évoque Chiron, le plus sage des Centaures, précepteur d'Asklépios et de Jason. Contrairement aux autres Centaures, Chiron était un érudit non-violent. Rigil Kentaurus, que l'on appelle aussi Toliman, est la troisième étoile en magnitude de la voûte céleste, Hadar la onzième.

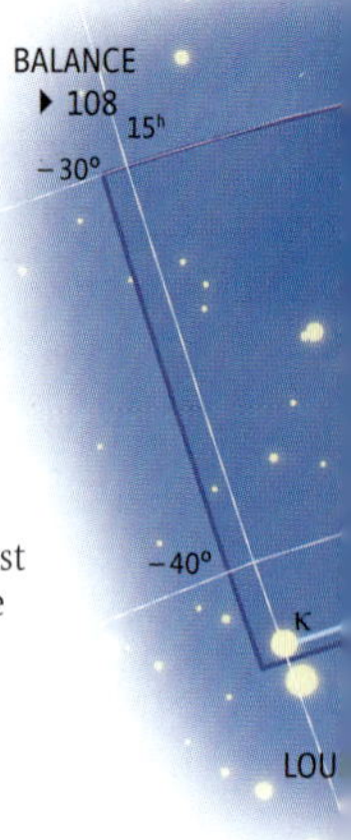

Galaxie lenticulaire NGC 5128   Bande de poussière sombre

Galaxie NGC 4945

Observation

L'amas globulaire Omega Centauri est nettement plus brillant que les amas de l'hémisphère nord, comme M 13, M 5 et M 3. On peut y distinguer des étoiles à la lunette. Il forme la pointe nord d'un triangle avec le couple Rigil Kentaurus-Hadar et les étoiles de la Croix du Sud.

Étoiles du Centaure

Nom	*Description*	*Magnitude*	*Distance*
Rigil Kent. (α)	*« Pied du Centaure », Toliman*	*– 0,2*	*4,39 AL*
Proxima	*« la Voisine », l'étoile la plus proche du Soleil*	*11,1*	*4,22 AL*
Hadar (β)	*aussi appelée Agena*	*0,6*	*525 AL*
Gamma (γ)	*étoile double très serrée*	*2,9/3,0*	*130 AL*
Delta (δ)	*étoile double avec satellite optique*	*2,6/4,5//6,4*	*385//272 AL*
Menkent (ϑ)	*rouge orangé*	*2,1*	*61 AL*
3	*étoile double (blanche/blanche)*	*4,6/6,1*	*298 AL*

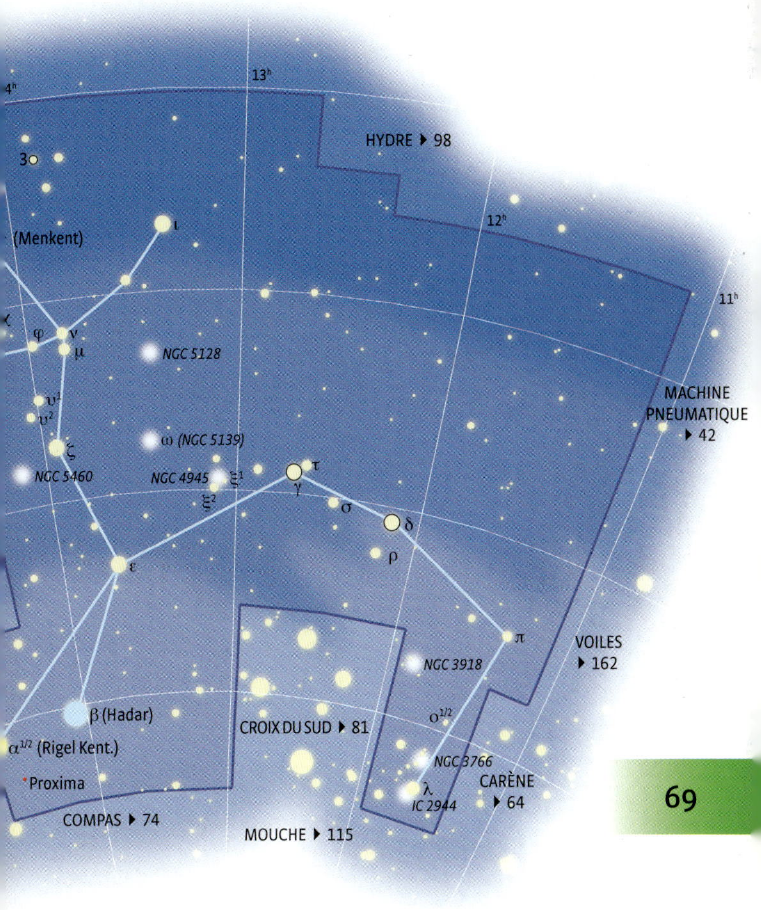

Objets du ciel profond du Centaure

Nom	Description	Magnitude	Distance
Oméga	amas le plus brillant	3,7	17 000 AL
NGC 3766	amas ouvert	5,3	5500 AL
NGC 3918	nébuleuse planétaire bleue	8,4	3250 AL
NGC 4945	galaxie spirale barrée	8,4	13 M AL
NGC 5128	radiogalaxie Centaurus A	7	12 M AL
NGC 5460	amas ouvert	5,6	2500 AL
IC 2944	amas ouvert autour de Lambda	4,5	6800 AL

Observation

La galaxie Centaurus A, située au nord d'Omega Centauri, forme un triangle rectangle avec cette étoile et Zêta. La bande de poussière sombre est visible à la lunette.

Cepheus

Céphée – Cephei – Cep

Dimension : 588 degrés carrés (27e) ; entièrement visible de 90° Nord à 2° Sud

__Repérage__ Céphée est situé à proximité du pôle Nord céleste, près de l'étoile Polaire. Cette constellation comporte 1 étoile brillante.

- ***Visible toute l'année.***
- ***Étoile Mu : l'une des plus grandes étoiles connues, 2400 fois le diamètre du Soleil.***
- ***Étoile Delta : célèbre variable qui sert à mesurer les distances dans l'Univers.***

Céphée est circumpolaire en Europe centrale et visible toute l'année. Cette constellation reste assez discrète, car elle ne comporte qu'une étoile brillante. Sur la trajectoire de la Voie lactée, Céphée compte de nombreux amas stellaires, mais pas aussi visibles que ceux de Cassiopée. Dans la mythologie grecque, Céphée est le roi d'Éthiopie, Cassiopée son épouse et Andromède sa fille. Le héros Persée, après avoir sauvé Andromède des monstres marins, devient le gendre de Céphée.

Amas ouvert NGC 188

Amas ouvert NGC 7235

Amas ouvert IC 1396 (avec nébuleuse rouge)

Observation

Tout près de l'étoile Mu, d'un rouge profond, se trouve l'amas ouvert IC 1396, facile à observer à la lunette. La nébuleuse gazeuse où se trouve IC 1396 n'est observable qu'avec un bon télescope et dans des conditions particulières.

Les étoiles de Céphée

Nom	Description	Magnitude	Distance
Alderamin (α)	« Bras droit », blanc bleuté	2,5	49 AL
Alfirk (β)	« Troupeau » étoile double	3,2/7,9	595 AL
Errai (γ)	« Berger », rouge orangé	3,2	45 AL
Delta (δ)	variable célèbre	3,5-4,4	980 AL
Mu (μ)	« Grenade », variable d'un rouge profond	3,4-5,1	5000 AL
Xi (ξ)	étoile double (blanc bleuté/jaune)	4,4/6,5	102 AL

Observation

Tout près de l'étoile Polaire, on peut localiser l'amas ouvert NGC 188. Composé d'environ 150 étoiles, il a la taille d'une demi-Lune. Il est visible au télescope. NGC 188 est vieux de 500 millions d'années, alors que les Pléiades dans le Taureau (voir page 150) n'ont que 48 millions d'années.

Objets du ciel profond de Céphée

Nom	Description	Magnitude	Distance
NGC 188	vieil amas ouvert	8,1	5000 AL
NGC 7235	amas ouvert	7,7	12 000 AL
NGC 7380	amas ouvert	7,2	11 700 AL
NGC 7510	amas ouvert	7,9	10 300 AL
IC 1396	amas ouvert	4	2600 AL

Cetus

Baleine – Ceti – Cet

Dimension : 1231 degrés carrés (4e) ; entièrement visible de 65° Nord à 80° Sud

***Repérage** La Baleine est l'une des plus grandes constellations du ciel. En octobre, à minuit, elle est située en direction du sud, mais ses étoiles sont moyennement brillantes.*

> ***Visible de septembre à décembre.***

> ***Seules 2 étoiles sont suffisamment brillantes pour être remarquées d'emblée : Menkar à la tête et Deneb Kaitos à la queue.***

> ***Mira est la première variable découverte.***

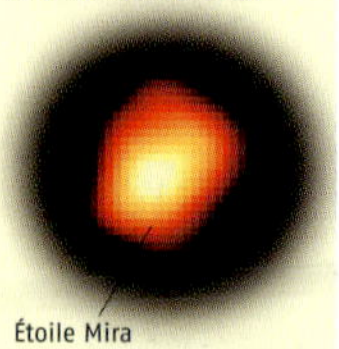

Étoile Mira

La Baleine est une constellation assez peu visible, mais connue depuis l'Antiquité. Il s'agit d'un monstre marin auquel la princesse éthiopienne Andromède devait être sacrifiée. Mais, dans la légende grecque, Persée sauve Andromède et tue le monstre. La Baleine n'est visible dans le ciel du soir qu'à la fin de l'automne et en hiver. C'est une constellation étendue, qui ne comporte que 2 étoiles brillantes. La plus célèbre est Mira, la première étoile variable périodique découverte en 1596 par l'astronome allemand David Fabricius.

Galaxie spirale Messier 77

Observation

Dans la moitié gauche de la constellation, on trouve la variable Mira, dont la magnitude varie entre 3 et 10. Elle est donc, par intermittence, la troisième étoile brillante de la Baleine. La variation de magnitude est très lente ; il se passe presque un an entre le maximum et le minimum.

Les étoiles de la Baleine

Nom	Description	Magnitude	Distance
Menkar (α)	« le Nez », juste à côté : étoile 93	2,5	220 AL
Diphda (β)	« la Queue de la Baleine », rouge orangé	2,0	96 AL
Kaffaljidhma (γ)	étoile double	3,5/6,6	82 AL
Baten Kaitos (ζ)	« le Ventre du Monstre marin »	3,7	259 AL
Deneb Algenubi (η)	rouge orangé	3,5	118 AL
Iota (ι)	rouge orangé	3,6	290 AL
Mira (o)	« la Merveilleuse »	3,5-9,5	419 AL
Khi (χ)	étoile double	4,7/6,7	77 AL

Nébuleuse planétaire NGC 246

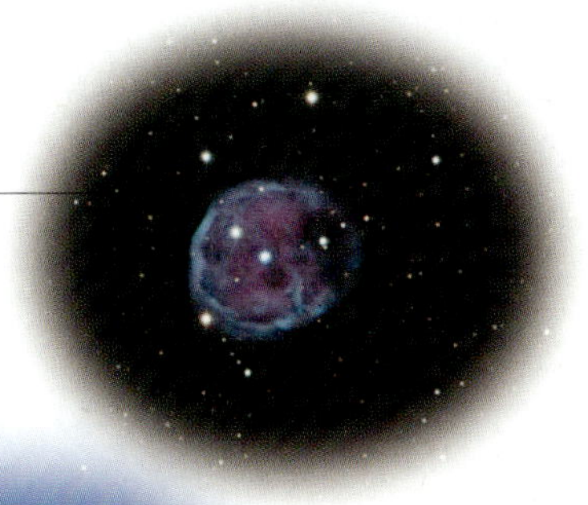

Observation

Entre Mira et Diphda, sous la tête de la Baleine, se trouve la galaxie spirale M 77, qui fait partie des objets les moins brillants du catalogue Messier. Dans un petit télescope, elle apparaît comme une tache nébuleuse.

Objets du ciel profond de la Baleine

Nom	Description	Magnitude	Distance
M 77	galaxie spirale	9	39 M AL
NGC 246	nébuleuse planétaire	8,5	1470 AL
NGC 247	galaxie spirale	8,9	8 M AL

Circinus

Compas – Circini – Cir

Dimension : 93 degrés carrés (85e) ; entièrement visible de 20° Nord à 90° Sud

Repérage *Le Compas est une petite constellation du ciel austral, qui ne comporte que des étoiles peu brillantes. On trouve dans le voisinage les 2 étoiles les plus brillantes du Centaure.*

> ***Invisible en Europe moyenne.***
> ***Forme un triangle très pointu.***

Amas ouvert NGC 5823

Le Compas n'est pas visible depuis l'Europe. Cette petite constellation sans étoile brillante est proche des 2 étoiles les plus brillantes du Centaure. Elle a été définie en 1756 par l'astronome français Louis Nicolas de Lacaille. Elle évoque le compas que l'on utilisait pour mesurer la Terre et pour la navigation. Si l'on prolonge la ligne qui rejoint Rigel Kent. du Centaure à l'Alpha du Compas, et si l'on reporte la distance 5 à 6 fois, on arrive au pôle Sud céleste.

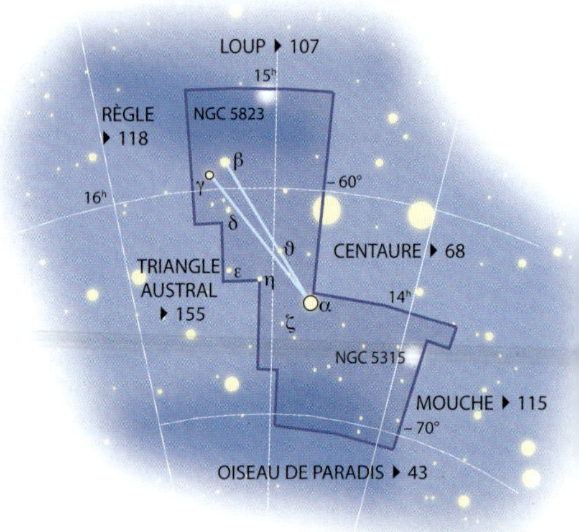

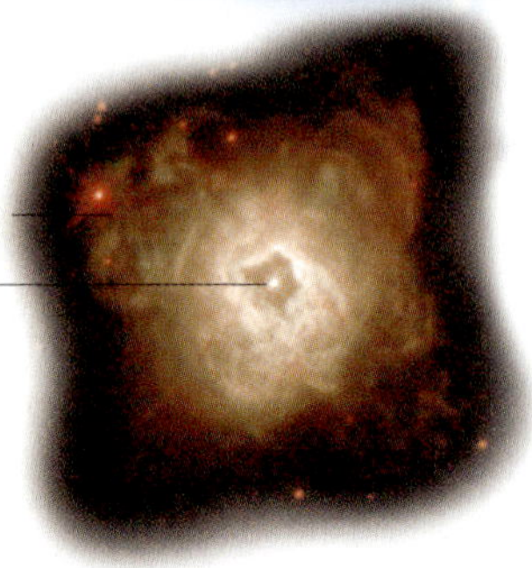

Observation

À la limite nord de la constellation se trouve l'amas ouvert NGC 5823, visible avec un petit télescope. Il comporte environ 80 étoiles très faibles. Deux autres amas stellaires tout proches appartiennent au Loup.

Étoiles et objets du ciel profond du Compas

Nom	Description	Magnitude	Distance
Alpha (α)	étoile double	3,2/8,5	54 AL
Gamma (γ)	étoile double (blanc/jaune)	5,1/5,5	509 AL
NGC 5315	nébuleuse planétaire	9,8	2000 AL
NGC 5823	amas ouvert	7,9	3900 AL

Columba

Colombe – Columbae – Col

Dimension : 270 degrés carrés (54e) ; entièrement visible de 47° Nord à 63° Sud

La Colombe est presque entièrement visible les soirs d'hiver depuis l'Europe centrale. Située sous le Grand Chien, elle n'abrite qu'une seule étoile relativement brillante : Phakt. Elle est également en limite de la Poupe. La Colombe a été décrite en 1592 par Petrus Plancius, théologien et astronome hollandais. Selon une interprétation, c'est la Colombe qui montre à Jason et aux Argonautes le chemin parmi les falaises du Bosphore ; selon une autre, il s'agit de la colombe qui a suivi l'arche de Noé.

Repérage *La Colombe est une petite constellation proche de l'horizon du Sud, en décembre à minuit. Il faut de bonnes conditions de visibilité pour pouvoir l'observer en Europe centrale.*

> ***Pratiquement invisible en Europe centrale.***
> ***Contient un amas globulaire relativement brillant.***

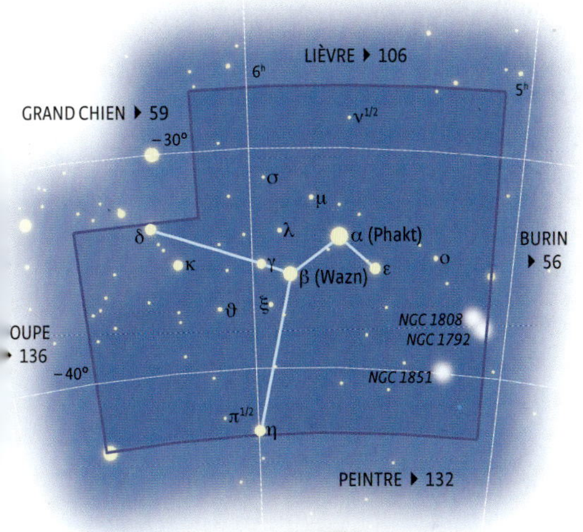

Amas globulaire NGC 1851

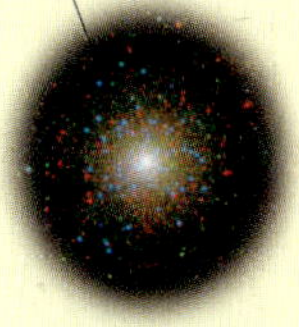

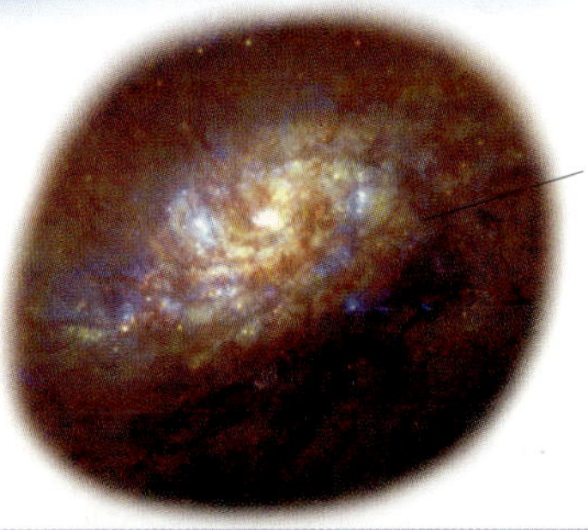

Galaxie spirale NGC 1808

Étoiles et objets du ciel profond de la Colombe

Nom	Description	Magnitude	Distance
Phakt (α)	« le Pigeon ramier », blanc bleuté	2,7	268 AL
Wazn (β)	rouge orangé	3,1	86 AL
NGC 1792	galaxie spirale	10,2	39 M AL
NGC 1808	galaxie spirale barrée	9,9	36 M AL
NGC 1851	amas globulaire	7,1	35 000 AL

Observation

L'amas globulaire NGC 1851 est pratiquement impossible à observer d'Europe centrale, mais cela devient possible en Méditerranée. Il suffit d'un petit télescope, ou même, dans de très bonnes conditions de visibilité, de jumelles.

Coma Berenices

Chevelure de Bérénice – Comae Berenices – Com

Dimension : 386 degrés carrés (42e) ; entièrement visible de 90° Nord à 56° Sud.

Repérage *La Chevelure de Bérénice est une petite constellation discrète, entre le Bouvier, le Chien de chasse, le Lion et la Vierge. En avril, elle est située au sud vers minuit et approche du zénith en Europe centrale.*

> ***Visible de décembre à juin.***
> ***Comporte de nombreuses galaxies.***
> ***L'amas de la Chevelure de Bérénice est l'un des plus grands et plus brillants amas stellaires de l'hémisphère nord.***

La Chevelure de Bérénice, constellation du printemps, ne comporte pas d'étoile particulièrement brillante, mais quelques objets du ciel profond. Elle est située entre les grandes constellations du Bouvier et du Lion. Elle doit son nom à Bérénice, une reine égyptienne, qui a offert sa longue chevelure ondulée aux dieux pour exprimer sa gratitude, lors du retour du roi Ptolémée III Évergètes des combats. La constellation englobe l'amas de la Chevelure de Bérénice, ou amas de Coma et de nombreuses autres galaxies.

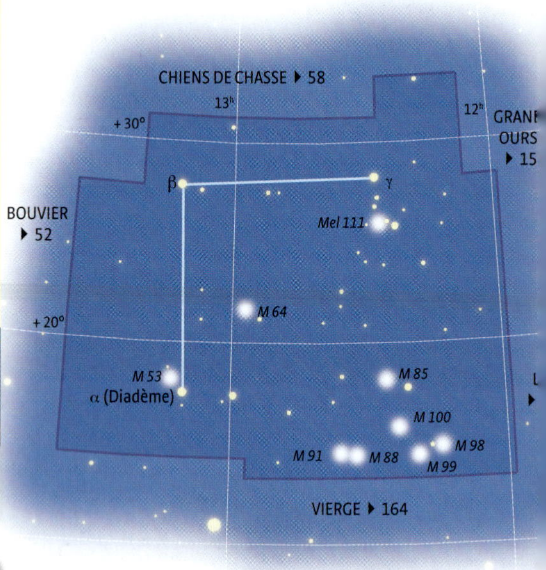

Observation

L'amas de la Chevelure de Bérénice est visible à l'œil nu, dans de bonnes conditions de visibilité. Pourtant, il reste peu connu. On peut l'observer à la lunette sans modifier la position réglée pour la constellation.

Étoiles et objets du ciel profond de la Chevelure de Bérénice

Nom	*Description*	*Magnitude*	*Distance*
Diadème (α)	*blanc-jaune*	*4,3*	*47 AL*
Bêta (β)	*étoile la plus brillante*	*4,2*	*30 AL*
Amas de Coma	*Melotte 111, amas ouvert*	*1,8*	*288 AL*
M 53	*amas globulaire*	*7,7*	*56 000 AL*
M 64	*« Œil noir », galaxie spirale*	*8,5*	*15 M AL*
M 85	*galaxie elliptique*	*9,2*	*55 M AL*
M 88	*amas de Coma*	*9,5*	*55 M AL*
M 91	*galaxie spirale barrée*	*10,2*	*52 M AL*
M 98	*galaxie spirale*	*10,1*	*60 M AL*
M 99	*galaxie spirale*	*9,8*	*55 M AL*
M 100	*galaxie spirale*	*9,4*	*56 M AL*

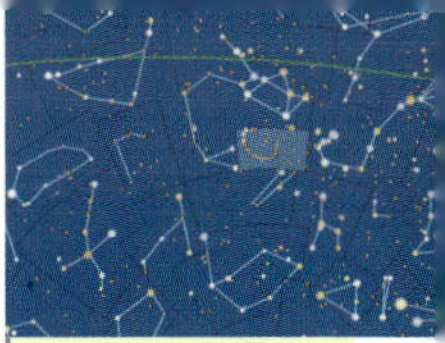

Corona Australis

Couronne australe – Coronae Australis – CrA

Dimension : 128 degrés carrés (80ᵉ) ; entièrement visible de 45° Nord à 90° Sud

En Europe centrale, la Couronne australe n'est visible que partiellement au-dessus de l'horizon du sud, en été. En Méditerranée, elle devient bien visible. Comparée à la Couronne boréale, c'est une constellation petite et peu brillante, mais elle était déjà connue du temps de Ptolémée. Il s'agit d'une couronne que Bacchus, roi du Vin, a placée dans le ciel après avoir sauvé sa mère morte des enfers. Selon une autre interprétation, cette couronne serait tombée de la tête d'un Centaure, le Sagittaire.

Repérage *La Couronne australe a une forme comparable à la Couronne boréale, mais elle est moins brillante. Elle est située au sud du Sagittaire, près de l'aiguillon du Scorpion. Elle fait partie des 10 plus petites constellations.*

- ***Pratiquement invisible en Europe centrale.***
- ***Demi-cercle formé de 10 étoiles pâles.***
- ***NGC 6541 : amas globulaire observable à la lunette.***

Étoile double Gamma

Amas ouvert NGC 6541

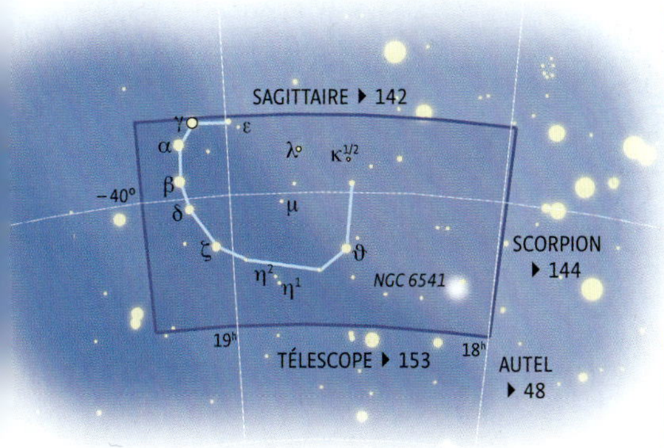

Étoiles et objets du ciel profond de la Couronne australe

Nom	Description	Magnitude	Distance
Alpha (α)	blanc bleuté	4,1	130 AL
Gamma (γ)	étoile double	4,8/5,1	58 AL
Kappa (κ)	étoile double optique	5,7/6,4	1720/490 AL
Lambda (λ)	étoile double	5,1/9,7	202 AL
NGC 6541	amas globulaire	6,6	22 000 AL

Observation

Entre la Couronne australe et le Scorpion, on peut observer NGC 6541, amas globulaire, visible à la lunette. Il faut un télescope de taille moyenne pour distinguer ses composantes. Le plus simple pour le repérer est de partir de l'aiguillon du Scorpion.

Corona Borealis

Couronne boréale – Coronae Borealis – CrB

Dimension : 179 degrés carrés (73e) ; entièrement visible de 90° Nord à 50° Sud

Repérage *La Couronne boréale est placée en mai, vers minuit, en direction du sud. Cette petite constellation a une forme particulière, aisément reconnaissable.*

> ***Visible de février à septembre.***
> ***6 étoiles pâles et 1 relativement brillante disposées en arc de cercle.***
> ***Gemma, ou Alphecca, est l'étoile la plus brillante.***

Étoile variable R

Les soirs de printemps, la Couronne boréale brille haut dans le ciel. 7 étoiles forment cette constellation en demi-cercle, la plus brillante est Gemma, ou Alphecca. La Couronne est placée entre Hercule et le Bouvier. Connue depuis l'Antiquité, elle représente la couronne d'Ariane, fille du roi Minos de Crète. Le fil d'Ariane a aidé Thésée à trouver la sortie du Labyrinthe, où il a tué le Minotaure.

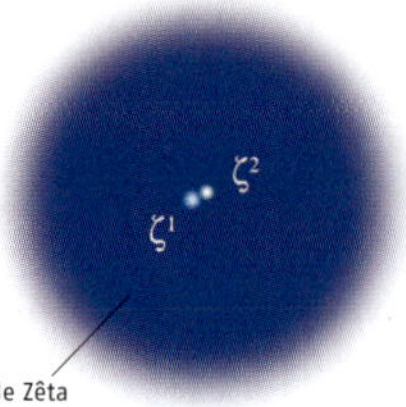

Étoile double Zêta

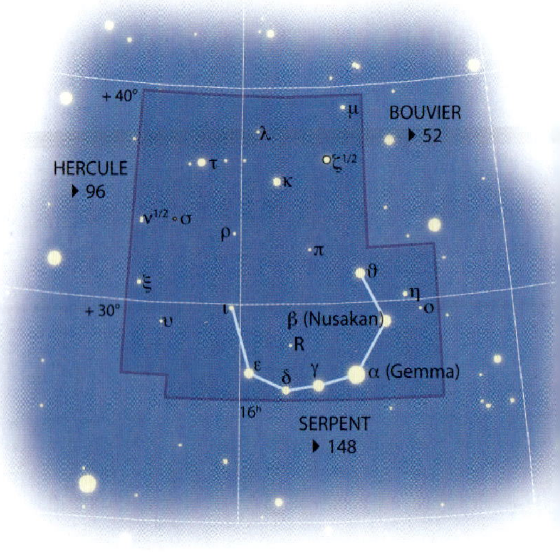

Observation

À l'intérieur du demi-cercle formant la couronne, près des étoiles Gamma, Delta et Epsilon, se trouve la variable R Coronae Borealis. On peut la distinguer à l'œil nu dans de bonnes conditions, mais sa magnitude descend de façon irrégulière jusqu'à 15.

Étoiles et objets du ciel profond de la Couronne boréale

Nom	*Description*	*Magnitude*	*Distance*
Gemma (α)	« la Gemme », blanc bleuté	2,2	75 AL
Nusakan (β)	blanc-jaune	3,7	114 AL
Zêta (ζ)	étoile double (blanc bleuté)	5,0/6,0	470 AL
Nu (ν)	étoile double optique	5,2/5,5	550 AL
Sigma (σ)	étoile double jaune	5,7/6,7	71 AL
R	variable aléatoire	5,9-15	6000 AL

Corvus

Corbeau – Corvi – Crv

Dimension : 184 degrés carrés (70ᵉ) ; entièrement visible de 65° Nord à 90° Sud

Cette petite constellation reste basse sur l'horizon, au printemps, en Europe centrale, mais on peut la repérer aisément : elle contient 4 étoiles de magnitude moyenne disposées en trapèze. Dans la mythologie grecque, Apollon a envoyé le corbeau avec la coupe (la constellation voisine) à une source pour y puiser de l'eau. En chemin, le corbeau a rencontré un figuier aux fruits non mûrs, et il a attendu que les figues mûrissent pour s'en régaler. Au retour avec l'eau, il tenait une hydre dans ses serres et affirma que l'hydre lui avait bloqué le passage. Mais Apollon n'était pas dupe : pour punir le corbeau, il le condamna à souffrir de la soif pendant que les figues mûrissaient. Pour qu'il se souvienne de la leçon, Apollon plaça dans le ciel le corbeau, la coupe et l'hydre.

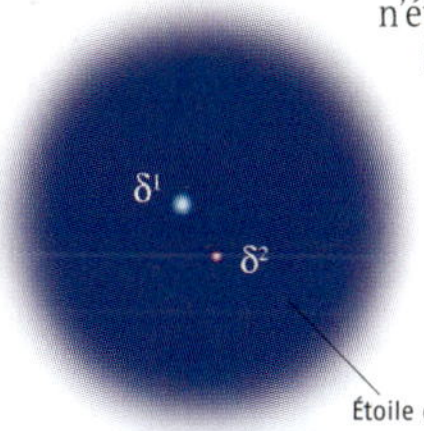

Étoile double Delta

Repérage *Le Corbeau est situé fin mars vers minuit en direction du sud. Il est situé dans une région peu étoilée, au sud de la Vierge.*

> ***Visible de février à mai.***
> ***Un trapèze de 4 étoiles moyennement brillantes.***
> ***Constellation connue depuis l'Antiquité.***

Galaxies NGC 4038–4039

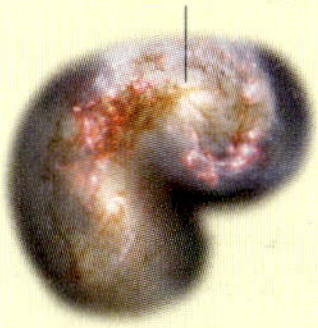

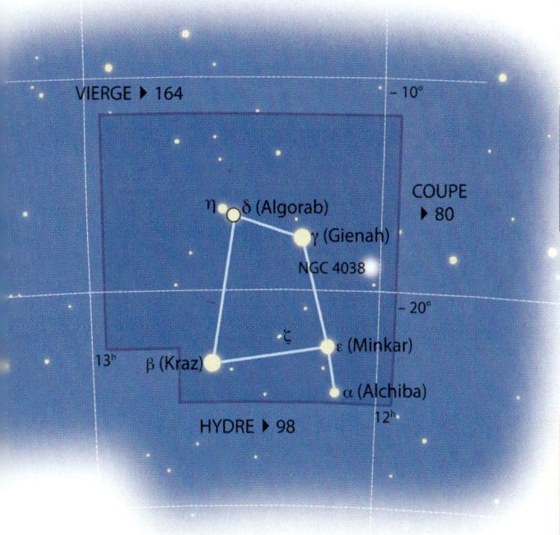

Étoiles et objets du ciel profond du Corbeau

Nom	*Description*	*Magnitude*	*Distance*
Alchiba (α)	*blanche*	*4,0*	*48 AL*
Kraz (β)	*jaune*	*2,7*	*140 AL*
Gienah (γ)	*« Aile », étoile la plus brillante*	*2,6*	*165 AL*
Algorab (δ)	*« Corbeau », étoile double*	*2,9 / 9,0*	*88 AL*
Minkar (ε)	*rouge orangé*	*3,0*	*303 AL*
NGC 4038-4039	*« galaxie des Antennes »*	*10,7*	*49 M AL*

Observation

Avec un télescope moyen, on trouve, à l'ouest de Gienah, les galaxies NGC 4038-4039, appelées « les Antennes » : elles ont deux grandes excroissances, comme les antennes d'un insecte.

Crater

Coupe – Crateris – Crt

Dimension : 282 degrés carrés (53e) – entièrement visible de 65° Nord à 90° Sud

***Repérage** La Coupe est située au sud de la Vierge. En Europe centrale, elle reste basse sur l'horizon du sud. Elle atteint son point culminant en mars, vers minuit.*

> ***Visible de février à avril.***
> ***Figure en forme de calice, avec un pied, étoiles assez faibles.***
> ***Constellation décrite dans l'Antiquité.***

Constellation du printemps, la Coupe est située à l'ouest du Corbeau. Cette proximité n'est pas un hasard, puisque les deux constellations proviennent de la même légende : le corbeau vole avec la coupe d'Apollon vers une source, où il doit puiser de l'eau (voir page 79). Si la forme de la Coupe est relativement facile à identifier, ses étoiles sont assez pâles. La Coupe ne comporte pratiquement pas d'objet intéressant à observer.

Étoile double Gamma

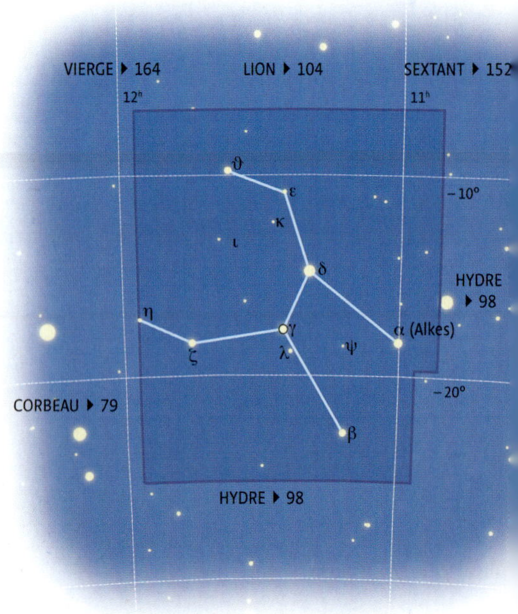

Observation

À la liaison entre le calice et le pied de la coupe se trouve l'étoile double Gamma, visible à l'œil nu dans de bonnes conditions. Avec un petit télescope, on y distingue une étoile brillante et blanche et un satellite plus pâle.

Étoiles et objets du ciel profond de la Coupe

Nom	Description	Magnitude	Distance
Alkes (α)	« Coupe », rouge orangé	4,1	174 AL
Bêta (β)	blanc bleuté	4,5	266 AL
Gamma (γ)	étoile double blanche	4,1/9,6	84 AL
Delta (δ)	étoile la plus brillante, rouge orangé	3,6	195 AL

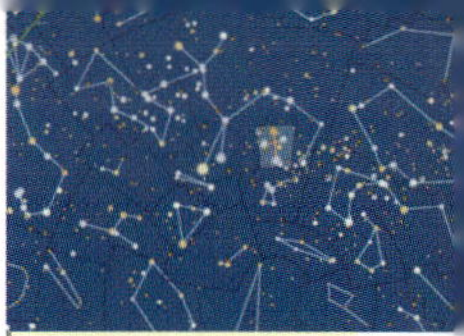

Crux

Croix du Sud – Crucis – Cru

Dimension : 68 degrés carrés (88e) ; entièrement visible de 25° Nord à 90° Sud

La plus petite constellation de la voûte céleste contient de beaux objets à observer et de nombreuses étoiles brillantes. Mais la Croix appartient au ciel du Sud. Elle a été décrite par les marins et astronomes du xvie siècle. Auparavant, ces étoiles faisaient partie des Centaures. La Croix est située dans une zone claire de la Voie lactée, elle a servi à la navigation : pour trouver le pôle Sud céleste, il suffit de prolonger 5 fois la ligne qui passe par Gacrux et Acrux.

Repérage *La Croix du Sud est située dans le ciel austral, entre le Centaure et la Carène. Elle atteint son point culminant en mars-avril, vers minuit.*

- ***Invisible en Europe centrale.***
- ***4 étoiles brillantes dessinent les extrémités de la croix.***
- ***Le Sac à charbon est une grande nébuleuse sombre, aisément repérable dans le ciel.***

Amas ouvert NGC 4755

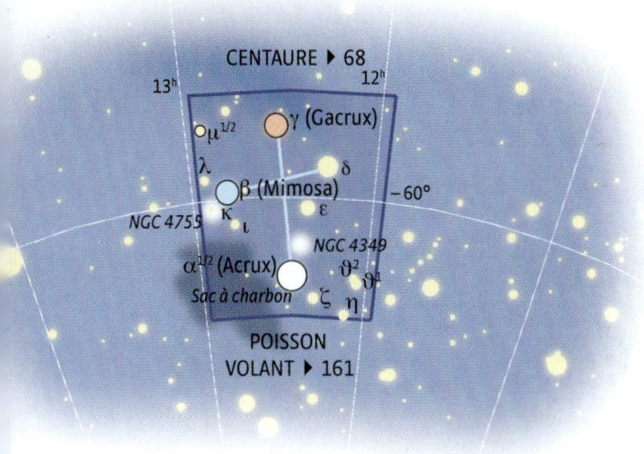

Sac à charbon, nébuleuse sombre

Étoiles et objets du ciel profond de la Croix du Sud

Nom	*Description*	*Magnitude*	*Distance*
Acrux (α)	étoile binaire	1,3/1,8	321 AL
Mimosa (β)	étoile double optique	1,3/8,6	352 AL
Gacrux (γ)	étoile double, rouge	1,6/6,7	88 AL
Delta (δ)	blanc bleuté	2,8	364 AL
Epsilon (ε)	rouge orangé	3,6	228 AL
Mu (μ)	étoile double	4,0/5,1	370 AL
NGC 4349	amas ouvert	7,4	7800 AL
NGC 4755	« Boîte à bijoux », amas ouvert	4,2	7800 AL
Sac à charbon	grande nébuleuse sombre	–	600 AL

Observation

Le Sac à charbon s'étend presque jusqu'aux étoiles Acrux et Mimosa. Il faudrait 140 pleines Lunes pour recouvrir la surface de cette nébuleuse sombre, qu'on peut déjà repérer à l'œil nu. Observation intéressante à la lunette.

Cygnus

Cygne – Cygni – Cyg

Dimension : 804 degrés carrés (16e) ; entièrement visible de 90° Nord à 29° Sud

Repérage *Le Cygne est situé haut dans le ciel d'été, le soir. Deneb marque la queue, Albireo la tête et Sadir le ventre, Epsilon et Delta les ailes déployées.*

- ***Visible de mars à décembre.***
- ***Le Cygne est également appelé « la Croix du Nord ».***
- ***Deneb, étoile circumpolaire en Europe centrale, forme une pointe du Triangle d'été.***

Le Cygne est une grande constellation d'été, interprétée comme oiseau dans de nombreuses cultures. Selon la légende grecque, Zeus se transforme en cygne pour séduire Léda, la reine de Sparte. De leur union naîtront Castor et Pollux, les gémeaux, ainsi que la belle Hélène de Troie. Le Cygne est placé sur la Voie lactée, qui est traversée par un nuage sombre, le grand Rift. La partie nord du rift, située au sud de Deneb, est parfois appelée le Sac de charbon boréal. Ce nom est aussi attribué, selon d'autres sources, à un nuage sombre entre Céphée et Deneb.

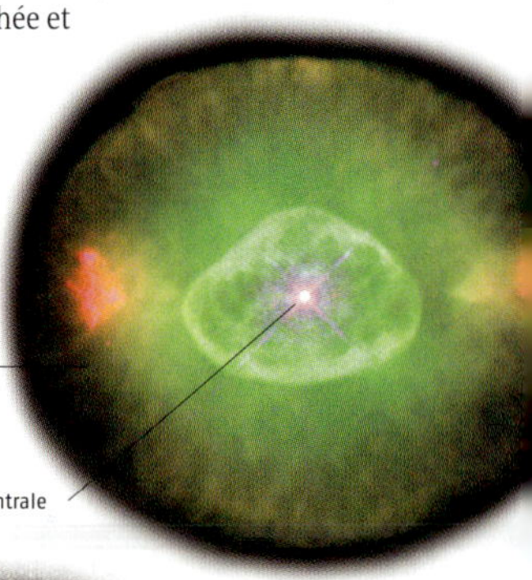

Nébuleuse planétaire NGC 6826

Étoile centrale

Amas ouvert Messier 39

Observation

Un peu au nord de Deneb, on trouve M 39, amas ouvert peu nébuleux. Cet amas de forme triangulaire peut s'observer à la lunette ou au télescope, avec un faible grossissement. Il contient environ 25 étoiles.

Étoiles du Cygne

Nom	*Description*	*Magnitude*	*Distance*
Deneb	*« Queue », bleue*	*1,3*	*3200 AL*
Albireo	*belle étoile double*	*3,1/5,1*	*385 AL*
Sadr	*« la Poitrine », blanc-jaune*	*2,2*	*1500 AL*
Delta	*étoile double blanc bleuté*	*2,9/6,6*	*171 AL*
Mu	*étoile double blanche*	*4,8/6,2*	*73 AL*
30	*étoile triple optique (orange/orange/turquoise)*	*3,8/4,0/4,8*	*1350/913/717 AL*
61	*étoile double (rouge orangé)*	*5,2/6,1*	*11 AL*

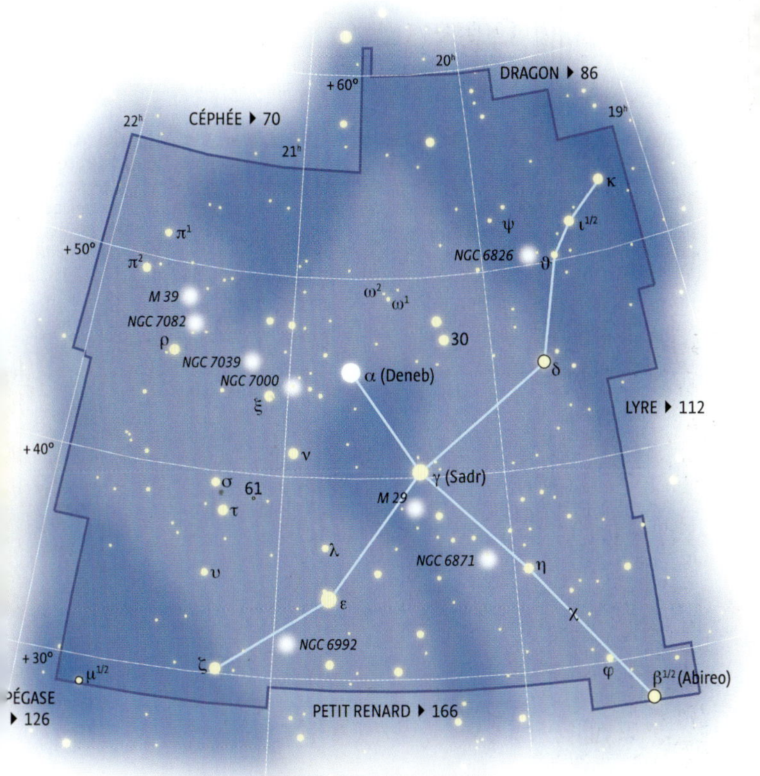

Nébuleuse de l'Amérique du Nord NGC 7000

Objets du ciel profond du Cygne

Nom	Description	Magnitude	Distance
M 29	amas ouvert	6,6	4100 AL
M 39	amas ouvert	4,6	950 AL
NGC 6826	nébuleuse planétaire	9,8	3200 AL
NGC 6871	amas ouvert	5,2	5400 AL
NGC 6992,95+6960	nébuleuse des Dentelles du Cygne	-	1400 AL
NGC 7000	nébuleuse de l'Amérique du N.	-	1600 AL (?)
NGC 7039	amas ouvert	7,6	2300 AL
NGC 7082	amas ouvert	7,2	4600 AL

Observation

À l'est de Deneb s'étend la nébuleuse de l'Amérique du Nord, nébuleuse gazeuse étendue, dont les contours rappellent la forme du continent nord-américain, en particulier le golfe du Mexique. Pour observer NGC 7000, il faut un ciel bien sombre et un champ visuel assez large.

Delphinus

Dauphin – Delphini – Del

Dimension : 189 degrés carrés (69e) ; entièrement visible de 90° Nord à 69° Sud

***Repérage** Le Dauphin est une constellation d'été, au sud du Cygne. Il atteint son point culminant dans le ciel d'Europe fin juillet-début août, vers minuit.*

> ***Visible de mai à octobre.***
> ***Constellation en losange, facile à identifier.***
> ***Connue depuis la Grèce antique.***

La constellation du Dauphin, bien que de petite taille et faible magnitude, se repère aisément grâce à sa forme : un losange avec une queue. Les 2 étoiles les plus brillantes s'appellent Sualocin et Rotanev, soit, à l'envers Nicolaus Venator, du nom, latinisé, de Niccolo Cacciatore, assistant et successeur de l'astronome italien Giuseppe Piazza, de l'observatoire de Palerme. Selon la mythologie grecque, le dauphin se manifeste pour sauver Arion, poète et musicien, confronté à un équipage rebelle. Les dauphins servaient de bateaux à Poséidon, le dieu de la Mer.

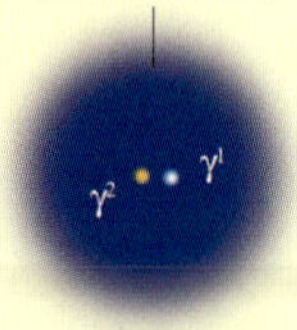

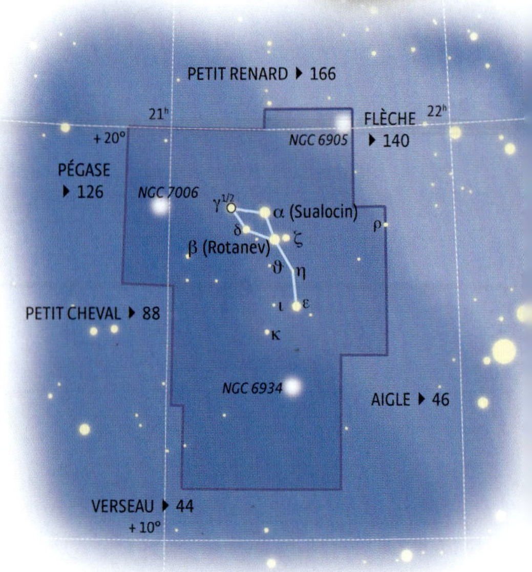

Observation

Gamma à la pointe du losange, qui représente la tête du Dauphin, est une étoile double. On peut l'observer avec une petite lunette. La plus brillante des 2 étoiles est décrite comme dorée, l'autre blanc-jaune.

Étoiles et objets du ciel profond du Dauphin

Nom	*Description*	*Magnitude*	*Distance*
Sualocin (α)	*blanc bleuté*	*3,8*	*241AL*
Rotanev (β)	*blanc bleuté*	*3,6*	*97 AL*
Gamma (γ)	*étoile double (jaune vif/blanc-jaune)*	*4,3/5,1*	*102 AL*
NGC 6905	*nébuleuse planétaire*	*11,1*	*4200 AL*
NGC 6934	*amas globulaire*	*8,9*	*49 000 AL*
NGC 7006	*amas globulaire*	*10,6*	*114 000 AL*

Dorado

Dorade – Doradus – Do

Dimension : 179 degrés carrés (72e) ; entièrement visible de 20° Nord à 90° Sud

La Dorade, non visible depuis l'Europe, a été décrite par Pieter Dirkszoon Keyser et Frederick de Houtman à la fin du XVIe siècle. De faible magnitude, la Dorade est une constellation que rien ne distingue, si ce n'est le Grand Nuage de Magellan, l'une des galaxies satellites de notre système solaire. En 1987, une étoile y a explosé, la première supernova visible à l'œil nu depuis 1604. On peut encore la distinguer avec un puissant télescope.

Nébuleuse gazeuse de la Tarentule

***Repérage** La Dorade est une constellation de l'hémisphère sud. Ses étoiles sont peu brillantes.*

> ***Invisible en Europe.***
> ***Le Grand Nuage de Magellan est célèbre, c'est une galaxie satellite de la nôtre.***
> ***En 1987, une supernova a brillé dans la Dorade.***

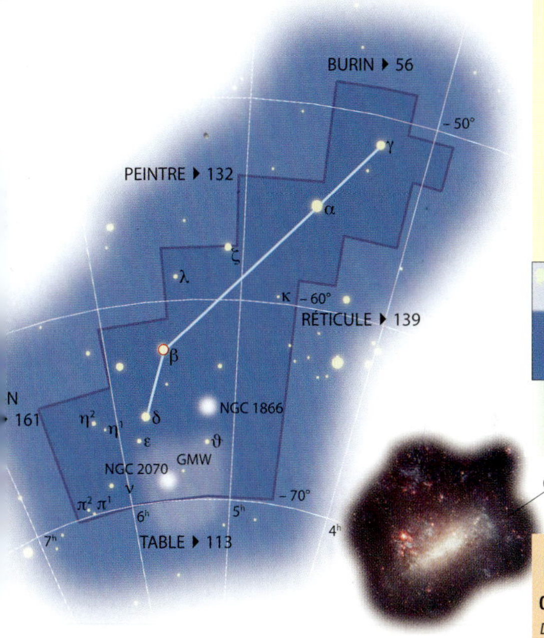

Grand Nuage de Magellan

Observation

Dans le sud de la constellation se trouve le Grand Nuage de Magellan, une galaxie voisine, visible à l'œil nu, presque trop grande pour le champ visuel de la lunette. Au télescope, on peut distinguer des détails, comme la nébuleuse de la Tarentule.

Étoiles et objets du ciel profond de la Dorade

Nom	*Description*	*Magnitude*	*Distance*
Alpha (α)	*blanc bleuté*	*3,3*	*176 AL*
Bêta (β)	*variable blanc-jaune*	*3,6–4,2*	*1040 AL*
Gamma (γ)	*blanc-jaune*	*4,3*	*66 AL*
Delta (δ)	*blanc bleuté*	*4,3*	*145 AL*
GMW	*Grand Nuage de Magellan*	*–*	*170 000 AL*
NGC 1866	*amas ouvert, dans le Grand Nuage*	*8,9*	*170 000 AL*
NGC 2070	*« nébuleuse de la Tarentule »*	*4,5*	*170 000 AL*

Draco

Dragon – Draconis – Dra

Dimension : 1083 degrés carrés (8e) ; entièrement visible de 90° Nord à 4° Sud

Repérage *Le Dragon atteint son point culminant en mai, vers minuit. On peut l'observer au printemps et en été. Sa tête trapézoïdale est bien distincte, le reste du corps nettement moins.*

- ***Circumpolaire en Europe centrale.***
- ***Les étoiles les plus brillantes sont celles de la tête du Dragon.***
- ***Les étoiles Nu et 16/17 sont de belles étoiles doubles à admirer à la lunette.***

Le Dragon serpente entre la Petite et la Grande Ourse, décrivant presque un arc de cercle autour du pôle Nord céleste. C'est une constellation circumpolaire. Le Dragon fait partie des 10 plus grandes constellations, mais il n'est pas très visible, car il comporte peu d'étoiles brillantes. Selon la mythologie grecque, Hercule a tué Ladon, le Dragon à cent têtes, qui gardait les pommes d'or du jardin des Hespérides, censées donner accès à la jeunesse éternelle et à l'immortalité.

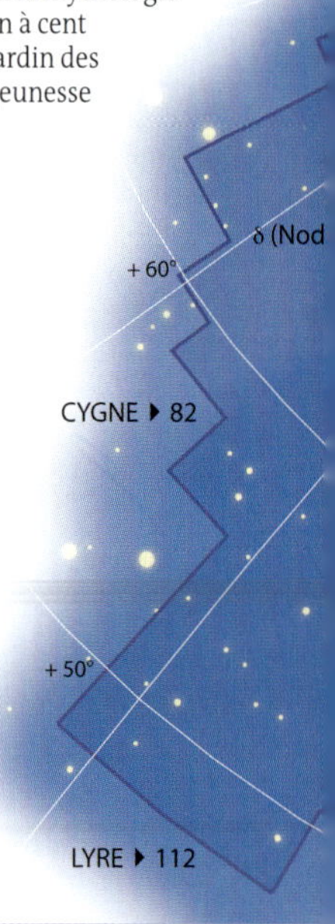

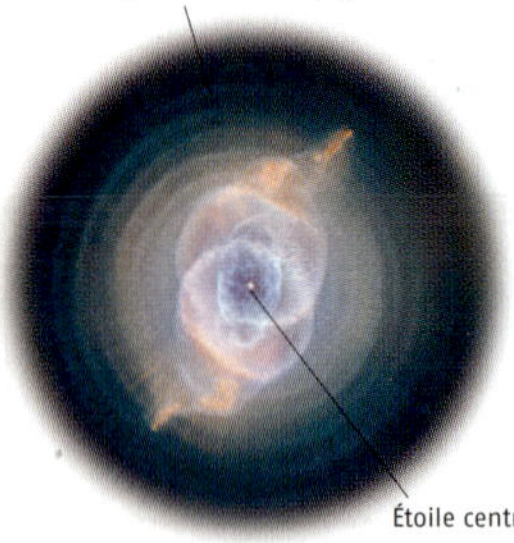

Observation

La nébuleuse de l'Œil de Chat est un beau spectacle au petit télescope. Dans cette nébuleuse planétaire bleutée, NGC 6543, on peut distinguer, avec un grossissement assez fort, l'étoile centrale, de magnitude 9,5.

Étoiles du Dragon

Nom	Description	Magnitude	Distance
Thuban (α)	« Dragon », blanc bleuté	3,7	309 AL
Rastaban (β)	« Tête du Dragon », blanc jaune	2,8	361 AL
Etamin (γ)	« Queue », rouge orangé	2,2	148 AL
Nodus Sekundus (δ)	jaune orangé	3,1	100 AL
Tyl (ε)	étoile double	4,0/7,6	146 AL
Aldhibah (ζ)	bleutée	3,2	340 AL
Êta (η)	jaune orangé	2,7	88 AL
El Asich (ι)	orange	3,3	102AL
Gianfar (λ)	rougeâtre	3,8	334 AL
Nu (ν)	étoile double (blanc/blanc)	4,9/4,9	100 AL
Grumium (ξ)	rouge orangé	3,7	111 AL
16	étoile double	5,4/6,4	400 AL (?)
16/17	étoile double	5,1/5,5	400 AL (?)
39	étoile triple	5,0/7,4/8,0	188 AL

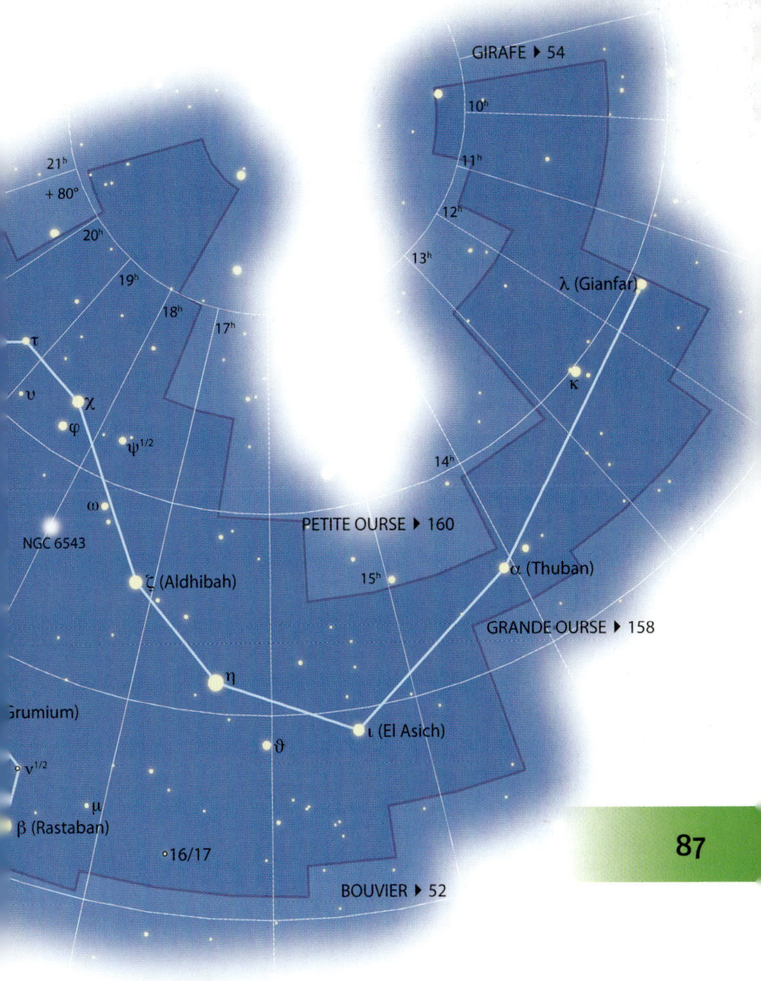

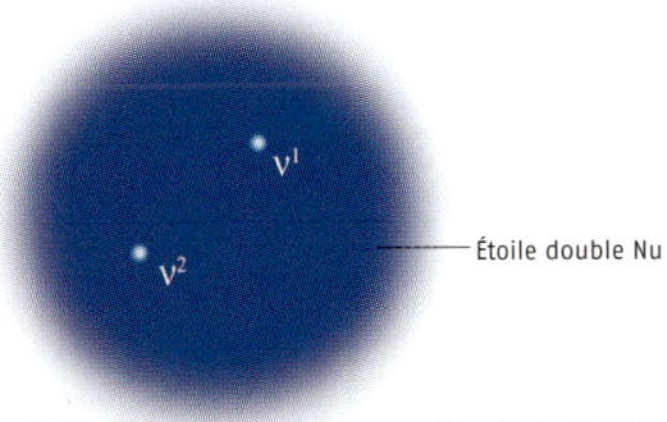

Objets du ciel profond du Dragon

Nom	*Description*	*Magnitude*	*Distance*
NGC 6543	*« nébuleuse de l'Œil de Chat », nébuleuse planétaire*	*8,8*	*3500 AL*

Observation

Dans la tête trapézoïdale du Dragon se trouve l'étoile double Nu. Ses deux composantes blanches, de même magnitude, se distinguent aux jumelles. Nu est l'une des plus belles étoiles doubles à observer avec de petits instruments.

Equuleus

Petit Cheval – Equulei – Equ

Dimension : 72 degrés carrés (87e) ; entièrement visible de 90° Nord à 77° Sud

__Repérage__ Le Petit Cheval atteint sa position la plus au sud en août, vers minuit. Il ne comporte que des étoiles de faible magnitude et aucun objet du ciel profond.

> ***Visible de juin à octobre.***
> ***L'avant-dernière constellation par sa taille.***

Le Petit Cheval est plus facile à observer à la fin de l'été et au début de l'automne. L'avant-dernière constellation par sa taille, juste avant la Croix du Sud, est peu brillante et peu visible, à côté du Dauphin. Le Petit Cheval ne possède ni amas stellaire, ni galaxie, ni nébuleuse. Cette constellation était déjà connue du temps de Ptolémée, au IIe siècle de notre ère. Elle représente le Cheval Céléris, frère de Pégase, le cheval ailé, dont la constellation est toute proche. Selon la mythologie, Hermès, le messager des dieux, offrit le Petit Cheval à Castor, l'un des deux Gémeaux.

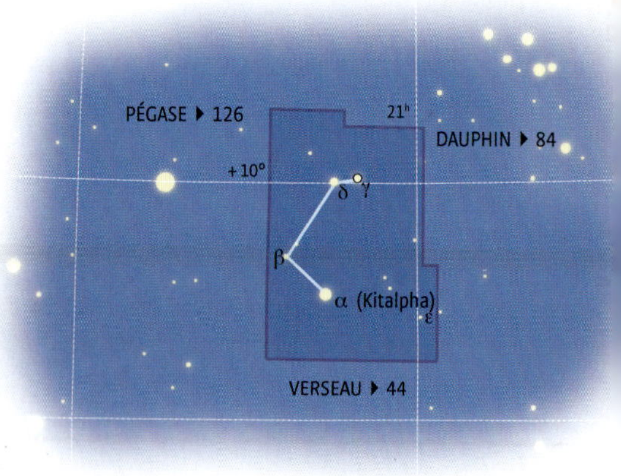

Étoile double Gamma/6

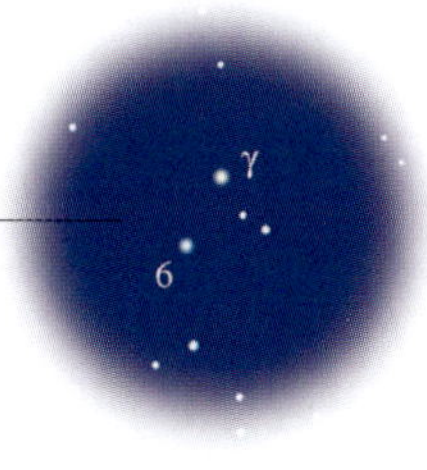

Observation

Les étoiles Gamma et 6 forment une étoile double distincte à la lunette. Gamma possède 2 autres satellites physiques, mais qui nécessitent un télescope de puissance moyenne.

Étoiles et objets du ciel profond du Petit Cheval

Nom	Description	Magnitude	Distance
Kitalpha (α)	« Partie du Cheval », jaune	3,9	186 AL
Gamma (γ)	étoile double avec 6	4,7/5,9	197/95 AL
Delta (δ)	blanc-jaune	4,5	60 AL

Fornax

Fourneau – Fornacis – For

Dimension : 398 degrés carrés (41e) ; entièrement visible de 50° Nord à 90° Sud

Le Fourneau est entièrement visible en Europe centrale, sous réserve d'une très bonne visibilité à l'horizon. Située à l'ouest d'Éridan et au sud de la Baleine, cette constellation s'élève tout juste au-dessus de l'horizon du Sud les soirs d'automne. Elle a été inventée par Nicolas Louis de Lacaille vers 1750 pour combler une lacune dans le ciel. Le Fourneau ne comporte aucune étoile brillante, mais on y trouve une galaxie naine proche de notre système solaire, invisible avec des instruments d'amateur.

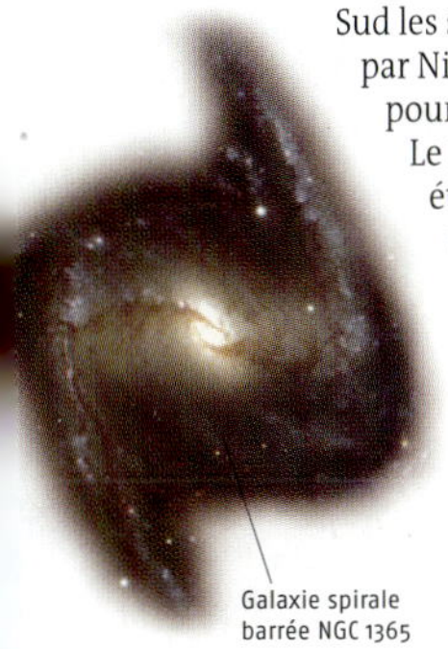

Galaxie spirale barrée NGC 1365

***Repérage** Le Fourneau est une constellation peu distincte, qui est située juste au sud en octobre et novembre. Il est difficile à observer en Europe centrale.*

- ***Visible de septembre à janvier.***
- ***Seulement 3 étoiles de faible magnitude.***
- ***Aucun objet particulier à observer.***

Galaxie NGC 1316

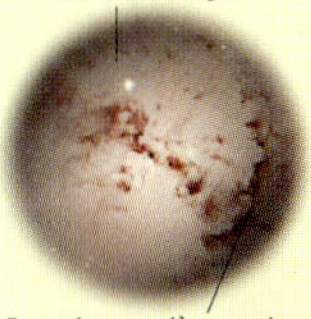

Zone de poussière sombre

Étoiles et objets du ciel profond du Fourneau

Nom	Description	Magnitude	Distance
Alpha (α)	étoile double (blanc-jaune)	4,0/7,0	46 AL
Bêta (β)	jaune	4,5	169 AL
Oméga (ω)	étoile double blanche	5,0/7,7	453 AL
NGC 1097	galaxie spirale barrée	9,3	45 M AL
NGC 1316	galaxie spirale barrée	8,9	64 M AL
NGC 1360	nébuleuse planétaire	9	980 AL
NGC 1365	galaxie spirale barrée	9,5	60 M AL

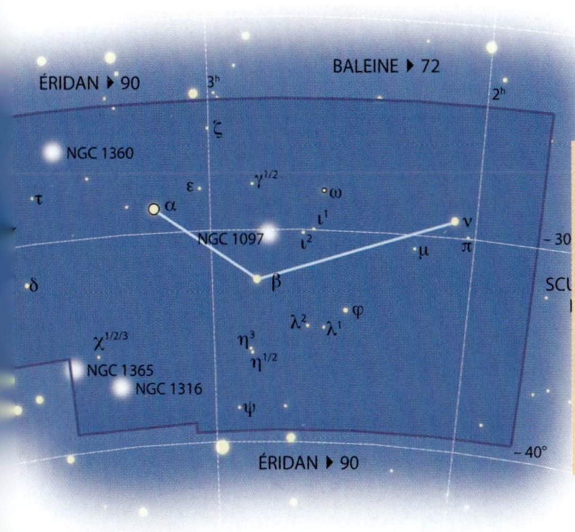

Observation

Au nord-ouest d'Acamar d'Éridan se trouve NGC 1316, une galaxie spirale barrée que l'on peut observer avec un petit télescope. NGC 1365 est une galaxie proche, moins brillante.

Eridanus

Éridan – Eridani – Eri

Dimension : 1138 degrés carrés (6e) ; entièrement visible de 32° Nord à 90° Sud

Repérage *Éridan n'est visible qu'en partie depuis l'Europe centrale. Son étoile la plus brillante, Achernar, n'est pas visible en France. La constellation est située au sud, en novembre, vers minuit.*

- ***Visible d'octobre à janvier.***
- ***Constellation très étendue du Nord au Sud.***
- ***Achernar est la neuvième étoile par sa magnitude.***

Éridan est une constellation des extrêmes : elle s'étend depuis l'équateur terrestre jusque loin dans le Sud. Elle comporte Achernar, la neuvième étoile par sa magnitude, mais elle est difficile à repérer, car ses autres étoiles sont peu brillantes. Dans le ciel d'hiver au-dessus de l'Europe, la partie nord d'Éridan est légèrement au-dessus d'Orion, en direction du sud. Selon la mythologie grecque, Éridan est le fleuve dans lequel Phaéton, fils d'Hélios, le Soleil, est tombé après avoir perdu le contrôle du char de son père.

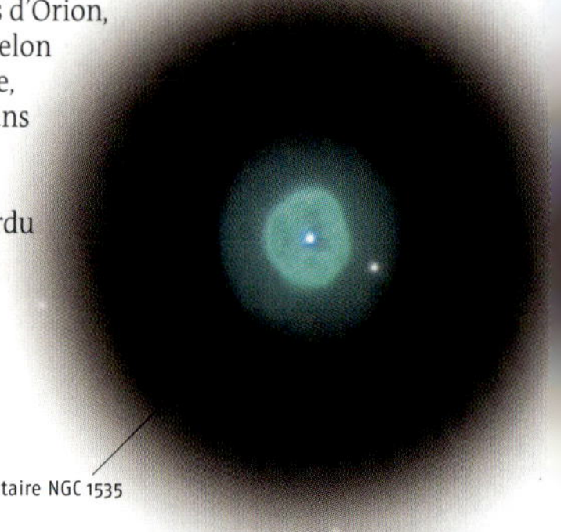

Nébuleuse planétaire NGC 1535

Galaxie spirale NGC 1291

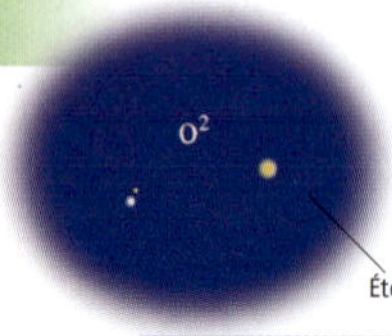

Étoile triple Omicron

Observation

Keid, étoile triple, est distincte au petit télescope. Sa composante de magnitude 9,5 est la naine blanche la plus brillante que l'on puisse observer dans le ciel. L'étoile principale est rouge orangé, la troisième rougeâtre.

Étoiles d'Éridan

Nom	Description	Magnitude	Distance
Achernar (α)	« Fin du fleuve », blanc bleuté	0,5	144 AL
Cursa (β)	« Escabeau », blanc bleuté	2,8	89 AL
Zaurak (γ)	rouge	3,0	221 AL
Delta (δ)	rouge orangé	3,5	30 AL
Acamar (ϑ)	étoile double blanc bleuté	3,2/4,3	161 AL
Keid (o^2)	étoile triple	4,4/9,5/10,8	16 AL
32	étoile double (jaune/bleu-vert)	4,8/6,1	345 AL
39	étoile double	4,9/8	206 AL
p	étoile double (rouge orangé)	5,8/5,9	27 AL

Observation

La nébuleuse planétaire NGC 1535, située à l'est de Zaurak, peut se repérer aux jumelles. Sa recherche n'est pas très aisée, car elle se situe dans une zone du ciel pauvre en étoiles.

Objets du ciel profond d'Éridan

Nom	*Description*	*Magnitude*	*Distance*
NGC 1291	*galaxie*	*8,5*	*22,5 M AL (?)*
NGC 1535	*nébuleuse planétaire*	*9,6*	*2000 AL*

Gemini

Gémeaux – Geminorum – Gem

Dimension : 514 degrés carrés (30e) ; entièrement visible de 90° Nord à 55° Sud

Repérage *Les Gémeaux sont une constellation marquante dans le ciel du soir, en hiver. Castor et Pollux sont particulièrement brillantes. En janvier, les Gémeaux se trouvent au sud vers minuit.*

> ***Visible de septembre à mai.***
> ***2 chaînes d'étoiles parallèles avec Castor et Pollux à l'extrémité est.***
> ***Cette constellation a donné son nom aux Géminides, pluie d'étoiles filantes qui a lieu début décembre.***

La constellation des Gémeaux est visible dans le ciel du soir, de novembre à avril. Elle comporte 2 chaînes d'étoiles parallèles, dont l'extrémité est marquée par les étoiles brillantes Castor et Pollux. Les Gémeaux sont une constellation du zodiaque, entre le Taureau et le Cancer. Selon la mythologie grecque, Castor et Pollux recherchent la Toison d'Or avec Jason et les Argonautes. Castor et Pollux sont tous deux fils de Léda, reine de Sparte. Castor est le fils mortel du roi Tyndare, Pollux le fils immortel de Zeus. Ce sont donc des demi-frères et non des jumeaux. Ils protègent les navigateurs, auxquels ils apparaissent sous forme de feux de Saint-Elme : une lueur qui se forme au sommet d'un mât, phénomène dû à la charge électrique des nuages, par temps orageux.

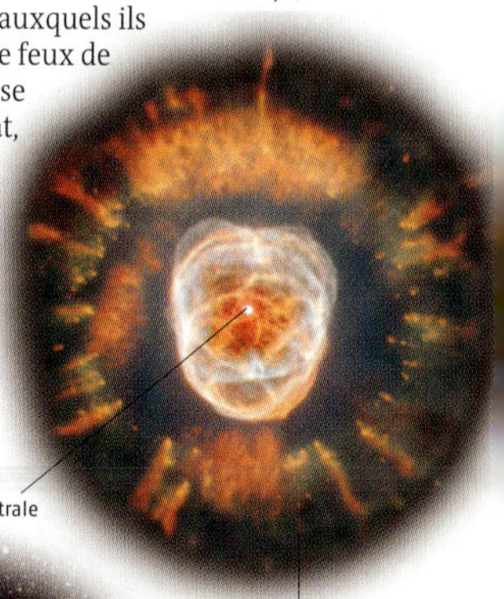

Étoile centrale

Nébuleuse planétaire NGC 2392

Amas ouvert Messier 35

Observation

À l'extrémité ouest de la chaîne d'étoiles de Castor, on trouve un amas ouvert, M 35, qui peut être visible à l'œil nu. Au télescope, on y distingue de nombreuses étoiles. À côté, NGC 2158 est un autre amas ouvert, mais moins brillant, car beaucoup plus éloigné (10 000 années-lumière de plus que M 35).

Étoiles des Gémeaux

Nom	Description	Magnitude	Distance
Castor (α)	étoile double	1,9/3,0	52 AL
Pollux (β)	rouge orangé	1,2	34 AL
Athéna (γ)	blanc bleuté	1,9	105 AL
Wasat (δ)	étoile double (blanc-jaune)	3,5/8,2	59 AL
Mebsuta (ε)	jaune	3,1/9,2	900 AL
Tejat Prior (η)	étoile double, variable	3,1–3,9/6,1	349 AL
Tejat Posterior (μ)	rouge	2,9	232 AL
Alzirr (ξ)	blanche	3,4	57 AL

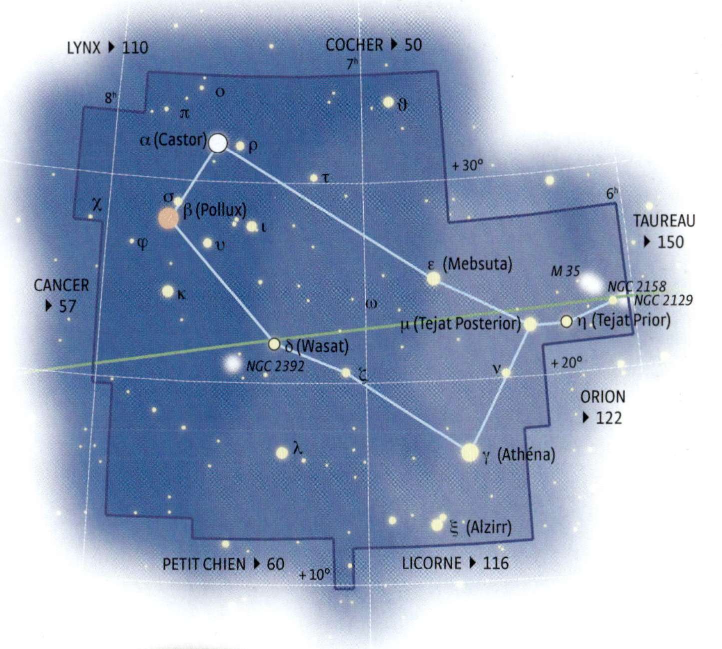

Objets du ciel profond des Gémeaux			
Nom	*Description*	*Magnitude*	*Distance*
M 35	*amas ouvert*	*5,1*	*2800 AL*
NGC 2129	*amas ouvert*	*6,7*	*7200 AL*
NGC 2158	*amas ouvert*	*8,6*	*12 800 AL*
NGC 2392	*« nébuleuse de l'Esquimau », nébuleuse planétaire*	*9*	*2900 AL*

Observation

Avec un petit télescope, la nébuleuse planétaire NGC 2392 est visible sous forme d'un petit disque. Proche de l'étoile Wasat, c'est l'une des rares nébuleuses planétaires dont l'étoile centrale est visible avec un petit instrument. Mais pour distinguer le visage de l'Esquimau, il faut un diamètre d'au moins 150 mm.

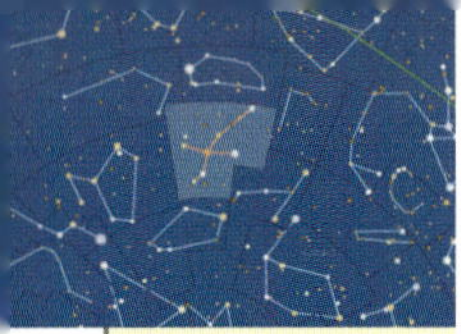

Grus

Grue – Gruis – Gru

Dimension : 366 degrés carrés (45ᵉ) ; entièrement visible de 34° Nord à 90° Sud

Repérage *La Grue est située au sud du Verseau. On peut l'observer depuis l'Europe du Sud, par exemple les soirs d'automne.*

- ***Invisible en Europe centrale.***
- ***Constellation en forme de croix inclinée, avec une étoile lumineuse appelée Al Na'ir.***
- ***Quelques étoiles doubles visibles à la lunette.***

La Grue fait partie des 12 constellations définies par les navigateurs hollandais Pieter Dirkszoon Keyser et Frederick de Houtman, à la fin du XVIᵉ siècle. Contrairement à bien d'autres constellations que l'on doit à Keyser et de Houtman, la Grue a une forme relativement facile à identifier, mais on ne peut pratiquement jamais l'observer depuis la France.

Étoile double Mu

Étoile double Delta

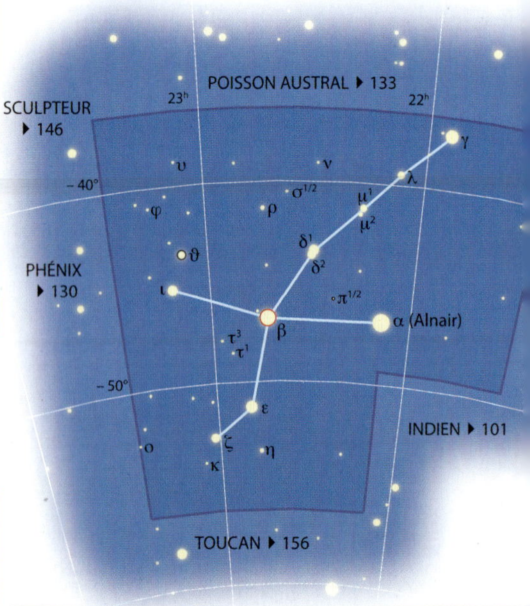

Observation

Delta est composée de 2 étoiles nettement distantes l'une de l'autre, mais situées dans le même point du ciel, si bien qu'elles donnent l'aspect d'une étoile double. On peut distinguer à l'œil nu, quand le ciel est bien sombre, ses 2 composantes, la jaune et la rouge.

Étoiles et objets du ciel profond de la Grue

Nom	*Description*	*Magnitude*	*Distance*
Al Na'ir (α)	« la Brillante », blanc bleuté	1,7	101 AL
Bêta (β)	variable rouge	2,0-2,3	170 AL
Gamma (γ)	bleue	3,0	203 AL
Delta-1, -2 (δ^1, δ^2)	étoile double optique	4,0/4,1	296/325 AL
Mu-1, -2 (μ^1, μ^2)	étoile double optique	4,8/5,1	262/240 AL
Pi-1, -2 (π^1, π^2)	étoile double optique	5,4-6,7/5,6	500/132 AL
Thêta (ϑ)	étoile double serrée	4,5/6,8	133 AL

Horologium

Horloge – Horologii – Hor

Dimension : 249 degrés carrés (58e) ; entièrement visible de 23° Nord à 90° Sud

L'Horloge n'est pas visible en France. C'est une constellation de l'hémisphère sud, proche d'Éridan. Sa présence dans le ciel est due à l'invention du Français Nicolas Louis de Lacaille, vers 1750. L'Horloge n'a que des étoiles de faible magnitude, et pas de forme très marquante. Elle n'est visible depuis l'hémisphère nord que dans les régions proches de l'équateur.

Repérage *L'Horloge est une petite constellation peu lumineuse, difficile à retracer, de l'hémisphère sud. Elle est proche d'Éridan, de l'Hydre mâle, du Réticule, de la Dorade et du Burin.*

- ***Invisible en Europe centrale.***
- ***Constellation peu lumineuse et peu marquante.***

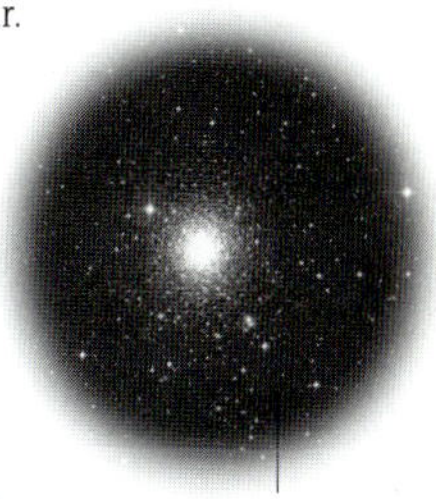

Amas globulaire NGC 1261

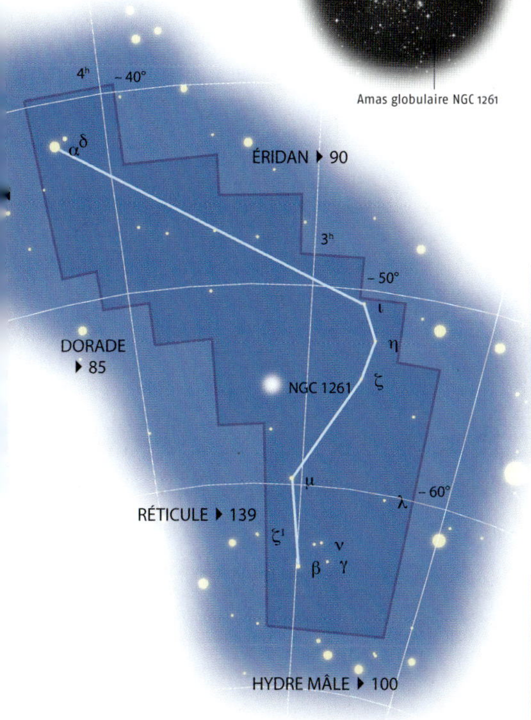

Étoiles et objets du ciel profond de l'Horloge

Nom	*Description*	*Magnitude*	*Distance*
Alpha (α)	*rouge orangé*	*3,9*	*117 AL*
Bêta (β)	*blanche*	*5,0*	*314 AL*
Delta (δ)	*blanche*	*4,9*	*175 AL*
NGC 1261	*amas globulaire*	*8,4*	*52 000 AL*

Observation

L'amas globulaire NGC 1261 forme un triangle presque équilatéral avec Mu et Zêta. Pour l'observer, il faut un télescope. Les étoiles qui forment cet amas étant très serrées, le télescope doit être relativement puissant pour les distinguer les unes des autres.

Hercules

Hercule – Herculis – Her

Dimension : 1225 degrés carrés (5e) ; visible de 90° Nord à 29° Sud

Repérage *Hercule est placé entre la Lyre et la Couronne boréale. Sa partie la plus brillante est le trapèze qui représente le ventre et le dos du personnage.*

- ***Visible de février à octobre.***
- ***Cinquième constellation par la taille.***
- ***M 13 est l'amas globulaire le plus connu du ciel boréal.***

Hercule est plus facile à observer le soir, au début de l'été. Cette constellation composée d'étoiles de magnitude moyenne ressort plus nettement dans un ciel sombre. Hercule était un fils illégitime de Zeus. Grâce à sa force surhumaine et à sa ruse, il réussit à accomplir douze travaux considérés comme impossibles. De nombreux adversaires d'Hercule sont également immortalisés dans le ciel, comme le Dragon, le Cancer, le Lion et l'Hydre. Le héros est représenté dans le ciel à genoux, la tête au sol : Rasalgethi marque la tête, les étoiles Bêta et Gamma le bras gauche dressé, tenant une massue.

Amas globulaire Messier 92

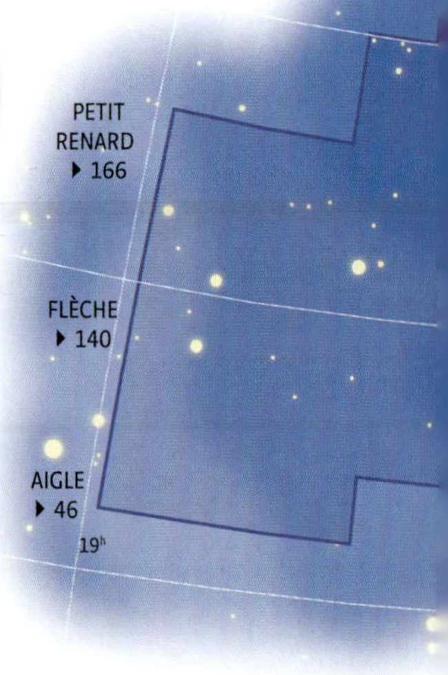

Amas globulaire Messier 13

Observation

Dans le trapèze d'Hercule, entre Êta et Zêta, se trouve l'amas globulaire brillant M 13, visible à l'œil nu dans de bonnes conditions de visibilité. Avec une lunette de grossissement moyen, on peut distinguer les différentes étoiles.

Étoiles d'Hercule

Nom	*Description*	*Magnitude*	*Distance*
Rasalgethi (α)	*« Tête de l'homme agenouillé », double*	*2,7–5,4/5,4*	*382 AL*
Kornephoros (β)	*« Porteur de massue », jaune*	*2,8*	*148 AL*
Gamma (γ)	*blanche*	*3,7*	*195 AL*
Sarin (δ)	*étoile double blanche*	*3,8/10*	*195 AL*
Zêta (ζ)	*étoile double (blanc jaune/rouge orangé)*	*2,9/5,7*	*35 AL*
Kappa (κ)	*étoile double (jaune/rouge orangé)*	*5,0/6,3*	*388 AL*
Rhô (ρ)	*étoile double blanc jaune*	*4,5/5,5*	*402 AL*

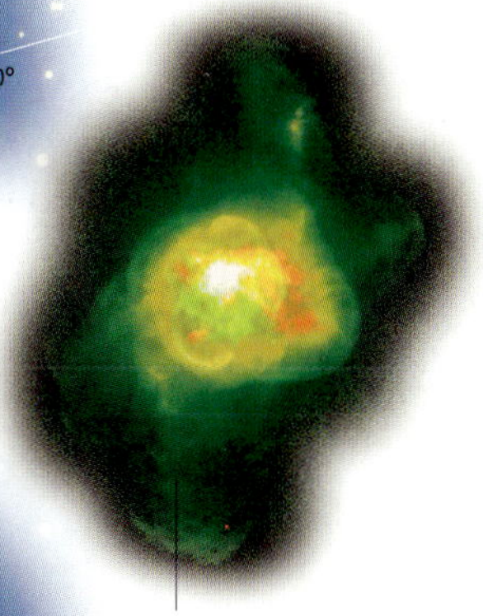

Nébuleuse planétaire NGC 6210

Objets du ciel profond d'Hercule

Nom	*Description*	*Magnitude*	*Distance*
M 13	*amas globulaire*	*5,9*	*25 000 AL*
M 92	*amas globulaire*	*6,5*	*29 000 AL*
NGC 6210	*nébuleuse planétaire*	*9*	*4000 AL*
NGC 6229	*amas globulaire*	*9,4*	*98 000 AL*

Observation

Si l'amas globulaire M 92 n'était pas situé dans la même constellation que M 13, il serait certainement plus célèbre, mais son voisin lui vole la vedette. Situé au nord d'Hercule, M 92 est visible à la lunette, mais il faut l'admirer au télescope.

Hydra

Hydre – Hydrae – Hya

Dimension : 1303 degrés carrés (1re) ; entièrement visible de 54° Nord à 83° Sud

Repérage *L'Hydre s'étend du Cancer à la Balance et au Centaure, en passant sous la Coupe et le Corbeau. Alphard marque pour ainsi dire la poitrine de l'Hydre.*

> ***Visible de janvier à avril.***
> ***La tête et l'avant du corps sont assez faciles à distinguer, mais le reste l'est moins, car il comporte des étoiles peu brillantes.***

L'Hydre n'est visible en son entier qu'en avril et mai. C'est la plus grande constellation, mais elle n'est pas très brillante. Seule son étoile la plus brillante, Alphard, attire l'œil dans le ciel nocturne. Selon la mythologie grecque, l'Hydre est le serpent qui retient le Corbeau parti chercher de l'eau dans la Coupe. Il s'agit aussi d'un serpent à plusieurs têtes qui livre un combat contre Hercule dans l'un des douze travaux.

Observation

L'amas ouvert Messier 48 forme avec Procyon du Petit Chien et Alphard un triangle plat. Visible à l'œil nu dans de bonnes conditions, il est préférable d'utiliser les jumelles pour distinguer ses 80 étoiles, sur une surface grande comme celle de la pleine Lune.

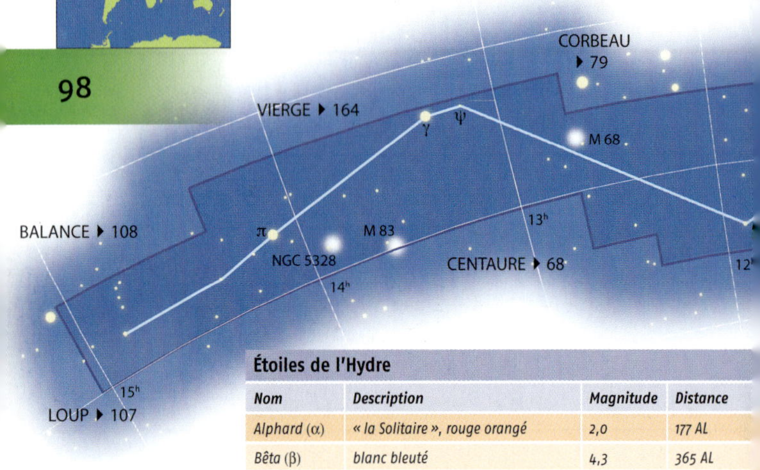

Étoiles de l'Hydre

Nom	Description	Magnitude	Distance
Alphard (α)	« la Solitaire », rouge orangé	2,0	177 AL
Bêta (β)	blanc bleuté	4,3	365 AL
Gamma (γ)	jaune	3,0	132 AL
Delta (δ)	blanc bleuté	4,1	179 AL
Epsilon (ε)	étoile double (jaune/bleu)	3,4/6,7	135 AL
27	étoile double optique	4,8//7/11	244//202 AL

Galaxie spirale Messier 83

Amas globulaire Messier 68

Observation

Au sud du Corbeau, on peut repérer dans l'Hydre M 68, amas globulaire gros comme une demi-Lune.
Avec un télescope de grossissement moyen, on peut voir les étoiles de la périphérie, mais, en Europe centrale, cet objet reste bas sur l'horizon.

Objets du ciel profond de l'Hydre

Nom	Description	Magnitude	Distance
M 48	amas ouvert	5,8	2000 AL
M 68	amas globulaire	8,2	31 000 AL
M 83	galaxie spirale	7,6	15 M AL
NGC 3242	« Esprit de Jupiter », nébuleuse planétaire	9	2000 AL
NGC 3621	galaxie spirale	9,9	20 M AL

Hydrus

Hydre mâle – Hydri – Hyi

Dimension : 243 degrés carrés (61e) ; entièrement visible de 8° Nord à 90° Sud

***Repérage** L'Hydre mâle est une constellation du ciel austral. Composée d'étoiles peu brillantes, elle est difficile à repérer.*

- ***Invisible en Europe.***
- ***Les 3 étoiles les plus brillantes forment un triangle équilatéral.***
- ***Culmine en octobre vers minuit.***

L'Hydre mâle a été placée dans le ciel du Sud par les navigateurs hollandais Pieter Dirkszoon Keyser et Frederick de Houtman, vers la fin du XVIe siècle. Elle est à l'opposé de l'Hydre et constitue la continuation d'Éridan presque jusqu'au pôle Sud. Elle n'est pas visible en Europe. Elle comporte peu d'objets intéressants à observer. Près de l'étoile Bêta, dans la constellation du Toucan, se trouve le Petit Nuage de Magellan, l'une des galaxies proches de notre système de la Voie lactée.

Étoiles et objets du ciel profond de l'Hydre mâle

Nom	Description	Magnitude	Distance
Alpha (α)	blanche	2,9	71 AL
Bêta (β)	jaune, étoile la plus brillante	2,8	24 AL
Gamma (γ)	rouge	3,2	214 AL
Pi-1, -2 (π¹, π²)	étoile double optique	5,6/5,7	740/468 AL

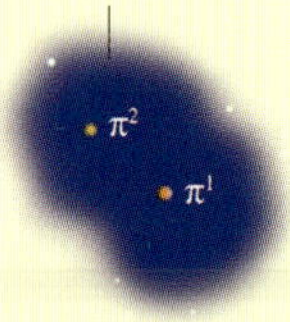

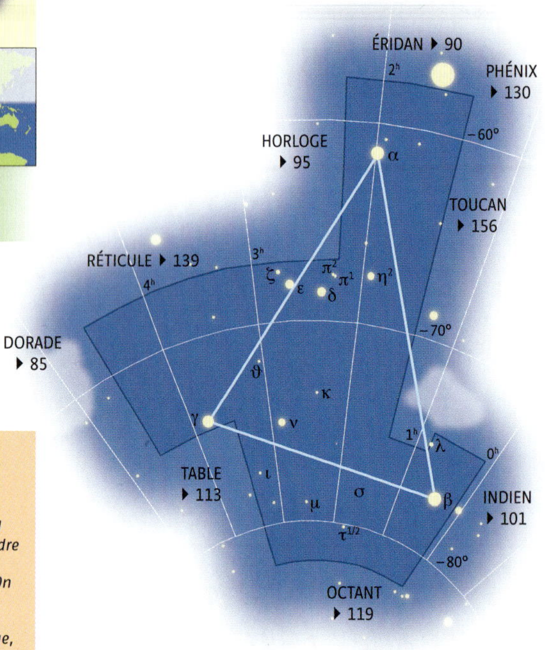

Observation

Dans la partie nord du triangle de l'Hydre mâle se trouve l'étoile double Pi. On peut distinguer ses composantes à la lunette : l'une rouge, l'autre orangée.

Indus

Indien – Indi – Ind

Dimension : 294 degrés carrés (49e) ; entièrement visible de 15° Nord à 90° Sud

Cette constellation est une invention de Pieter Dirkszoon Keyser et Frederick de Houtman vers la fin du XVIe siècle. On ne peut pas la voir en Europe. Pour y reconnaître la forme d'un Indien d'Amérique, il faut un peu d'imagination. Toutes les étoiles de l'Indien sont de faible magnitude.

Repérage *L'Indien est situé entre la Grue et le Paon. Toutes ses étoiles sont peu brillantes. Il apparaît en août vers minuit, en direction du sud.*

> ***Invisible en Europe.***
> ***Peu d'objets intéressants à observer.***

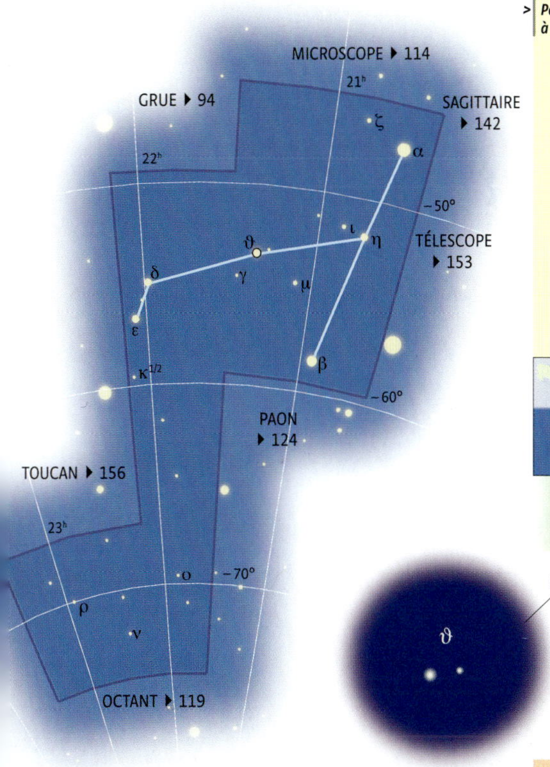

Étoile double Thêta

Étoiles et objets du ciel profond de l'Indien			
Nom	***Description***	***Magnitude***	***Distance***
Alpha (α)	*rouge orangé*	*3,1*	*101 AL*
Bêta (β)	*rouge orangé*	*3,7*	*600 AL*
Delta (δ)	*blanche*	*4,4*	*185 AL*
Epsilon (ε)	*voisine du Soleil*	*4,7*	*11,8 AL*
Thêta (ϑ)	*étoile double (blanc/blanc)*	*4,5/7,0*	*97 AL*

Observation

Thêta forme avec Delta et Bêta un triangle équilatéral. Thêta est une étoile double dont on peut distinguer les composantes avec un petit télescope. Ses 2 étoiles blanches sont de magnitude différente.

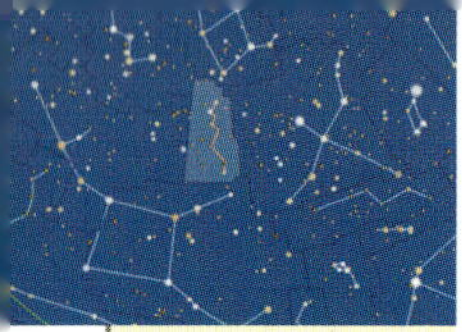

Lacerta

Lézard – Lacertae – Lac

Dimension : 201 degrés carrés (68e) ; entièrement visible de 90° Nord à 23° Sud

Repérage *Le Lézard est situé entre Andromède et le Cygne. Toutes ses étoiles sont peu brillantes ; elles dessinent un zigzag se terminant par Alpha et Bêta au nord.*

- ***Visible d'avril à janvier.***
- ***Largement circumpolaire.***
- ***Petite constellation sans objet spectaculaire.***

En août-septembre, le Lézard atteint sa position la plus au sud vers minuit. Cette constellation peu marquante a été créée vers la fin du XVIIe siècle par Johannes Hevelius, astronome polonais. Auparavant, on lui avait donné différents noms dans le ciel d'Europe. Le Lézard est circumpolaire pour une grande partie de l'Europe centrale : on peut donc l'observer toute l'année, par exemple le soir, en automne. La Voie lactée traverse le nord du Lézard.

Amas ouvert NGC 7209

Amas ouvert NGC 7243

Étoiles et objets du ciel profond du Lézard

Nom	Description	Magnitude	Distance
Alpha (α)	blanc bleuté	3,8	102 AL
Bêta (β)	jaune	4,4	170 AL
8	étoile double (blanche/blanche)	5,7/6,5	639 AL
NGC 7209	amas ouvert	6,7	2900 AL
NGC 7243	amas ouvert	6,4	3300 AL

Observation

L'amas ouvert NGC 7243 forme avec les étoiles Alpha et Bêta un triangle isocèle. Cet amas aux contours irréguliers regroupe une quarantaine d'étoiles de magnitude 8 et plus, et recouvre une surface supérieure à celle de la demi-Lune.

Leo Minor

Petit lion – Leo Minoris – Lmi

Dimension : 232 degrés carrés (64ᵉ) ; entièrement visible de 90° Nord à 48° Sud

Le Petit Lion est situé à côté de son grand frère le Lion. Mais les deux constellations n'appartiennent pas à la même histoire, la création du Petit Lion, par l'astronome polonais Johannes Hevelius, ne datant que de 1687. Suite à une redéfinition des limites des constellations, le Petit Lion a été privé de son étoile Alpha selon la désignation de Bayer. L'étoile la plus brillante est donc la 46 Leo Minoris, que l'on appelle aussi Praecipua (« ce Chef »).

***Repérage** Le Petit Lion est situé entre la Grande Ourse et le Lion. Les étoiles de cette constellation ne sont pas très brillantes. La plus brillante est Praecipua.*

> ***Visible de novembre à juillet.***
> ***4 étoiles peu brillantes en zigzag.***
> ***Peu d'objets faciles pour le petit télescope.***

Galaxie spirale NGC 3344

Étoile double Struve 1374

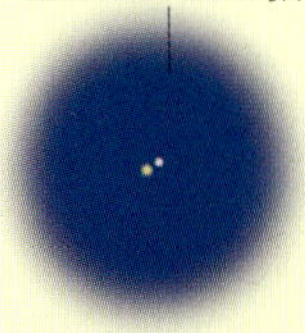

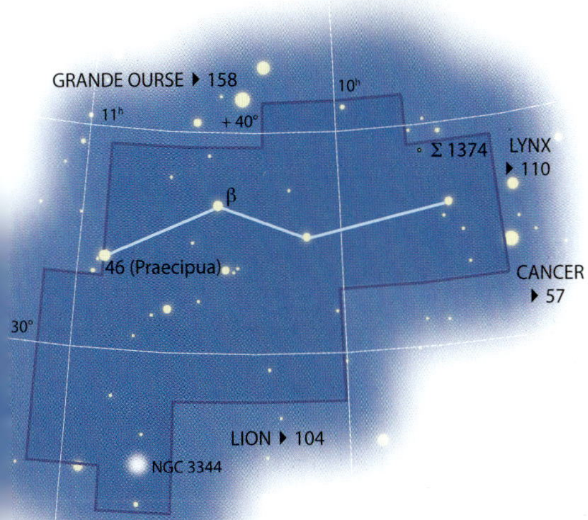

Observation

L'étoile double Zêta 1374 est formée de 2 étoiles, l'une jaune, l'autre blanche. Elle se situé à la limite du Lynx, au nord de l'étoile 10. La lettre Zêta désigne les étoiles doubles, répertoriées au XIXᵉ siècle par Friedrich Georg Wilhelm Struve, astronome allemand installé en Estonie.

Étoiles et objets du ciel profond du Petit Lion

Nom	*Description*	*Magnitude*	*Distance*
Praecipua (46)	*étoile la plus brillante, rouge orangé*	*3,8*	*98 AL*
Bêta (β)	*jaune*	*4,2*	*146 AL*
Σ 1374	*étoile double (jaune/blanc)*	*7,3/8,6*	*156 AL*
NGC 3344	*galaxie spirale*	*10*	*20 M AL*

Leo

Lion – Leonis – Leo

Dimension : 947 degrés carrés (12e) ; entièrement visible de 90° Nord à 56° Sud

__Repérage__ Le Lion se situe au sud en février-mars, vers minuit. Le trapèze formé, entre autres, par Denebola et Régulus, représente le corps d'un lion couché, et le petit trapèze constitué avec Algieba en est la tête.

> ***Visible de décembre à juin.***
> ***L'étoile principale, Régulus, fait partie des 20 étoiles les plus brillantes de notre ciel.***
> ***Cette constellation a donné son nom à une pluie d'étoiles filantes, les Léonides, visibles en novembre.***

Le Lion est une constellation remarquable au printemps, avec 3 étoiles brillantes et quelques étoiles moyennement brillantes. Il se compose de deux trapèzes qui se rejoignent au niveau d'Algieba. Selon la mythologie grecque, le Lion de Némée possède une peau si dure que toutes les armes rebondissent sur elle. Hercule doit donc étrangler le monstre à mains nues, ce qui constitue le premier des douze travaux. Dans le zodiaque, le Lion suit le Cancer et précède la Vierge. Son étoile principale, Régulus, fait partie du triangle du printemps.

Galaxie spirale Messier 95

Galaxie Messier 66 — Galaxie Messier 65

Observation

Entre les étoiles Chertan et Iota se trouvent les galaxies spirales M 65/M 66, que l'on peut observer aux jumelles dans de bonnes conditions. Au télescope, on distingue deux petites taches allongées. Pour voir les bras des spirales, il faut un fort grossissement.

Étoiles du Lion

Nom	*Description*	*Magnitude*	*Distance*
Régulus (α)	*« Roitelet », étoile double*	*1,4/7,7*	*78 AL*
Denebola (β)	*« Queue du Lion », blanc bleuté*	*2,1*	*36 AL*
Algieba (γ)	*« Front », étoile double*	*2,2/3,5*	*126 AL*
Zosma (δ)	*blanc bleuté*	*2,6*	*58 AL*
Epsilon (ε)	*jaune*	*3,0*	*251 AL*
Aldhafera (ζ)	*blanc jaune*	*3,4*	*260 AL*
Chertan (ϑ)	*blanc bleuté*	*3,3*	*178 AL*

Galaxie spirale NGC 2903

Objets du ciel profond du Lion			
Nom	*Description*	*Magnitude*	*Distance*
M 65	*galaxie spirale*	*9*	*20 M AL*
M 66	*galaxie spirale*	*9*	*20 M AL*
M 95	*galaxie spirale barrée*	*9,7*	*38 M AL*
M 96	*galaxie spirale*	*9,2*	*38 M AL*
M 105	*galaxie elliptique*	*9,3*	*38 M AL*
NGC 2903	*galaxie spirale*	*8,9*	*23 M AL*
NGC 3521	*galaxie spirale*	*8,9*	*28 M AL*

Observation

À la tête du Lion, près de l'étoile Lambda, on trouve la galaxie spirale NGC 2903. Très brillante, elle est visible dans de bonnes conditions aux jumelles. Mais pour observer ses bras, il faut un grand télescope.

Lepus

Lièvre – Leporis – Lep

Dimension : 290 degrés carrés (51e) ; entièrement visible de 63° Nord à 90° Sud

***Repérage** Le Lièvre se situe en décembre vers minuit exactement au sud. Légèrement moins brillante que ses voisines, Orion et Sirius, la constellation du Lièvre comporte des objets intéressants à observer.*

> ***Visible de novembre à février.***
> ***Le nom d'Arneb (Alpha leporis) vient de l'arabe et signifie « lièvre ».***
> ***« L'Étoile cramoisie » est une étoile variable de type Mira, d'un rouge profond à son maximum.***

Le Lièvre est une constellation d'hiver, aux pieds d'Orion. Elle comporte 2 étoiles relativement brillantes qui forment l'avant du corps. L'étoile Mu marque la tête, Lambda et Kappa les pointes des oreilles. Gamma et Delta sont à l'extrémité des pattes arrière. Le Lièvre court donc vers l'ouest. Il est connu depuis l'Antiquité, et la mythologie raconte qu'il est poursuivi dans le ciel par le Grand Chien du chasseur Orion. Chez les Égyptiens, cette constellation représente Anubis, dieu des Morts.

Amas globulaire Messier 79

Astérisme NGC 2017

Étoiles et objets du ciel profond du Lièvre

Nom	*Description*	*Magnitude*	*Distance*
Arneb (α)	*« Lièvre », blanche*	*2,6*	*1300 AL*
Nihal (β)	*étoile double jaune*	*2,8/7,3*	*159 AL*
Gamma (γ)	*étoile double (jaune/jaune)*	*3,6/6,2*	*29 AL*
Kappa (κ)	*étoile double (blanche/blanche)*	*4,4/7,4*	*560 AL*
R	*« Étoile cramoisie », variable très rouge*	*5,5-12*	*820 AL*
M 79	*amas globulaire*	*8*	*42 500 AL*
NGC 2017	*astérisme multicolore*	*7,5*	*-*

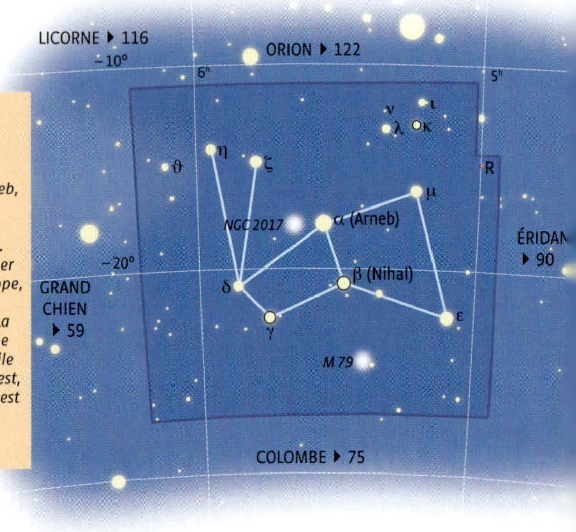

Observation

NGC 2017, près d'Arneb, n'est pas un amas stellaire, mais un système de 5 étoiles. On peut les distinguer avec un petit télescope, car elles sont de teintes différentes. La plus brillante est une étoile double, difficile à observer. Au sud-est, une étoile bleutée l'est davantage.

Lupus

Loup – Lupi – Lup

Dimension : 334 degrés carrés (46e) ; entièrement visible de 35° Nord à 90° Sud

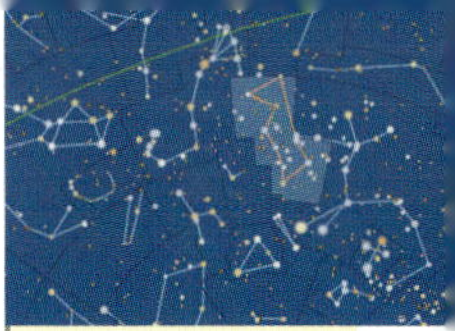

Situé entre deux constellations brillantes, le Scorpion et le Centaure, le Loup passe plutôt inaperçu, bien qu'il contienne quelques objets intéressants, dont 3 étoiles brillantes ou relativement brillantes. En Europe, on le voit très mal, seule sa partie nord dépasse légèrement de l'horizon sud. Les Grecs anciens voyaient dans cette constellation un animal féroce appelé Thérion. Depuis la Renaissance, on l'appelle le Loup. Si ses contours sont bien marqués, il est difficile d'y voir un loup.

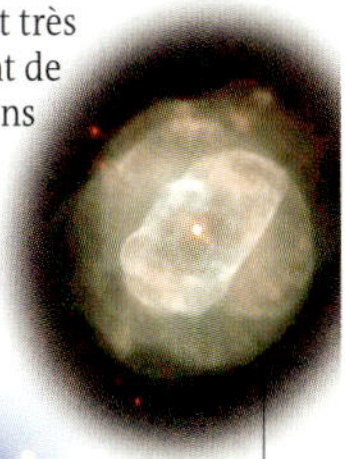

Nébuleuse planétaire NGC 5882

Repérage *Le Loup est une constellation visible le soir au début de l'été. Ses étoiles les plus brillantes ne sont visibles de l'hémisphère nord que dans le sud de la Méditerranée.*

- ***Visible de mars à juin.***
- ***Les étoiles forment deux lignes brisées pratiquement parallèles.***
- ***Entre le Scorpion et le Centaure.***

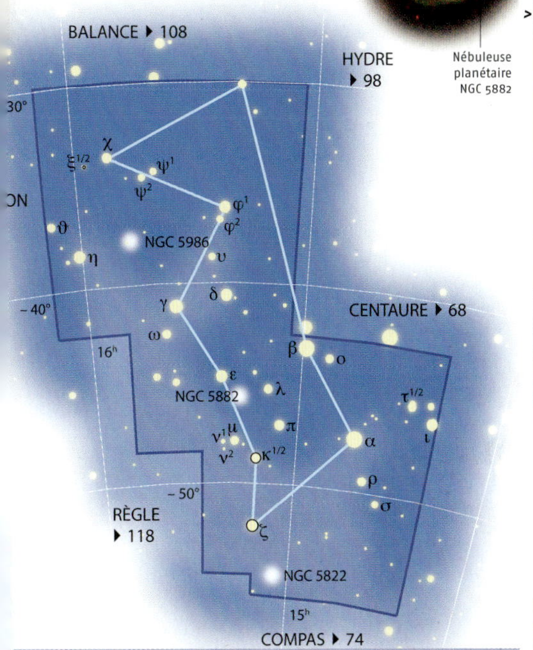

Amas ouvert NGC 5822

Étoiles et objets du ciel profond du Loup

Nom	Description	Magnitude	Distance
Alpha (α)	*bleue*	2,3	548 AL
Bêta (β)	*bleue*	2,7	524 AL
Zêta (ζ)	*étoile double*	3,4/6,7	116 AL
Kappa (κ)	*étoile double*	3,9/5,7	182 AL
Xi (ξ)	*étoile double blanc bleuté*	5,1/5,6	199 AL
NGC 5822	*amas ouvert*	6,5	2500 AL
NGC 5882	*nébuleuse planétaire*	10,5	6200 AL
NGC 5986	*amas globulaire*	7,1	34 000 AL

Observation

Au sud du Loup se trouve l'amas ouvert NGC 5822, visible aux jumelles. Il regroupe une centaine d'étoiles dont certaines sont visibles avec un petit télescope. On peut commencer la recherche à partir de Zêta.

Libra

Balance – Librae – Lib

Dimension : 538 degrés carrés (29e) ; entièrement visible de 60° Nord à 90° Sud

***Repérage** La Balance est une constellation du zodiaque, qui suit la Vierge et précède le Scorpion. Zubenelgenubi représente le pivot de la balance.*

> ***Visible d'avril à juin.***
> ***2 étoiles relativement brillantes, les autres plutôt faibles.***
> ***Cette constellation a longtemps été intégrée au Scorpion.***

La Balance est visible en Europe principalement le soir, en mai et juin. Elle fait partie des 30 plus grandes constellations, mais elle n'inclut que 2 étoiles relativement brillantes. Elle est donc difficile à distinguer dans le ciel, malgré sa forme simple. Dans la Grèce antique, la Balance faisait partie du Scorpion, ce qui explique le nom de ses principales étoiles. Ce sont les Romains qui ont défini cette constellation au Ier siècle ap. J.-C. La balance est un symbole de justice.

Amas globulaire NGC 5897

Observation

Iota forme avec Zubenelgenubi et Brachium un triangle plat. Les 2 étoiles que l'on distingue aux jumelles sont appelées soit Iota et 25, soit Iota-1 et Iota-2. Au télescope, on peut voir que l'étoile la plus brillante possède un satellite, lui-même composé de 2 étoiles.

Étoiles de la Balance

Nom	Description	Magnitude	Distance
Zubenelgenubi (α)	« Pince du Sud », étoile double	2,7/5,2	77 AL
Zubeneschamali (β)	« Pince du Nord », verdâtre	2,6	160 AL
Zubenelakrab (γ)	« Pince de Scorpion », orange	3,9	152 AL
Zubenelakribi (δ)	variable bleue	4,9-5,9	304 AL
Iota (ι)/25	étoile double	4,5/6,1	377 AL
Mu (μ)	étoile double	5,7/6,8	235 AL
Brachium (σ)	anciennement dans le Scorpion	3,3	292 AL

Objets du ciel profond de la Balance

Nom	*Description*	*Magnitude*	*Distance*
NGC 5897	*amas globulaire*	*8,6*	*40 000 AL*
Me 2-1	*nébuleuse planétaire*	*11,6*	*14 000 AL*

Observation

Près de l'étoile Iota se trouve l'amas globulaire NGC 5897, visible au télescope. Avec un instrument de grossissement moyen, on voit que cet amas est peu concentré.

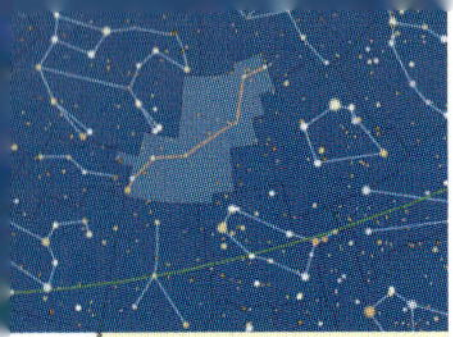

Lynx

Lynx – Lyncis – Lyn

Dimension : 545 degrés carrés (28e) ; entièrement visible de 90° Nord à 28° Sud

Repérage *Le Lynx est une constellation étendue, mais discrète, de l'hémisphère nord. Elle atteint son point culminant en janvier, vers minuit.*

- ***Visible de septembre à juillet.***
- ***Une grande partie du Lynx est circumpolaire.***
- ***Plusieurs étoiles doubles intéressantes à observer au petit télescope.***

Étoile triple 19

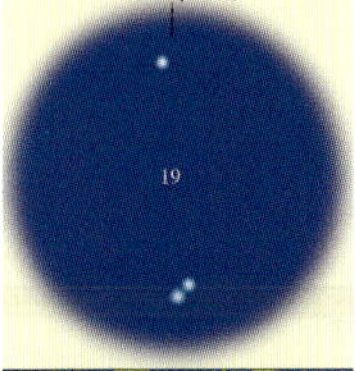

Le Lynx est circumpolaire, ce qui veut dire qu'on peut le voir presque toute l'année dans l'hémisphère nord. Cette grande constellation n'a pas d'étoile très brillante. Situé entre la Grande Ourse, le Cocher et les Gémeaux, le Lynx passe plutôt inaperçu. Sa création remonte en 1687, avec l'astronome polonais Johannes Hevelius. On prétend que cette constellation doit son nom au fait qu'il faut des yeux de lynx pour la repérer. L'histoire a retenu que Hevelius avait une excellente vue.

Galaxie spirale NGC 2683

Étoiles du Lynx

Nom	*Description*	*Magnitude*	*Distance*
Alpha (α)	*rouge*	*3,1*	*221 AL*
5	*étoile double rouge orangé*	*5,2/7,9*	*680 AL*
12	*étoile triple blanc bleuté*	*5,5/6,1/7,2*	*229 AL*
15	*étoile double serrée jaune*	*4,7/5,8*	*170 AL*
19	*étoile triple*	*5,8/6,9/7,6*	*470 AL*
38	*étoile double blanc bleuté*	*3,9/6,3*	*122 AL*
41	*située dans la Grande Ourse*	*5,4/8*	*288 AL*

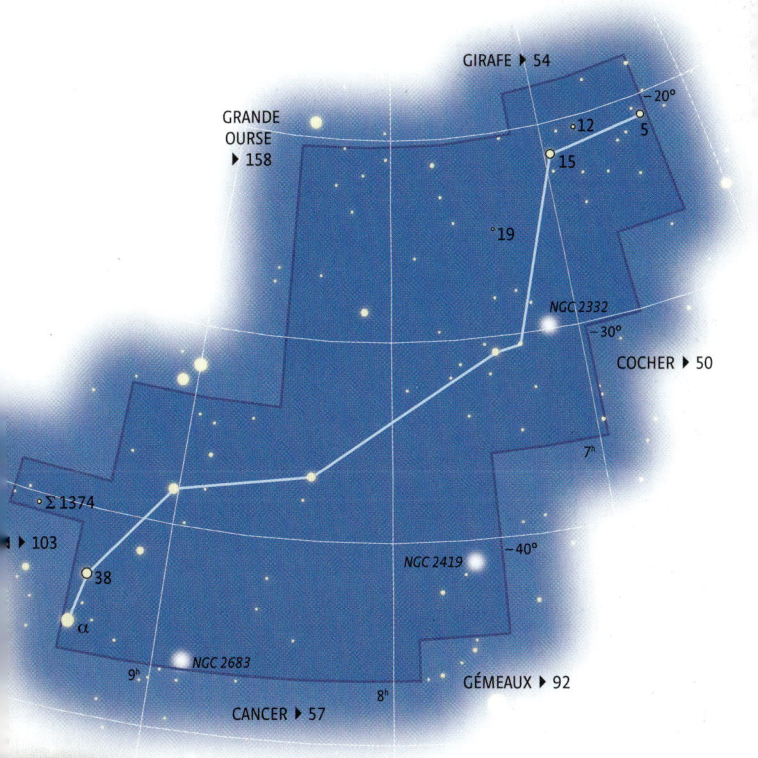

Amas globulaire NGC 2419

Objets du ciel profond du Lynx			
Nom	*Description*	*Magnitude*	*Distance*
NGC 2419	*amas globulaire*	*10,4*	*300 000 AL*
NGC 2683	*galaxie spirale*	*9,7*	*16 M AL*

Observation

Dans le nord du Lynx se trouve l'étoile triple qui porte le numéro 19. Ses 2 étoiles les plus brillantes sont blanc bleuté. 19 forme avec les étoiles 15 et 21 un triangle extrêmement plat.

Lyra

Lyre – Lyrae – Lyr

Dimension : 286 degrés carrés (52e) ; entièrement visible de 90° Nord à 42° Sud

Repérage *La Lyre est connue pour son étoile très brillante, Véga, et un losange d'étoiles moins brillantes. C'est une constellation de l'été.*

> ***Visible de mars à novembre.***
> ***Véga est la cinquième étoile par sa magnitude.***
> ***Epsilon est une étoile quadruple renommée, les personnes qui ont une bonne vue peuvent y distinguer une étoile double.***

Étoile double Epsilon

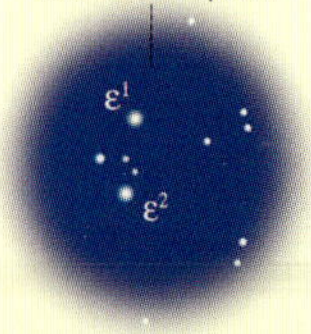

La Lyre est relativement petite, mais sa forme en losange est très caractéristique. Constellation typique de l'été, on la repère en juillet, vers minuit, haut dans le ciel du Sud. Véga est la cinquième étoile par sa magnitude, elle est circumpolaire en Europe centrale. Elle forme un angle du triangle d'été, avec Deneb du Cygne et Altaïr de l'Aigle. Selon la mythologie grecque, Hermès, messager des dieux, a inventé la Lyre et l'a offerte à son demi-frère, Apollon. Ce dernier en a fait cadeau à Orphée, le chanteur.

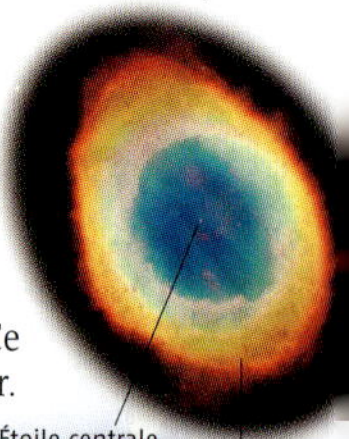

Étoile centrale

Nébuleuse planétaire Messier 57

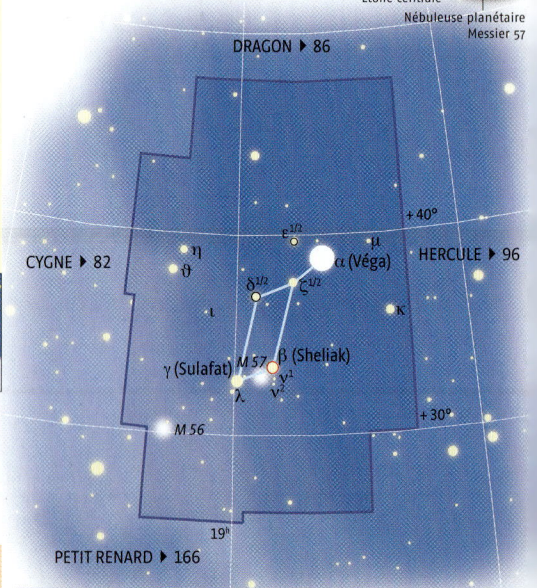

Observation

En haut à gauche de Véga se trouve Epsilon. On peut la voir double avec de très bons yeux, ou aux jumelles. Si l'on regarde au télescope, chaque étoile se dédouble à son tour, ce qui donne 2 couples d'étoiles très proches reliées par des axes perpendiculaires.

Étoiles et objets du ciel profond de la Lyre

Nom	*Description*	*Magnitude*	*Distance*
Véga (α)	*« Vautour », blanc bleuté*	*0,03*	*25 AL*
Sheliak (β)	*« Harpe », étoile double variable*	*3,3-4,3/7,2*	*881 AL*
Sulafat (γ)	*« Tortue », blanc bleuté*	*3,2*	*634 AL*
Delta-1, -2 (δ^1, δ^2)	*étoile double optique*	*5,6/4,2*	*1080/899 AL*
Epsilon (ε)	*« double étoile double »*	*5,1/6,2//5,3/5,5*	*161 AL*
M 56	*amas globulaire*	*8,4*	*33 000 AL*
M 57	*« nébuleuse de l'Anneau », nébuleuse planétaire*	*9*	*2000 AL*

Mensa

Table – Mensae – Men

Dimension : 153 degrés carrés (75ᵉ) ; entièrement visible de 5° Nord à 90° Sud

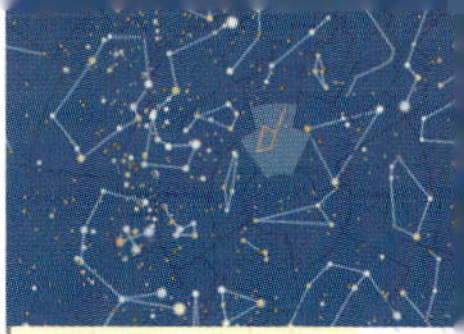

Cette petite constellation appartient à l'hémisphère sud. Proche du pôle Sud céleste, elle ne comporte que des étoiles faibles. L'astronome français Nicolas Louis de Lacaille a défini la Table au début des années 1750 en observant le ciel depuis la ville du Cap, en Afrique du Sud, et en se référant à la montagne Table, surplombant le Cap, souvent noyée dans les nuages. Cette constellation ne renferme aucun objet simple à observer. Le grand Nuage de Magellan pénètre un peu dans la Table.

Amas globulaire NGC 1841

Repérage *La Table est une petite constellation autour du pôle Sud céleste, qui atteint son point culminant en mai, vers minuit.*

- ***Invisible en Europe.***
- ***4 étoiles peu brillantes formant un trapèze.***
- ***Hommage à la Montagne Table qui domine la ville du Cap.***

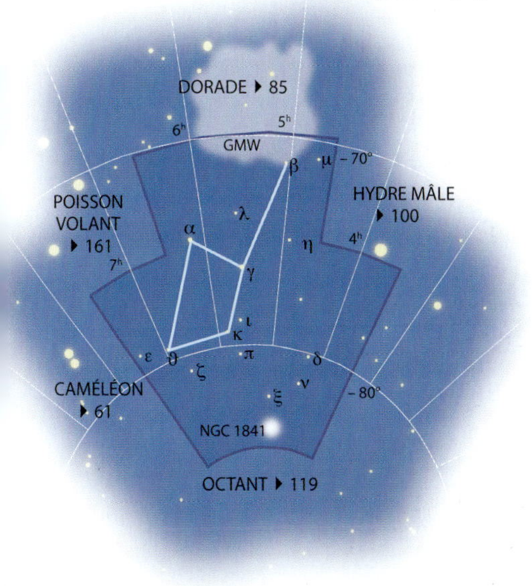

Étoiles et objets du ciel profond de la Table

Nom	*Description*	*Magnitude*	*Distance*
Alpha (α)	*jaune*	*5,1*	*33 AL*
Bêta (β)	*jaune*	*5,3*	*642 AL*
Gamma (γ)	*rouge orangé*	*5,2*	*101 AL*
Êta (η)	*rouge orangé*	*5,2*	*712 AL*
NGC 1841	*amas globulaire*	*11,0*	*147 000 AL*

Observation

NGC 1841, au sud de la Table, est l'un des objets du ciel profond les plus au sud. Cet amas globulaire, situé dans un environnement où les étoiles sont peu brillantes, est difficile à repérer. Il forme une tache nébuleuse.

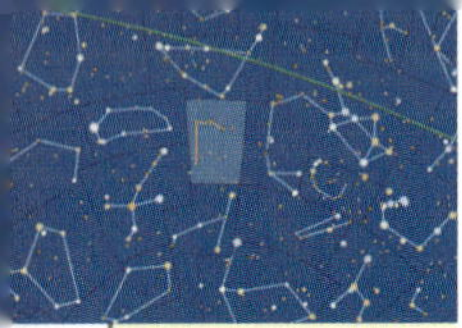

Microscopium

Microscope – Microscopii – Mic

Dimension : 210 degrés carrés (66e) ; entièrement visible de 45° Nord à 90° Sud

Repérage *Le Microscope est une constellation de l'hémisphère sud, située au sud du Capricorne. Sa forme est peu marquante.*

> ***Visible de juin à septembre.***

> ***Atteint son point culminant vers minuit en juillet/août.***

En Europe, le Microscope se dessine au-dessus de l'horizon, mais c'est une constellation difficile à observer, car elle ne contient pas d'étoile brillante, contrairement aux constellations voisines que sont le Sagittaire, la Croix du Sud, le Capricorne et le Poisson austral. Le Microscope a été nommé par l'astronome français Nicolas Louis de Lacaille vers 1750, comme de nombreuses constellations du ciel austral.

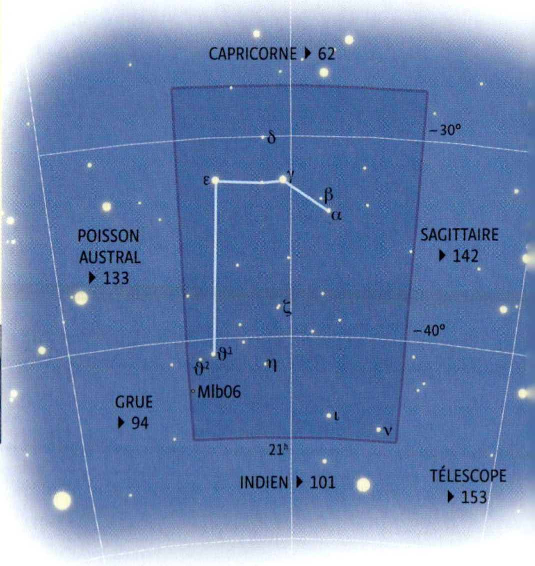

Observation

Au sud de Thêta-1 et Thêta-2 se trouve l'étoile double MlbO 6, visible avec un petit télescope. L'étoile la plus brillante est blanc bleuté, l'autre jaune vif. Cette étoile double a été découverte à l'observatoire de Melbourne vers la fin du XIXe siècle, d'où son nom.

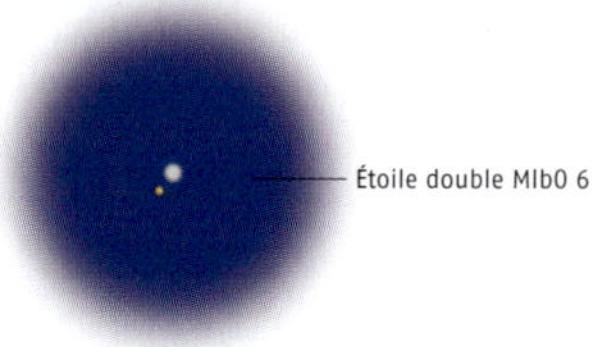

Étoiles et objets du ciel profond du Microscope

Nom	*Description*	*Magnitude*	*Distance*
Alpha (α)	*jaune*	*4,9*	*381 AL*
Gamma (γ)	*jaune*	*4,7*	*224 AL*
Epsilon (ε)	*blanc bleuté*	*4,7*	*165 AL*
Thêta-1 (ϑ1)	*blanc bleuté*	*4,8*	*186 AL*
MlbO 6	*étoile double*	*5,6 / 8,2*	*176 AL*

Musca

Mouche – Muscae – Mus

Dimension : 138 degrés carrés (77e) ; entièrement visible de 15° Nord à 90° Sud

La Mouche fait partie des constellations proposées par les navigateurs hollandais Pieter Dirkszoon Keyser et Frederick de Houtman à la fin du XVIe siècle. Johann Bayer l'a reprise dans son atlas du ciel *Uranometria*, publié en 1603. Le nom initial était Apis (abeille). La Mouche, située entre la Croix du Sud et le pôle Sud, n'est pas observable depuis la France. Cette petite constellation renferme quelques étoiles brillantes, on peut donc la repérer aisément dans le ciel austral.

Repérage *La Mouche est située au sud de la Croix du Sud, qui pointe vers elle. Ses étoiles relativement brillantes ne sont pas visibles depuis l'Europe.*

> ***Invisible depuis l'Europe centrale.***
> ***Fait partie de la Voie lactée.***
> ***Les étoiles brillantes du Centaure et de la Croix du Sud sont toutes situées à proximité.***

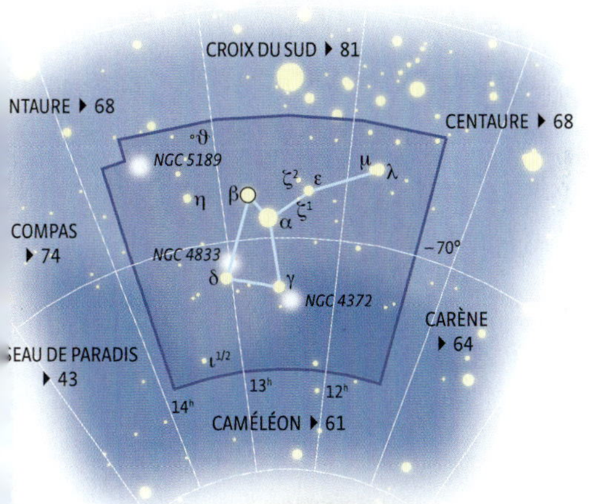

Amas globulaire NGC 4833

Nébuleuse planétaire NGC 5189

Étoiles et objets du ciel profond de la Mouche

Nom	Description	Magnitude	Distance
Alpha (α)	blanc bleuté	2,7	306 AL
Bêta (β)	étoile double	3,6/4,0	311 AL
Delta (δ)	rouge orangé	3,6	91 AL
Thêta (ϑ)	étoile double	5,6/7,6	inconnue
NGC 4372	amas globulaire	7,8	19 000 AL
NGC 4833	amas globulaire	7,4	20 000 AL
NGC 5189	nébuleuse planétaire	10,3	4200 AL

Observation

Au nord de l'étoile Delta se trouve l'amas globulaire NGC 4833. Dans de bonnes conditions, on peut distinguer une tache nébuleuse aux jumelles. Au télescope, de nombreuses étoiles apparaissent. NGC 4833 occupe une surface égale à la moitié de la pleine Lune.

Monoceros

Licorne – Monocerotis – Mon

Dimension : 482 degrés carrés (35ᵉ) ; entièrement visible de 79° Nord à 78° Sud

***Repérage** La Licorne est située dans le triangle entre Procyon (Petit Chien), Bételgeuse (Orion) et Sirius (Grand Chien). Elle ne comporte pas d'étoile brillante.*

- ***Visible de novembre à mars.***
- ***En janvier, vers minuit, située en direction du sud.***
- ***Grande constellation peu brillante, riche en amas stellaires et nébuleuses planétaires.***

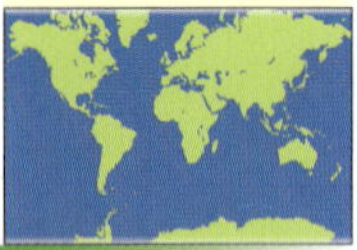

La Licorne est une constellation peu brillante entre le Petit Chien, le Grand Chien et Orion, visible le soir, depuis l'Europe, surtout de janvier à mars. Située dans la Voie lactée, elle ne contient pas d'étoiles brillantes, mais plusieurs objets intéressants à observer. Elle a été nommée par l'astronome hollandais Petrus Plancius, également théologien, probablement en référence à la licorne de l'Ancien Testament.

Selon certaines sources, la constellation de la Licorne existe déjà sur un ancien globe céleste perse.

Amas ouvert NGC 2244

Nébuleuse de la Rosette NGC 2237

Amas ouvert Messier 50

Observation

Au sud de la Licorne, un peu au-dessus de Sirius se trouve l'amas ouvert M 50. Facile à distinguer aux jumelles, il révèle au télescope une centaine d'étoiles sur une surface grande comme la moitié du disque lunaire.

Étoiles de la Licorne

Nom	*Description*	*Magnitude*	*Distance*
Alpha (α)	*rouge orangé*	*3,9*	*144 AL*
Bêta (β)	*belle étoile triple*	*4,6/5,0/5,4*	*691 AL*
Gamma (γ)	*rouge orangé*	*4,0*	*644 AL*
Delta (δ)	*blanc bleuté*	*4,2*	*375 AL*
Epsilon (ε)	*étoile double optique*	*4,5/6,9*	*128/79 AL*
S (ou 15)	*étoile triple*	*4,7/7,5/9,8*	*1020 AL*

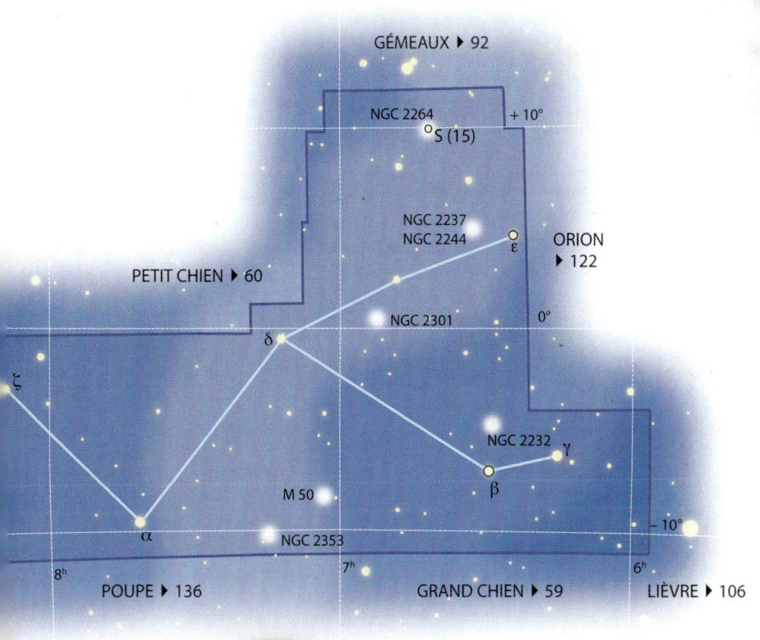

Objets du ciel profond de la Licorne

Nom	*Description*	*Magnitude*	*Distance*
M 50	*amas ouvert*	*6,5*	*3000 AL*
NGC 2232	*amas ouvert*	*4*	*1300 AL*
NGC 2237	*« néb. de la Rosette », autour N. 2244*	*4,8 (N. 2244)*	*5000 AL*
NGC 2244	*amas ouvert, dans NGC 2237*	*4,8*	*5000 AL*
NGC 2264	*« sapin de Noël », amas ouvert*	*5*	*2600 AL*
NGC 2301	*amas ouvert*	*6,0*	*2500 AL*
NGC 2353	*amas ouvert*	*7,1*	*3900 AL*

Observation

Au nord de Bêta se trouve l'amas stellaire diffus NGC 2232, qui regroupe une vingtaine d'étoiles. Cet amas de la taille du disque lunaire contient une étoile blanc bleuté désignée par le nombre « 10 ». NGC 2232 est visible aux jumelles.

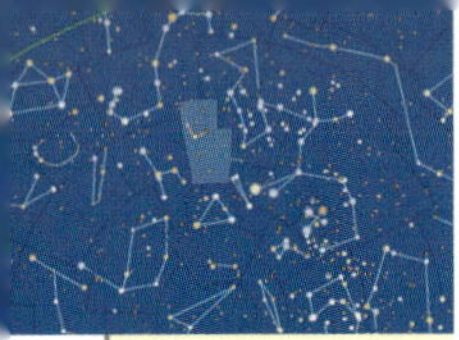

Norma

Règle – Normae – Nor

Dimension : 165 degrés carrés (74ᵉ) ; entièrement visible de 30° Nord à 90° Sud

***Repérage** La Règle est petite et ne renferme aucune étoile brillante. Elle représente un rapporteur d'angle, ou goniomètre, dont les marins se servaient pour faire le point en mer.*

- **Invisible en Europe centrale.**
- **Disparaît au milieu de la Voie lactée.**
- **La Règle contient une douzaine d'amas ouverts.**

Cette toute petite constellation n'est visible qu'à partir du sud de la Méditerranée. Située au sud du Scorpion, elle ne contient que des étoiles de faible magnitude. Elle culmine en mai vers minuit. Avant sa création, vers 1750, par l'astronome français Nicolas Louis de Lacaille, les étoiles de la Règle étaient réparties dans l'Autel, le Scorpion et le Loup. Les limites de la Règle ont été modifiées par la suite, si bien que ses étoiles Alpha et Bêta sont aujourd'hui dans le Scorpion. La Règle contient quelques amas ouverts brillants.

Amas ouvert NGC 6067

Amas ouvert NGC 6087

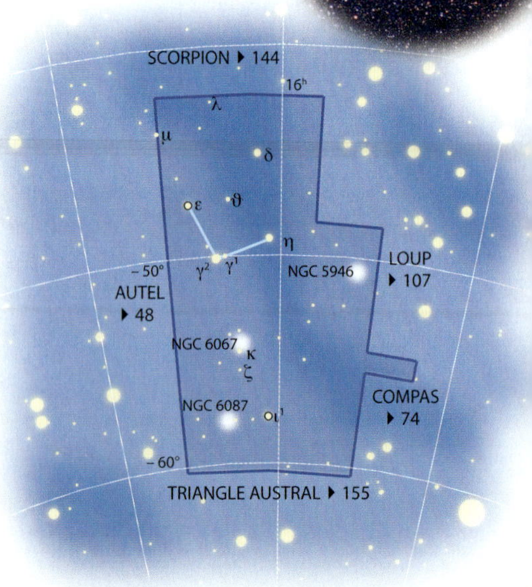

Observation

NGC 6087 se trouve dans le sud de la Règle, près des étoiles Iota-1 et Iota-2. Cet amas ouvert est visible aux jumelles. Au télescope, on distingue une quarantaine d'étoiles dispersées sur une surface égale à la moitié du disque lunaire.

Étoiles et objets du ciel profond de la Règle

Nom	Description	Magnitude	Distance
Gamma-2 (γ^2)	jaune	4,0	128 AL
Delta (δ)	blanche	4,7	123 AL
Epsilon (ε)	étoile double	4,5/6,7	400 AL
Iota-1 (ι^1)	étoile double	4,6/8,1	140 AL
NGC 5946	amas globulaire	9,6	36 000 AL
NGC 6067	amas ouvert	5,6	6900 AL
NGC 6087	amas ouvert	5,4	2900 AL

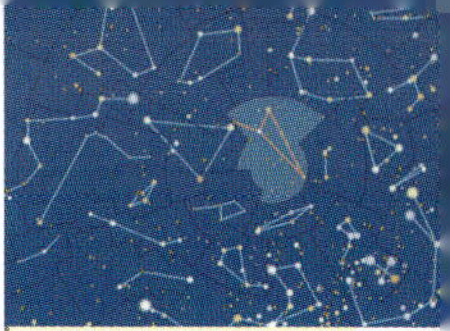

Octans

Octant – Octantis – Oct

Dimension : 291 degrés carrés (50e) ; entièrement visible de 0° Nord à 90° Sud

L'Octant entoure le pôle Sud céleste, il n'est pas visible depuis l'Europe. Cette constellation peu marquante a été créée par Nicolas Louis de Lacaille. Elle représente un instrument de navigation utilisé par les marins pour calculer leur position. Contrairement au pôle Nord céleste, il n'y a pas dans l'Octant d'étoile brillante à proximité du pôle Sud. L'étoile Sigma, que l'on appelle aussi Polaris Australis, est tout juste visible à l'œil nu. Elle est à peu près aussi proche du pôle Sud céleste que l'étoile Polaire l'est du pôle Nord.

Repérage *L'Octant se situe au pôle Sud céleste. Cette constellation assez grande ne comporte ni étoile brillante, ni objet du ciel profond.*

- ***Invisible en Europe.***
- ***Constellation formée d'étoiles peu brillantes.***
- ***L'étoile Sigma est proche du pôle Sud céleste, c'est l'étoile Polaire australe.***

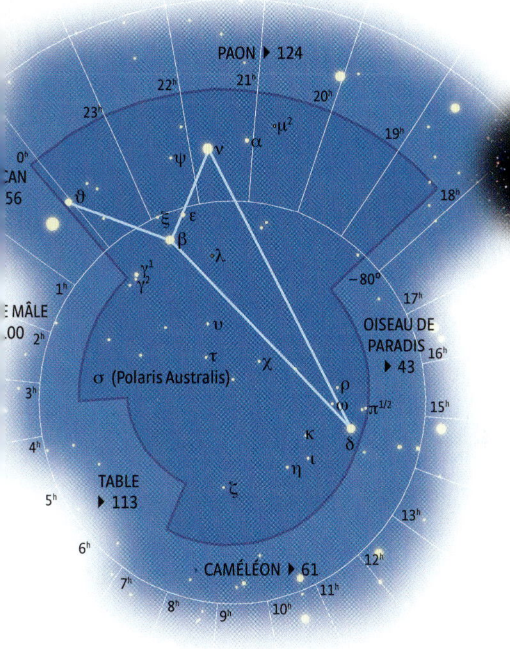

Étoile Sigma Octantis

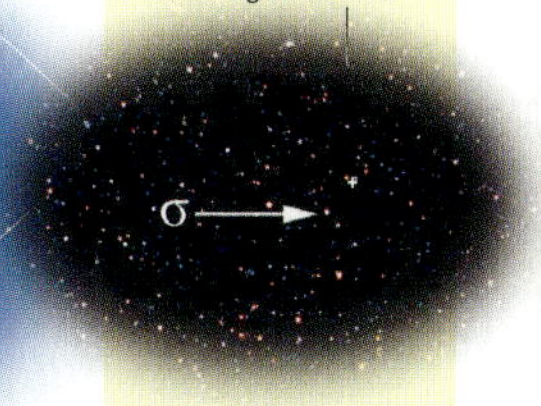

Étoile double Lambda

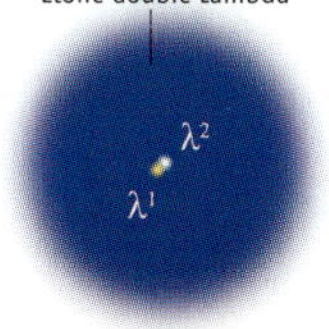

Étoiles et objets du ciel profond de l'Octant

Nom	*Description*	*Magnitude*	*Distance*
Alpha (α)	*blanc-jaune*	*5,1*	*148 AL*
Bêta (β)	*blanche*	*4,1*	*140 AL*
Delta (δ)	*rouge orangé*	*4,3*	*279 AL*
Lambda (λ)	*étoile double (jaune vif/blanche)*	*5,4/7,7*	*435 AL*
Mu-2 (μ²)	*étoile double optique*	*6,6/7,3*	*142 AL*
Nu (ν)	*étoile la plus brillante*	*3,7*	*69 AL*
Polaris Australis (σ)	*« étoile Polaire australe »*	*5,4*	*270 AL*

Observation

Au milieu du triangle de l'Octant formé par les étoiles Bêta, Delta et Nu, se trouve l'étoile double Lambda. Avec un petit télescope, on peut y distinguer une composante jaune vif, l'autre blanche.

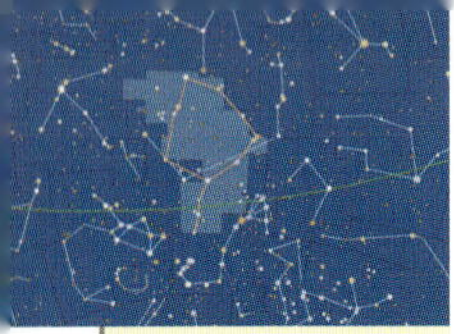

Ophiuchus

Serpentaire – Ophuichi – Oph

Dimension : 948 degrés carrés (11e) ; entièrement visible de 60° Nord à 76° Sud

AIG
▸ 4

Repérage *Le Serpentaire est une constellation du début de l'été, qui sépare le Serpent en deux parties. Alpha marque la tête, Sabik le pied droit et Yed Prior forme avec Yed Posterior la main gauche.*

- ***Visible d'avril à août.***
- ***En juin, vers minuit, le Serpentaire est au sud.***
- ***Contient de nombreux amas globulaires et 2 amas ouverts brillants.***

De mai à juillet, le Serpentaire est bien placé dans le ciel du Sud, le soir. Cette grande constellation comporte quelques étoiles brillantes et moyennement brillantes. Sa forme rappelle un peu celle du Cocher. Le Serpentaire revêt plusieurs significations dans la mythologie grecque. Le plus souvent, on dit qu'il s'agit d'Esculape, fils d'Apollon et Coronis. Esculape (Asclépios en grec), formé par le centaure Chiron, devint un grand guérisseur. Le bâton d'Esculape, ou caducée, symbolise l'art de la médecine.

Amas globulaire Messier 10

Amas ouvert IC 4665

Amas globulaire Messier 12

Observation

Au nord de l'étoile Cebalrai se trouve l'amas ouvert IC 4665, visible à l'œil nu. Ici, la lunette est l'instrument d'observation idéal. Si l'on se décale vers l'est, on trouve NGC 6633, autre amas ouvert brillant.

Étoiles du Serpentaire

Nom	Description	Magnitude	Distance
Rasalhague (α)	« Tête du Serpentaire »	2,1	47 AL
Cebalrai (β)	« Chien de Berger », rouge orangé	2,8	82 AL
Yed Prior (δ)	« précurseur de la Main », rouge	2,7	170 AL
Yed Posterior (ε)	« successeur de la Main », jaune	3,2	107 AL
Zêta (ζ)	bleue	2,5	458 AL
Sabik (η)	« Précédent », blanc bleuté	2,4	84 AL
Marfik (λ)	étoile double blanc bleuté	4,2/5,2	166 AL
Rhô (ρ)	étoile double	5,0/5,7	394 AL
70	étoile double (jaune/orange)	4,2/6,0	17 AL

Objets du ciel profond du Serpentaire

Nom	Description	Magnitude	Distance
M 9	amas globulaire	7,8	26 700 AL
M 10	amas globulaire	6,6	14 000 AL
M 12	amas globulaire	6,6	16 000 AL
M 14	amas globulaire	7,6	30 000 AL
M 19	amas globulaire	7,2	35 000 AL
M 62	amas globulaire	6,6	20 000 AL
M 107	amas globulaire	8,1	21 000 AL
NGC 6633	amas ouvert	4,6	1000 AL
IC 4665	amas ouvert	4,2	1400 AL

Observation

À l'est des étoiles Yed Prior et Yed Posterior se trouvent 2 amas globulaires brillants, dont on peut distinguer les étoiles avec un petit télescope : M 10 et M 12. M 12 est un peu plus petit que M 10, et moins concentré. Ces 2 amas sont visibles à la lunette.

Orion

Orion – Orionis – Ori

Dimension : 594 degrés carrés (26e) ; entièrement visible de 79° Nord à 67° Sud

Repérage *Orion est la constellation la plus visible dans notre ciel d'hiver. Elle est située en décembre, vers minuit, en direction du sud, et comporte 7 étoiles très brillantes.*

> ***Visible de septembre à février.***
> ***Constellation de forme marquante avec des étoiles brillantes, correspondant aux épaules, à la ceinture et au genou du chasseur.***
> ***Nébuleuse d'Orion : nébuleuse gazeuse la plus brillante de l'hémisphère nord.***

Nébuleuse d'Orion

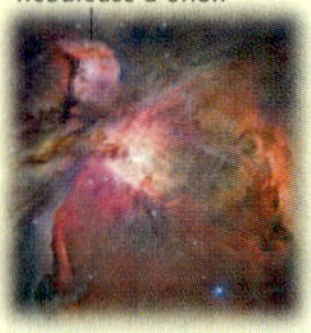

Orion, le Chasseur, est considéré comme la plus belle constellation d'hiver. Elle comporte des étoiles très brillantes. La forme est bien marquée. Bételgeuse et Bellatrix représentent les épaules ; Alnitak, Alnilam, Mintaka et la nébuleuse d'Orion la ceinture, avec un étui pour l'épée ; Saiph et Rigel, le genou. Selon la mythologie grecque, Orion est un chasseur, qui se vante d'être le plus grand de tous. La femme de Zeus, Héra, qui lui en tient rigueur, lui envoie un scorpion qui le pique et le tue. Zeus les place alors à deux extrémités opposées dans le ciel, pour éviter qu'ils ne se rencontrent.

Groupe d'étoiles « le Trapèze », dans la nébuleuse d'Orion

Observation

Sous la ceinture, on peut voir à l'œil nu, dans de bonnes conditions, une tache diffuse, la nébuleuse d'Orion. À la lunette, mais surtout au télescope, cette nébuleuse atteint une grandeur étonnante, et on distingue deux parties : M 43 au nord et M 42 au sud, séparées par un nuage sombre.

Étoiles d'Orion

Nom	*Description*	*Magnitude*	*Distance*
Bételgeuse (α)	*« Main », variable rouge*	0,0–1,3	*427 AL*
Rigel (β)	*« Pied », blanc bleuté*	0,2	*773 AL*
Bellatrix (γ)	*« Guerrière », blanc bleuté*	1,6	*243 AL*
Mintaka (δ)	*« Ceinture », étoile double*	2,2/6,9	*916 AL*
Alnilam (ε)	*« Collier de perles », bleue*	1,7	*1300 AL*
Alnitak (ζ)	*étoile double*	1,7/3,9	*820 AL*
Saiph (κ)	*« Épée », bleue*	2,1	*722 AL*
Thêta-1, -2 (ϑ^1,ϑ^2)	*étoile double*	4,6/4,8	*1900 AL*
Thêta-1 (ϑ^1)	*« Trapèze », étoile quadruple*	5,1/6,7/6,7/8,0	*1900 AL*
Sigma (σ)	*étoile triple*	3,8/6,6/6,6	*1150 AL*

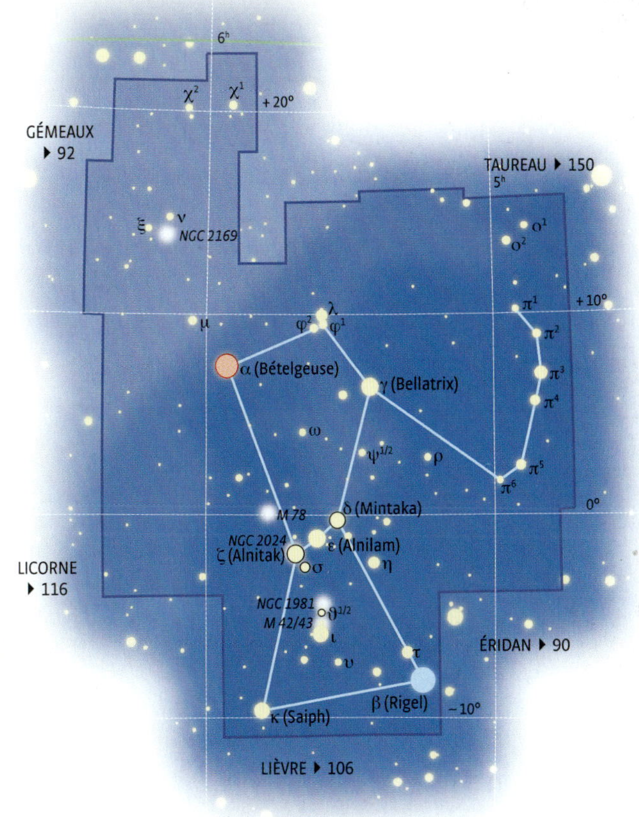

Nébuleuse par réflexion Messier 78

Objets du ciel profond d'Orion

Nom	*Description*	*Magnitude*	*Distance*
M 42 / M 43	*« nébuleuse d'Orion », nébuleuse gazeuse*	*4*	*1500 AL*
M 78	*nébuleuse brillante par réflexion*	*8*	*1600 AL*
NGC 1981	*amas ouvert*	*4,6*	*1300 AL*
NGC 2024	*« nébuleuse de la Flamme », peu brillante*	*9*	*1350 AL*
NGC 2169	*amas ouvert*	*5,9*	*3600 AL*

Observation

Si l'on observe la nébuleuse d'Orion au télescope, on peut distinguer deux étoiles : Thêta-1 et Thêta-2. Thêta-1, également appelée « le Trapèze », est une étoile quadruple dont l'observation nécessite un fort grossissement.

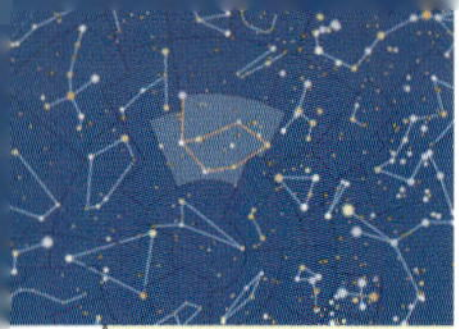

Pavo

Paon – Pavonis – Pav

Dimension : 378 degrés carrés (44e) ; entièrement visible de 15° Nord à 90° Sud

Le Paon est invisible en Europe. Il fait partie des constellations imaginées par les navigateurs hollandais Pieter Dirkszoon Keyser et Frederick de Houtman, vers la fin du XVIe siècle. Le Paon possède une étoile de première magnitude. Il joue un rôle dans la mythologie grecque, où il était dédié à Héra, l'épouse de Zeus, père des dieux. Tout près du Paon, il y a le Toucan, le Triangle austral et l'Autel.

Repérage *Le Paon est une constellation de taille moyenne, facile à repérer dans le ciel grâce à son étoile la plus brillante, Peacock. Mais il faut quand même un peu d'imagination pour reconnaître la forme d'un paon.*

- ***Invisible en Europe.***
- ***Culmine en juillet vers minuit.***
- ***NGC 6752 : un des amas globulaires les plus brillants de l'hémisphère sud.***

Galaxie spirale NGC 6744

Amas globulaire NGC 6752

Observation

Au nord de l'étoile principale du Paon se trouve l'amas globulaire NGC 6752, visible à la lunette comme une petite tache diffuse. C'est l'un des amas stellaires les plus brillants du ciel austral. Il couvre une surface supérieure à la moitié du disque lunaire.

Étoiles du Paon

Nom	Description	Magnitude	Distance
Peacock (α)	« Paon », blanc bleuté	1,9	183 AL
Bêta (β)	blanche	3,4	138 AL
Delta (δ)	jaune	3,6	20 AL
Êta (η)	rouge orangé	3,6	371 AL
Kappa (κ)	variable jaune	4,0–4,9	544 AL
Xi (ξ)	étoile double	4,4/8,6	420 AL

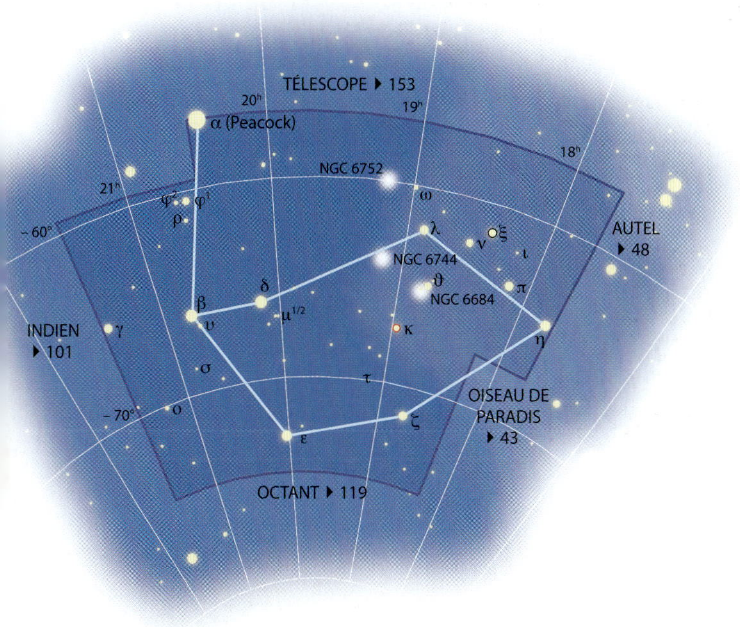

Observation

L'étoile Kappa est située au milieu de l'octogone qui constitue le corps du Paon. C'est une variable de type céphéide, blanc-jaune, dont la magnitude varie en l'espace de 9,1 jours de 4,0 à 4,9.

Objets du ciel profond du Paon

Nom	*Description*	*Magnitude*	*Distance*
NGC 6684	*galaxie spirale barrée*	*11,4*	*45 M AL*
NGC 6744	*galaxie spirale barrée*	*9,0*	*23 M AL*
NGC 6752	*amas globulaire*	*5,4*	*13 000 AL*

Pegasus

Pégase – Pegasi – Peg

Dimension : 1121 degrés carrés (7e) ; entièrement visible de 90° Nord à 53° Sud

Repérage *Pégase forme avec Andromède une unité dont l'angle ouest est en même temps un des angles du Grand Carré de Pégase. Cette grande constellation est pauvre en objets du ciel profond brillants.*

> ***Visible de juin à décembre.***
> ***S'élève en août/septembre vers minuit en direction du sud.***
> ***Le Carré de Pégase est aussi appelé Carré d'automne.***

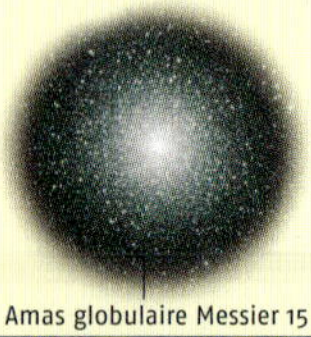

Amas globulaire Messier 15

Pégase est une constellation d'automne, qui représente un cheval ailé, la tête en bas : l'étoile Enif représente le nez, les 4 étoiles Markab, Scheat, Algenib et Sirrah (d'Andromède) forment le tronc de l'animal. Selon la mythologie grecque, Pégase est né du sang qui a giclé du cou de la gorgone Méduse lorsque Persée l'a décapitée. Plus tard, le héros Bellérophon monte le cheval ailé. Mais, victime de son orgueil, le cavalier chute du cheval en tentant d'atteindre le mont Olympe. Pégase est alors placé par Zeus dans le ciel, où il devient le gardien du tonnerre.

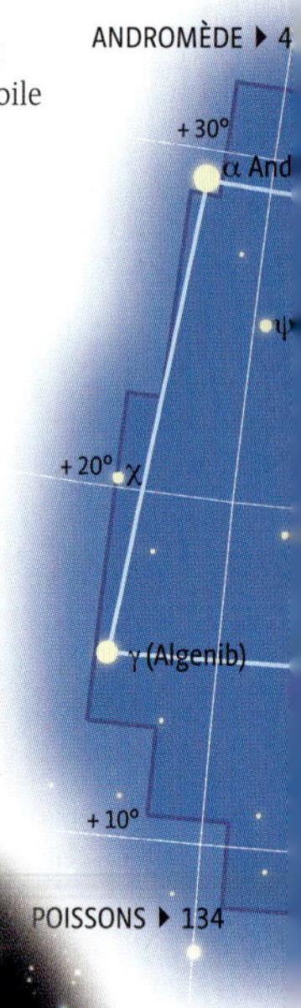

Groupe de galaxies « Quintet de Stephan »

Observation

En suivant la ligne du cou du cheval, à partir du Grand Carré de Pégase, on arrive, vers l'ouest de l'étoile Enif, à M 15. Cet amas globulaire brillant est visible à la lunette. Avec un télescope, on distingue les étoiles qui bordent M 15.

Étoiles de Pégase

Nom	Description	Magnitude	Distance
Markab (α)	« Épaule », blanc bleuté	2,5	140 AL
Scheat (β)	« Tibia », rouge	2,3–2,7	199 AL
Algenib (γ)	« Flanc », blanc bleuté	2,8	333 AL
Enif (ε)	« Nez », étoile double	2,4/8,4	670 AL
Homam (ζ)	blanc bleuté	3,4	209 AL
Matar (η)	jaune	2,9	215 AL
Pi (π)	étoile double optique	4,3/5,6	252/283 AL
51	première étoile à exoplanète découverte	5,5	50 AL

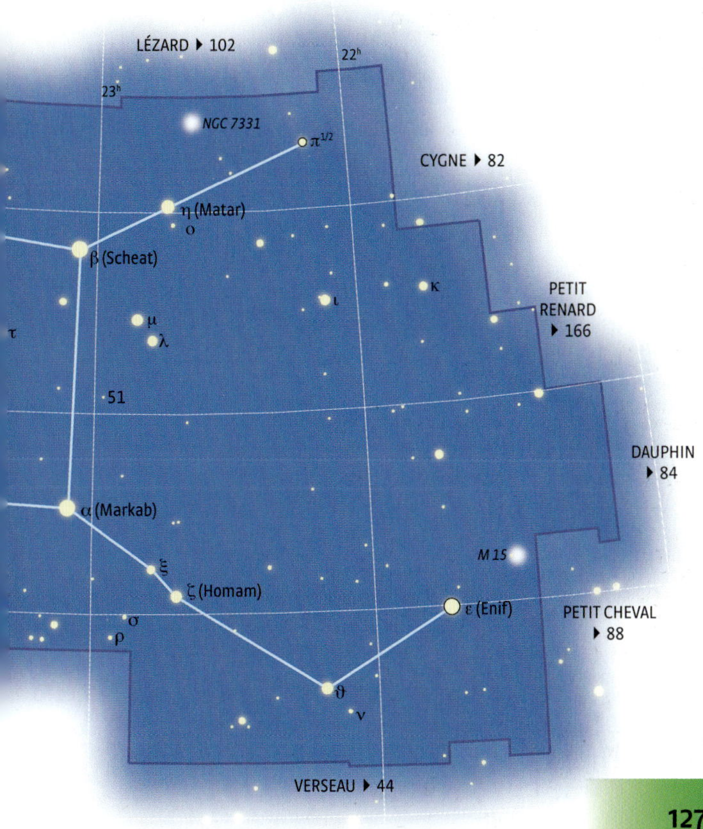

Galaxie spirale NGC 7331

Objets du ciel profond de Pégase

Nom	*Description*	*Magnitude*	*Distance*
M 15	*amas globulaire*	*6,4*	*33 000 AL*
NGC 7331	*galaxie spirale*	*9,5*	*50 M AL*

Observation

Pour observer la galaxie spirale NGC 7331, il faut un télescope de grossissement moyen. Cette galaxie est très brillante et allongée. Il faut un instrument plus puissant pour voir les bras de la spirale. NGC 7331 n'est pas un objet pour débutant. Un peu en dessous, on trouve le « Quintet de Stephan », groupe de galaxies de faible magnitude.

Perseus

Persée – Persei – Per

Dimension : 615 degrés carrés (24e) ; entièrement visible de 90° Nord à 31° Sud

Repérage *Persée est une constellation d'automne et d'hiver, traversée par la Voie lactée. Elle est formée de 2 chaînes d'étoiles de magnitude forte ou moyenne, qui se rejoignent au niveau de Mirphak.*

- ***Visible de juillet à avril.***
- ***h + χ : amas double célèbre dans Persée.***
- ***Persée a donné son nom aux Perséides, essaims météoriques observables en août.***

Le nord de Persée est circumpolaire en Europe centrale, donc visible toute l'année. Selon la mythologie grecque, Persée décapite la gorgone Méduse, dont la seule vue a le pouvoir de pétrifier les humains. Persée a utilisé le bouclier d'Athéna comme miroir pour échapper à ce destin.
Ensuite, le héros sauve la fille du roi d'Éthiopie, Andromède, du monstre marin (Cétus). Dans le ciel, Persée tient toujours dans sa main la tête de la Méduse, dont l'œil est représenté par l'étoile variable Algol.

Observation

Un bel objet à contempler dans le ciel, que ce soit à l'œil nu, à la lunette ou au télescope : l'amas double h + χ frappe surtout par sa grande richesse en étoiles. On le repère dans le ciel entre Êta de Persée et Delta de Cassiopée.

Étoiles de Persée

Nom	*Description*	*Magnitude*	*Distance*
Mirphak (α)	« Coude », également Algenib (« Côté »)	1,8	592 AL
Algol (β)	« étoile du Diable », variable	2,1–3,4	93 AL
Gamma (γ)	jaune	2,9	256 AL
Delta (δ)	bleue	3,0	528 AL
Epsilon (ε)	blanc bleuté	2,9	538 AL
Zêta (ζ)	étoile double bleue	2,9/9,5	982 AL
Êta (η)	étoile double (rouge orangé/bleue)	3,8/8,5	1300 AL

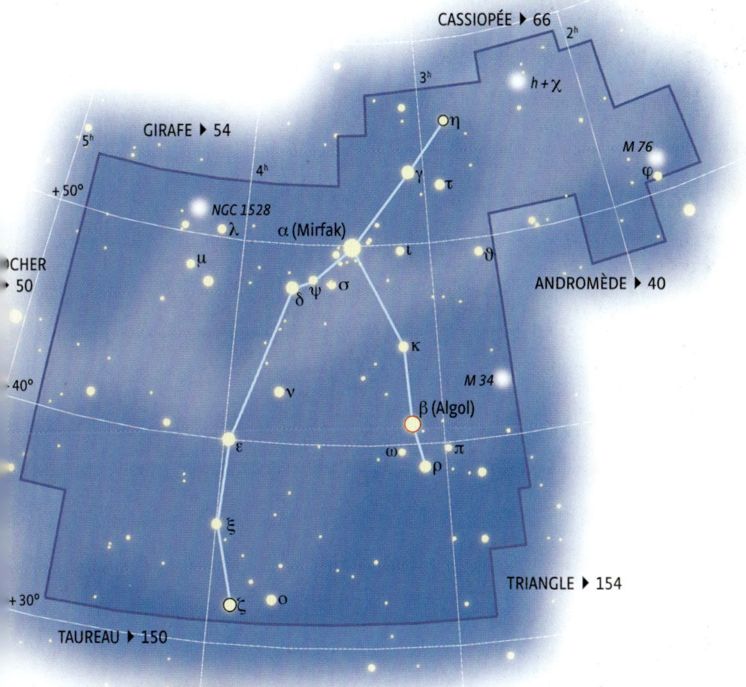

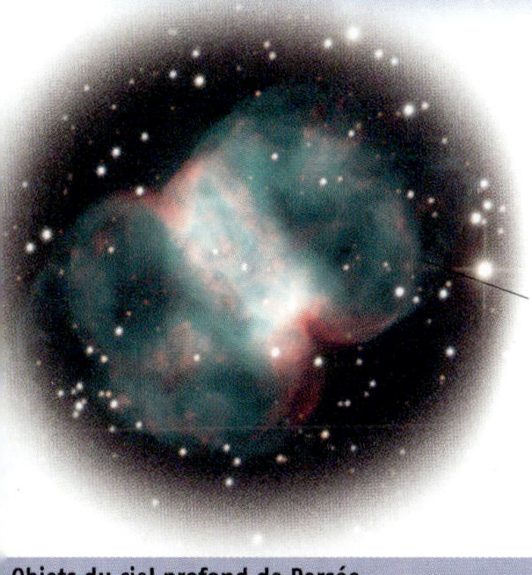

Nébuleuse planétaire Messier 76

Objets du ciel profond de Persée

Nom	Description	Magnitude	Distance
h + χ	amas ouvert double	4/4	7100/7500 AL
M 34	amas ouvert	5,2	1500 AL
M 76	« Petit Haltère », nébuleuse planétaire	10	3500 AL
NGC 1528	amas ouvert	6,4	2600 AL

Observation

La deuxième étoile de Persée en magnitude, Algol, est en réalité une étoile double variable, dont l'un des composants éclipse périodiquement le plus brillant. Ici, la composante la moins brillante passe tous les 2,87 jours devant la plus brillante, et la magnitude d'Algol passe ainsi pour une dizaine d'heures de 2,1 à 3,4.

Phoenix

Phénix – Phoenices – Phe

Dimension : 247 degrés carrés (59e) ; entièrement visible de 32° Nord à 90° Sud

Repérage *Le Phénix atteint son point culminant en septembre-octobre vers minuit. Il est situé à l'extrémité de l'Éridan, près de l'étoile brillante Achernar.*

> ***Invisible en Europe centrale.***
> ***L'étoile Ankaa correspond à la tête, le pentagone au corps de l'oiseau, Gamma et Delta forment l'aile droite.***

La constellation du Phénix, invisible en Europe, fait partie des inventions des navigateurs hollandais Pieter Dirkszoon Keyser et Frederick de Houtman. Elle n'a pas une forme très marquante, mais une étoile brillante, Ankaa. Le phénix est un oiseau mythique qui renaît de ses cendres. En Égypte où cette figure est née, le phénix est vénéré comme la personnification de Râ, le dieu du Soleil. Cette constellation n'a pas d'objets du ciel profond.

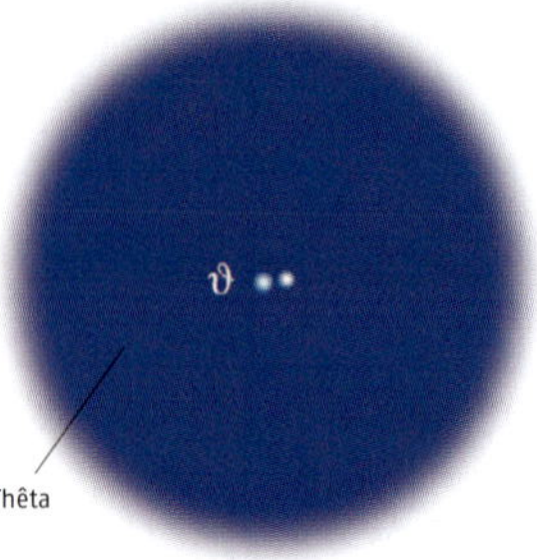

Observation

Au niveau de la patte droite du Phénix se trouve l'étoile double Zêta, qui est en réalité un système multiple. Sa composante principale est une variable de type Algol, accompagnée d'une troisième étoile de magnitude 8, visible avec un petit télescope.

Étoiles du Phénix

Nom	Description	Magnitude	Distance
Ankaa (α)	rouge orangé	2,4	77 AL
Bêta (β)	étoile double difficile	4,0/4,2	198 AL
Gamma (γ)	rouge orangé	3,4	234 AL
Zêta (ζ)	étoile double	3,9–4,4/8	280 AL
Thêta (ϑ)	étoile double	6,5/7,3	278 AL

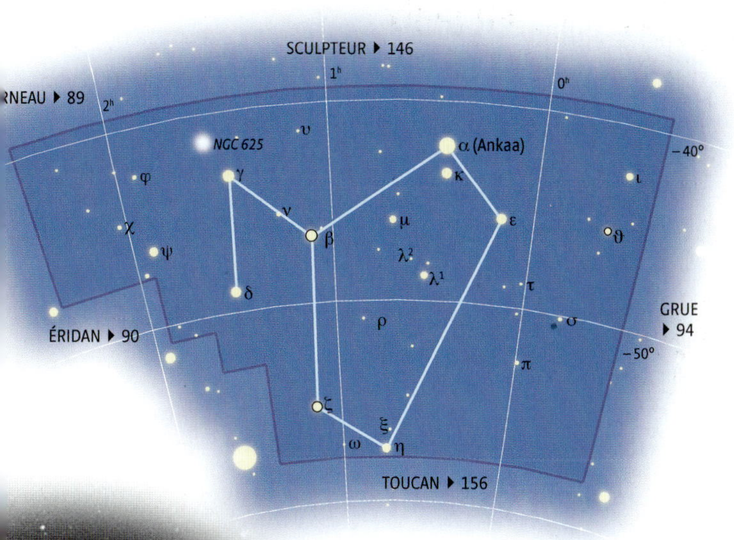

Galaxie NGC 625

Observation

En bordure ouest de la constellation, à l'extrémité de la patte gauche, se trouve l'étoile double Thêta. Il faut un petit télescope pour distinguer les deux composants. L'étoile principale est de teinte blanc bleuté.

Objets du ciel profond du Phénix

Nom	Description	Magnitude	Distance
NGC 625	galaxie spirale barrée	11,0	13 M AL

Pictor

Peintre – Pictoris – Pic

Dimension : 247 degrés carrés (59e) ; entièrement visible de 26° Nord à 90° Sud

Repérage *Le Peintre est une constellation faiblement visible dans le ciel du Sud, située à proximité de l'étoile Canopus.*

> ***Invisible en Europe centrale.***
> ***Formée d'étoiles peu brillantes ; pas de forme très marquante.***

Le Peintre fait partie des petites constellations peu marquantes introduites par Nicolas Louis de Lacaille, astronome cartographe français. Elle n'est visible qu'à partir du bassin méditerranéen, et plus au sud. Elle s'appelait au début le Chevalet du Peintre. Le Peintre, situé entre deux objets brillants, Canopus, de la Carène et le grand Nuage de Magellan, dans la Dorade, passe facilement inaperçu.

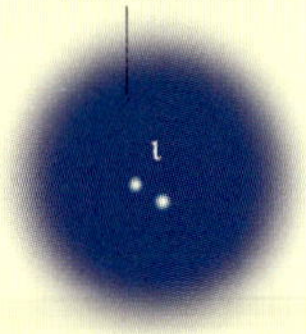

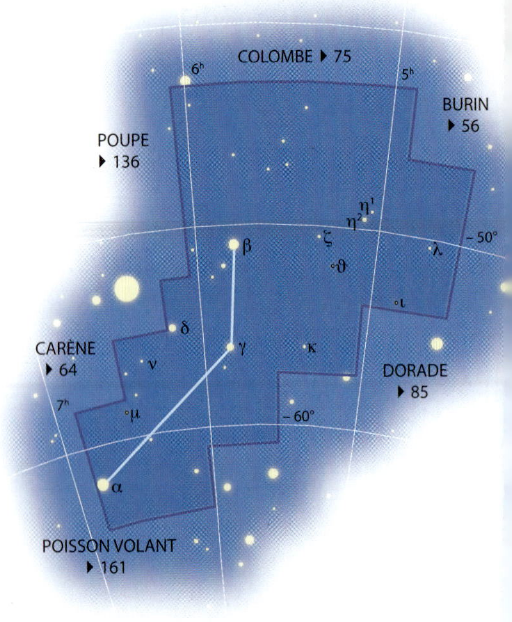

Observation

À la limite entre le Peintre et les Poissons se trouve l'étoile double Iota, dont les composants se distinguent avec un petit télescope. Les 2 étoiles, jaunes, diffèrent par leur magnitude.

Étoiles et objets du ciel profond du Peintre

Nom	*Description*	*Magnitude*	*Distance*
Alpha (α)	blanc-jaune	3,2	99 AL
Bêta (β)	blanc bleuté	3,9	63 AL
Gamma (γ)	rouge orangé	4,5	174 AL
Thêta (ϑ)	étoile double	6,3/6,8	530 AL
Iota (ι)	étoile double	5,6/6,6	121 AL
Mu (μ)	étoile double	5,7/9,4	724 AL

Piscis Austrinus

Poisson austral – Piscis Austrini – PsA

Dimension : 245 degrés carrés (60e) ; entièrement visible de 54° Nord à 90° Sud

Le Poisson austral se dresse juste au-dessus de l'horizon en Europe centrale, les soirs d'automne, sous le Verseau. Si le ciel est éclairé, on ne voit que l'étoile la plus brillante, Fomalhaut. Cette constellation remonte à la Grèce antique, elle représente un poisson auquel le Verseau verse de l'eau dans la bouche. Fomalhaut marque la bouche.

Repérage *Le Poisson austral est une constellation peu visible. Seule son étoile principale, Fomalhaut, se distingue dans le ciel.*

> ***Visible de juillet à novembre.***
> ***Fomalhaut fait partie des 20 premières étoiles par la magnitude. On l'appelle parfois « la Solitaire », car ce secteur du ciel est pauvre en étoiles.***

Galaxie NGC 7314

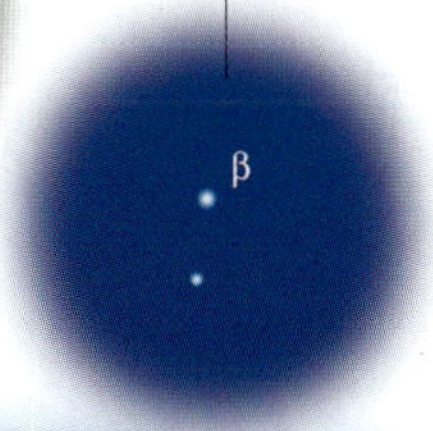

Étoile double Bêta

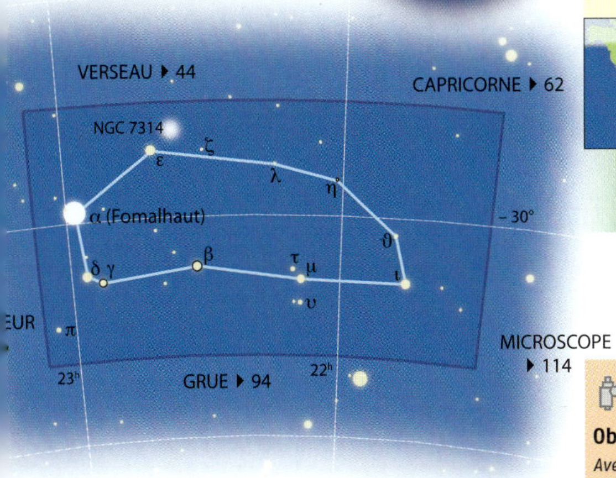

Étoiles et objets du ciel profond du Poisson austral

Nom	*Description*	*Magnitude*	*Distance*
Fomalhaut (α)	*« Bouche du Poisson », blanc bleuté*	*1,2*	*25 AL*
Bêta (β)	*étoile double*	*4,3/7,8*	*148 AL*
Gamma (γ)	*étoile double*	*4,5/8,2*	*222 AL*
Êta (η)	*étoile double serrée*	*5,7/6,8*	*1000 AL*
NGC 7314	*galaxie spirale*	*10,9*	*65 M AL*

Observation

Avec un petit télescope, on peut observer l'étoile double Bêta, au sud-ouest de Fomalhaut. Le composant le plus brillant est blanc bleuté. Bêta et Fomalhaut forment un triangle avec les étoiles très proches, Delta et Gamma, elles-mêmes formant une étoile double.

Pisces

Poissons – Piscium – Psc

Dimension : 889 degrés carrés (14e) ; entièrement visible de 84° Nord à 56° Sud

***Repérage** Les Poissons sont une grande constellation, mais peu visible dans le ciel, au sud d'Andromède et de Pégase. Elle s'élève au sud en septembre/octobre, vers minuit.*

> ***Visible d'août à décembre.***
>
> ***Forme de V, avec l'étoile principale, Alrisha, à la pointe.***
>
> ***L'une des douze constellations du zodiaque.***

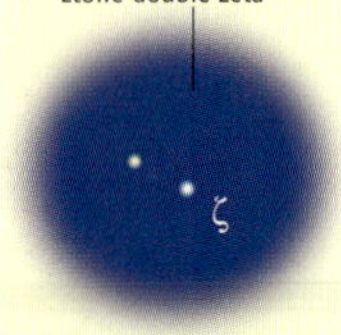

Les Poissons sont plus faciles à observer dans le ciel du soir de septembre à janvier. Cette grande constellation est peu visible, car elle ne comporte que des étoiles de faible magnitude. C'est un élément du zodiaque, entre le Verseau à l'ouest et le Bélier à l'est. Cette constellation connue depuis l'Antiquité représente deux poissons reliés entre eux au niveau de la queue par l'étoile Alrisha. Selon la mythologie grecque, il s'agit d'Aphrodite, déesse de la beauté et son fils Éros, qui, poursuivis par le monstre Typhon, ont sauté dans un fleuve et se sont transformés en poissons.

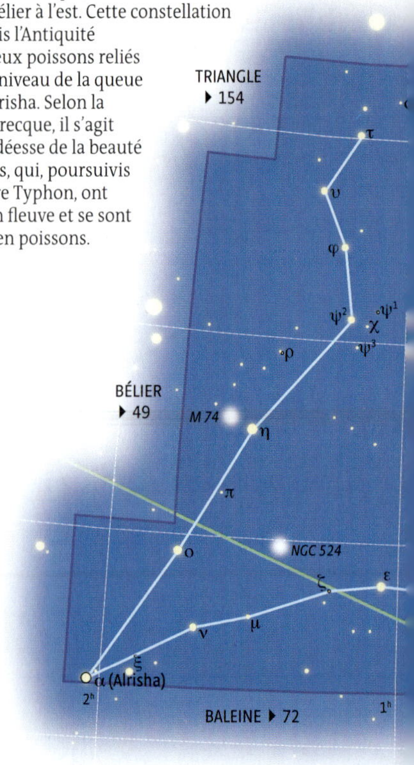

Observation

Près de l'étoile la plus brillante des Poissons, Êta, se trouve la galaxie M 74. Si on l'observe avec un petit télescope, on voit une faible tache nébuleuse. Dans de très bonnes conditions, on peut distinguer M 74 à la lunette.

Étoiles des Poissons

Nom	Description	Magnitude	Distance
Alrisha (α)	« Nœud », étoile double	4,2/5,3	139 AL
Bêta (β)	blanc bleuté	4,5	492 AL
Gamma (γ)	jaune	3,7	131 AL
Zêta (ζ)	étoile double	5,3/6,4	148 AL
Êta (ϑ)	étoile la plus brillante	3,6	294 AL
Kappa (κ)/9	étoile double optique	4,9/6,3	162/424 AL
Rhô (ρ)/94	étoile double optique	5,3/5,5	85/307 AL
Psi-1 (ψ¹)	étoile double blanc bleuté	5,3/5,6	238 AL

Galaxie NGC 524

Galaxie spirale Messier 74

Objets du ciel profond des Poissons

Nom	*Description*	*Magnitude*	*Distance*
M 74	*galaxie spirale*	*9,2*	*30 M AL*
NGC 524	*Galaxie spirale Messier 74*	*10,6*	*130 M AL (?)*

Observation

Dans la chaîne d'étoiles horizontale dans le ciel se trouve l'étoile double Zêta, que l'on peut observer aux jumelles, dans de bonnes conditions de visibilité. Avec un petit télescope, on distingue bien les deux composants blancs.

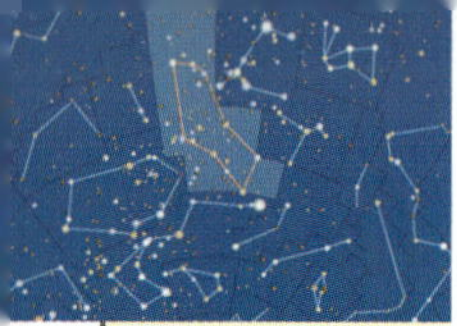

Puppis

Poupe – Puppis – Pup

Dimension : 673 degrés carrés (20e) ; entièrement visible de 39° Nord à 90° Sud

Repérage *La Poupe est une grande constellation riche en amas ouverts. Elle atteint sa position plein sud en janvier vers minuit.*

> ***Visible de janvier à février.***
> ***Au milieu de la Voie lactée.***
> ***M 46 et M 47 : deux amas ouverts brillants et proches.***

Les soirs d'hiver, la Poupe s'élève en partie au-dessus de l'horizon, en Europe centrale. Initialement incluse dans le Navire Argo, la Poupe a été définie par Louis Nicolas de Lacaille en 1763. Comme le Navire a été scindé en trois parties (Poupe, Proue et Voile), la Poupe ne renferme pas toutes les lettres grecques. Par exemple, il n'y a pas d'étoile Alpha. La constellation est une partie du navire sur lequel Jason et les Argonautes embarquèrent à la recherche de la Toison d'Or.

Observation

À l'est de Sirius, dans le Grand Chien, se trouve l'amas ouvert M 47. Cet amas visible à l'œil nu révèle à la lunette plusieurs étoiles brillantes. Il occupe à peu près la surface du disque lunaire.

Étoiles de la Poupe

Nom	*Description*	*Magnitude*	*Distance*
Naos (ζ)	*« Navire », bleue*	*2,2*	*1400 AL*
Kappa (κ)	*étoile double*	*4,5/4,6*	*454 AL*
Asmidiske (ξ)	*étoile double optique*	*3,3/5,3*	*1350/321 AL*
Pi (π)	*rouge orangé*	*2,7*	*1100 AL*
Rhô (ρ)	*blanc-jaune*	*2,8*	*63 AL*
Sigma (σ)	*étoile double (orange/jaune)*	*3,3/9,5*	*184 AL*

Objets du ciel profond de la Poupe

Nom	*Description*	*Magnitude*	*Distance*
M 46	amas ouvert	6,5	5500 AL
M 47	amas ouvert	4,3	5700 AL
M 93	amas ouvert	6,5	6500 AL
NGC 2298	amas globulaire	9,3	39 000 AL
NGC 2451	amas ouvert	3,7	720 AL
NGC 2477	amas ouvert	5,8	4200 AL
NGC 2546	amas ouvert	5,2	3300 AL

Observation

Tout près de M 47 se trouve l'amas ouvert M 46, moins brillant mais plus riche en étoiles. Pour distinguer les étoiles, il faut un télescope de grossissement moyen. On peut alors également voir la nébuleuse planétaire NGC 2438 au nord-est de l'amas.

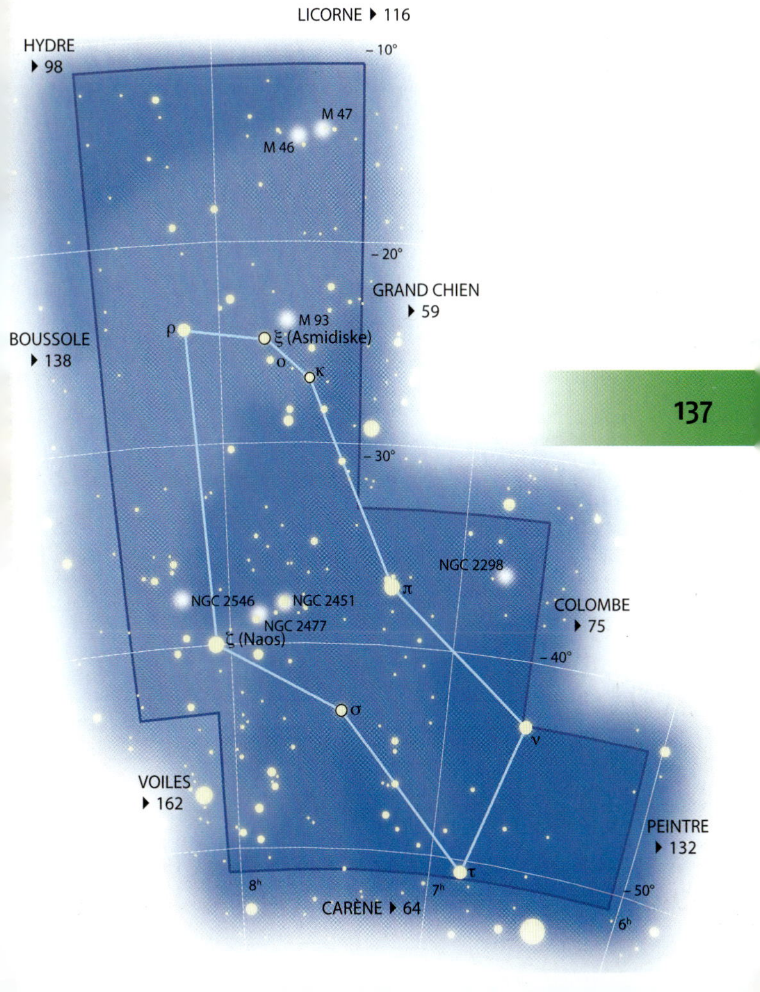

Pyxis

Boussole – Pyxidis – Pyx

Dimension : 221 degrés carrés (65e) ; entièrement visible de 53° Nord à 90° Sud

Repérage *La Boussole, située derrière la Poupe, atteint son point culminant au sud, en janvier-février vers minuit. Cette constellation est faite d'étoiles peu brillantes.*

> ***Visible de novembre à mars.***
> ***Toujours à l'horizon sud vu d'Europe centrale.***

La Boussole est également une création de l'astronome français Nicolas Louis de Lacaille, au début des années 1750. Cette petite constellation n'a pas d'étoile particulièrement lumineuse. Elle est située tout près du Navire Argo, que Lacaille a scindé en Poupe, Proue et Voile. La boussole n'a rien à voir avec la légende grecque du Navire Argo, car les Grecs ne disposaient pas à l'époque de boussole avec aiguille aimantée. Elle apparaît à la fin de l'hiver et au début du printemps dans le ciel du soir.

Amas ouvert NGC 2818

Amas ouvert NGC 2627

Observation

Près de l'étoile Zêta se trouve l'amas ouvert NGC 2627, dont les étoiles sont relativement rapprochées. Avec un petit télescope, on peut, dans de très bonnes conditions, distinguer les étoiles de cet amas.

Étoile et objets du ciel profond de la Boussole

Nom	*Description*	*Magnitude*	*Distance*
Alpha (α)	étoile double bleue	3,7/8,0	845 AL
Bêta (β)	jaune	4,0	388 AL
Gamma (γ)	rouge orangé	4,0	209 AL
Kappa (κ)	étoile double	4,6/9,8	487 AL
NGC 2627	amas ouvert	8	6600 AL
NGC 2818	amas ouvert	8,2	10 400 AL

Reticulum

Réticule – Reticuli – Ret

Dimension : 114 degrés carrés (82e) ; entièrement visible de 23° Nord à 90° Sud

Le Réticule, l'une des plus petites constellations du ciel, n'est pas visible d'Europe centrale. Ses étoiles sont de faible magnitude. Vers 1750, l'astronome français Louis Nicolas de Lacaille l'a baptisée *Reticulum Rhomboidalis*, Réticule rhombique. Bien que sur le trajet de la Voie lactée, le Réticule ne comporte pas d'objets du ciel profond.

Repérage *Le Réticule est une constellation du ciel austral, proche du Grand Nuage de Magellan, donc assez facile à repérer.*

- ***Invisible en Europe centrale.***
- ***À l'ouest de l'étoile Alpha se trouve un triangle d'étoiles orangé : Gamma, Delta et Iota.***

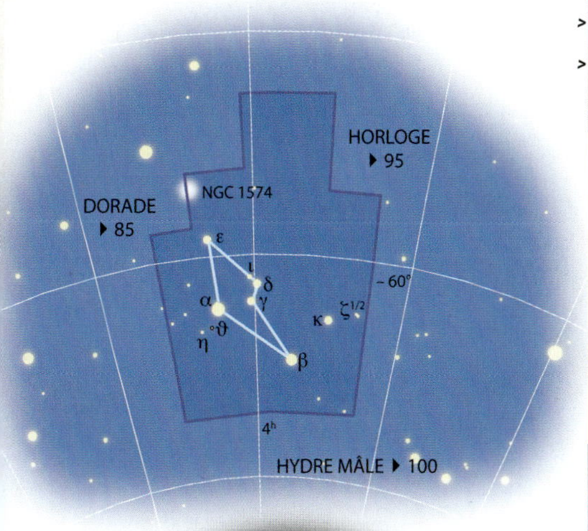

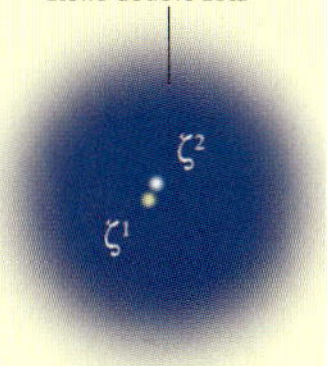

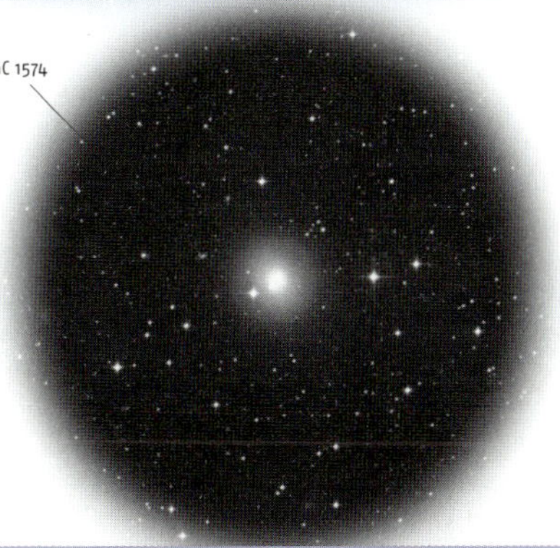

Étoiles et objets du ciel profond du Réticule

Nom	*Description*	*Magnitude*	*Distance*
Alpha (α)	jaune	3,3	163 AL
Bêta (β)	rouge orangé	3,8	100 AL
Zêta-1, -2 (ζ^1, ζ^2)	étoile double jaune	5,2/5,5	40 AL
Thêta (ϑ)	étoile double	6,0/7,8	462 AL
NGC 1574	galaxie lenticulaire	10,5	56 M AL (?)

Observation

À l'ouest du losange formé par le Réticule se trouve l'étoile double Zêta-1/Zêta-2. Les deux composants jaunes sont de même magnitude et suffisamment distants pour que les personnes qui ont une bonne vue puissent les distinguer à l'œil nu. Les jumelles lèvent tous les doutes.

Sagitta

Flèche – Sagittae – Sge

Dimension : 80 degrés carrés (86e) ; entièrement visible de 90° Nord à 68° Sud

***Repérage** La Flèche est située entre le Cygne et l'Aigle, dans le ciel du soir, l'été. C'est une très petite constellation sans étoile brillante.*

- ***Visible de mai à octobre.***
- ***Connue depuis l'Antiquité.***
- ***Traversée par la Voie lactée.***

Bien que constituée d'étoiles faiblement brillantes, la Flèche est connue depuis la Grèce antique. Selon la mythologie, Hercule a tiré la Flèche sur l'Aigle qui venait chaque jour se repaître du foie de Prométhée, enchaîné sur un rocher. Prométhée, ami de l'humanité, lui a apporté le feu, c'est pourquoi il a été puni par les dieux. L'Aigle est situé au sud de la Flèche, Hercule au nord-ouest. La Flèche est la troisième plus petite constellation du ciel.

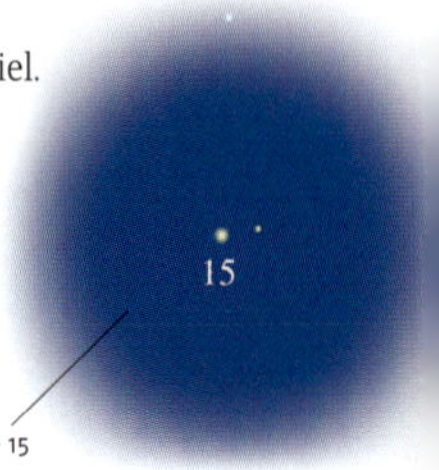

Étoile double 15

Amas globulaire Messier 71

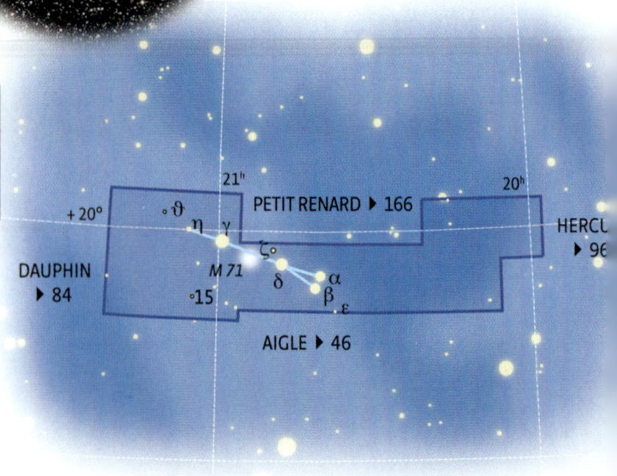

Observation

Entre les étoiles Gamma et Delta se trouve l'amas globulaire M 71, qui apparaît aux jumelles comme une tache diffuse. Avec un télescope de grossissement moyen, on voit apparaître les étoiles qui composent cet amas de faible densité.

Étoiles et objets du ciel profond de la Flèche

Nom	*Description*	*Magnitude*	*Distance*
Alpha (α)	jaune	4,4	473 AL
Bêta (β)	jaune	4,4	466 AL
Gamma (γ)	rouge orangé	3,5	274 AL
Delta (δ)	rouge	3,7	448 AL
Zêta (ζ)	étoile double	5,0/9	326 AL
Thêta (ϑ)	étoile double	6,6/9,1	147 AL
15	étoile double optique	5,8/6,9	58/577 AL
M 71	amas globulaire	8,3	13 000 AL

Scutum

Écu de Sobieski – Scuti – Sct

Dimension : 109 degrés carrés (84e) ; entièrement visible de 74° Nord à 90° Sud

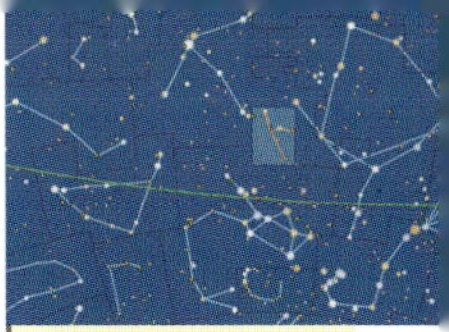

L'Écu de Sobieski brille au sud, dans le ciel du soir, en Europe centrale. C'est une constellation peu brillante, qui fait partie des 5 plus petites constellations. Si l'Écu de Sobieski n'était pas au milieu de la Voie lactée, il passerait inaperçu, avec ses étoiles de faible magnitude. Il a été introduit en astronomie en 1690 par Johannes Hevelius, en hommage au roi polonais Jan III Sobieski, qui a libéré la ville de Vienne, assiégée par l'armée turque, en 1683. La constellation représente le Bouclier de Sobieski.

Repérage *L'Écu de Sobieski est situé entre l'Aigle et le Sagittaire. Très discrète, cette constellation ne doit sa relative célébrité qu'à la présence d'un amas ouvert brillant, M 11.*

> ***Visible de mai à août.***
> ***Atteint son point culminant au-dessus de l'horizon sud vers minuit, en juillet.***
> ***M 11 : magnifique amas ouvert à observer avec un petit télescope.***

Amas ouvert Messier 26

Amas ouvert Messier 11

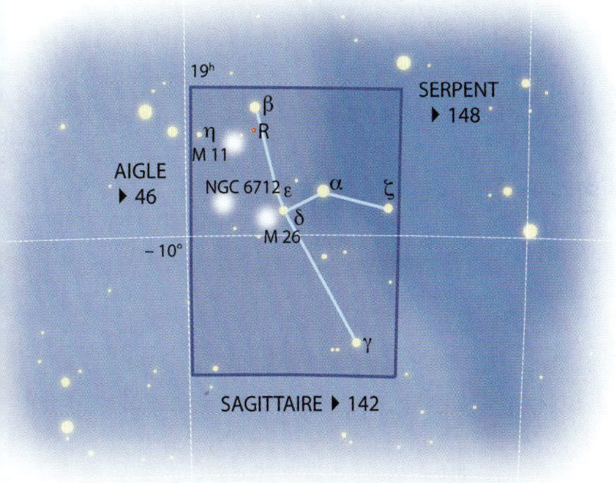

Étoiles et objets du ciel profond de l'Écu de Sobieski

Nom	*Description*	*Magnitude*	*Distance*
Alpha (α)	*rouge orangé*	*3,9*	*174 AL*
R	*variable rouge orangé*	*4,2-8,6*	*1405 AL*
M 11	*« amas du Canard sauvage », amas ouvert*	*5,8*	*5600 AL*
M 26	*amas ouvert*	*8,0*	*5000 AL*
NGC 6712	*amas globulaire*	*8,2*	*25 000 AL*

Observation

Dans un demi-cercle formé par les 6 étoiles de l'Aigle (dont Lambda) et de l'Écu de Sobieski (dont Bêta) se trouve l'amas ouvert M 11. Il contient environ 200 étoiles et s'observe de préférence au télescope. R Scuti, proche, est une étoile dont la magnitude varie sur une longue période.

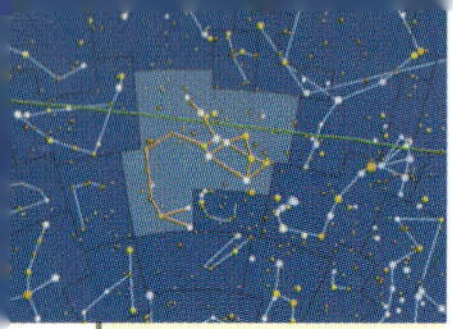

Sagittarius

Sagittaire – Sagittarii – Sgr

Dimension : 867 degrés carrés (15e) ; entièrement visible de 45° Nord à 90° Sud

Repérage *Le Sagittaire compte de nombreuses étoiles brillantes, mais on ne le voit que partiellement en Europe centrale, car il reste bas sur l'horizon.*

> ***Visible de juin à août.***
>
> ***Le Sagittaire contient le centre de notre Voie lactée (dans le coin, à la limite du Sagittaire, du Scorpion et du Serpentaire).***

Le Sagittaire est une constellation classique de l'été, mais qui ne monte pas très haut au-dessus de l'horizon. C'est l'une des constellations du zodiaque, entre le Scorpion à l'ouest et le Bélier à l'est. La Voie lactée y passe. Dans la mythologie grecque, la constellation représente un Centaure, mi-homme, mi-dieu, qui tient un arc et une flèche et vise le Scorpion. L'arc est composé des étoiles Kaus Borealis, Kaus Media et Kaus Australis, et l'étoile Alnasl marque la pointe de la flèche.

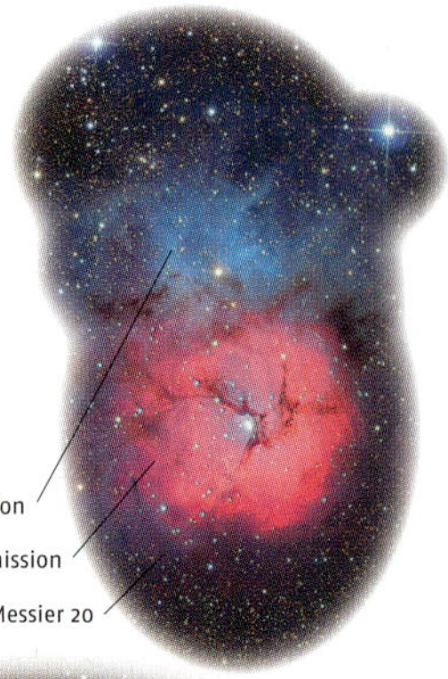

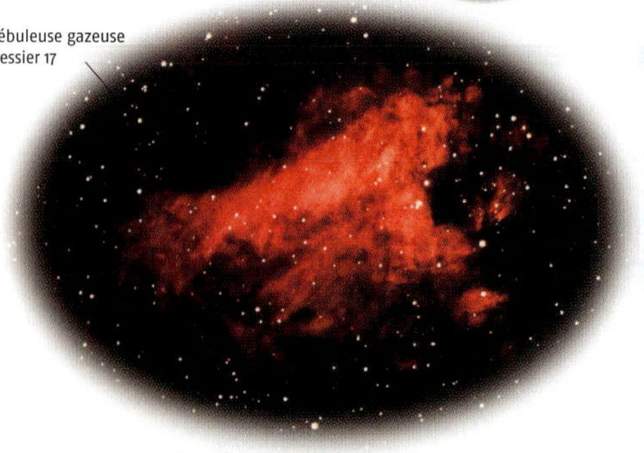

Observation

Au milieu de la Voie lactée, au nord des étoiles Alnasl et Kaus Borealis, se trouvent les nébuleuses du Lagon et Trifide. Toutes deux sont identifiables à la lunette, mais le télescope est préférable, surtout pour la petite nébuleuse Trifide, M 20. La nébuleuse du Lagon, M 8, est parfois visible à l'œil nu.

Étoiles du Sagittaire

Nom	*Description*	*Magnitude*	*Distance*
Rukbat (α)	*« Genou », blanc bleuté*	4,0	170 AL
Arkab (β¹, β²)	*« Talon d'Achille », étoile double optique*	4,3/7,4//4,0	378//139 AL
Alnasl (γ)	*« Point », rouge orangé*	3,0	96 AL
Kaus Media (δ)	*« Milieu de l'Arc », rouge orangé*	2,7	306 AL
Kaus Australis (ε)	*« Partie sud de l'Arc », blanc bleuté*	1,8	145 AL
Ascella (ζ)	*blanc bleuté*	2,6	89 AL
Kaus Borealis (λ)	*« Partie nord de l'Arc », rouge orangé*	2,8	77 AL
Nunki (σ)	*blanc bleuté*	2,1	224 AL

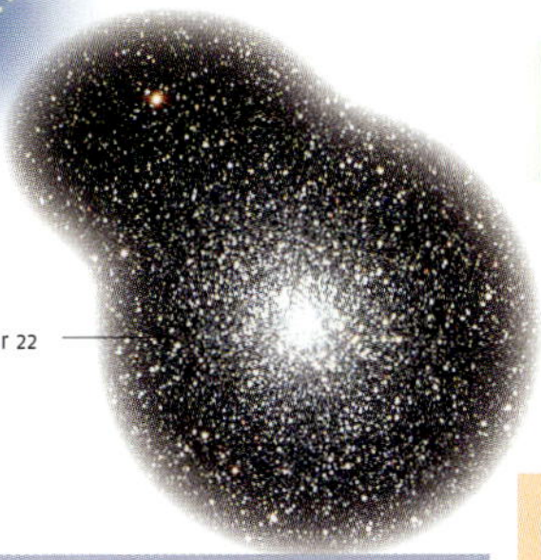

Amas globulaire Messier 22

Objets du ciel profond du Sagittaire			
Nom	***Description***	***Magnitude***	***Distance***
M 8 / M 20	*« nébuleuse du Lagon »/« néb. Trifide »*	5,2 / 6,3	5200 / 5000 AL
M 17	*« nébuleuse Omega », avec amas stellaire*	6,0	5000 AL
M 22	*amas globulaire*	5	10 000 AL
M 23	*amas ouvert*	5,5	2200 AL
M 24	*zone de la Voie lactée*	–	–
M 25	*amas ouvert*	4,6	2300 AL
M 55	*amas globulaire*	7, 0	17 000 AL

Observation

L'amas globulaire M 22 forme avec les étoiles Nunki et Kaus Borealis un triangle quasi équilatéral. On peut le voir à l'œil nu dans de bonnes conditions, et distinguer ses étoiles avec un petit télescope.

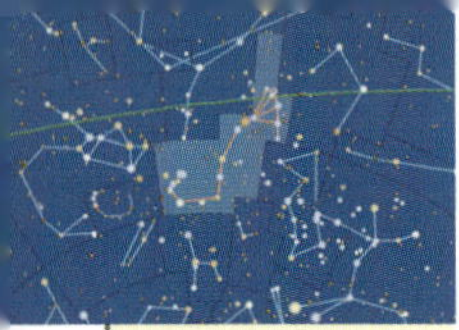

Scorpius

Scorpion – Scorpii – Sco

Dimension : 497 degrés carrés (33ᵉ) ; entièrement visible de 44° Nord à 90° Sud

Repérage *Le Scorpion est bas sur l'horizon en Europe centrale, au sud. Il atteint son point culminant en juin vers minuit. Grâce à 12 étoiles relativement brillantes, on peut identifier sa forme clairement.*

- ***Visible de mai à juillet.***
- ***Au milieu de la Voie lactée, contient de nombreux amas ouverts.***
- ***Antarès, étoile rouge profond scintillante, correspond au thorax du Scorpion.***

En Europe centrale, les soirs d'été, le Scorpion apparaît bas sur l'horizon. Pour pouvoir observer sa queue, avec les amas ouverts M 6 et M 7, il faut descendre en Méditerranée. Le Scorpion est une constellation du zodiaque entourée par la Balance à l'ouest et le Bélier à l'est. Dans la mythologie grecque, le Scorpion est cité plusieurs fois, mais, le plus souvent, il finit par piquer Orion. Pour qu'ils ne se rencontrent plus, Orion ne se lève dans le ciel que lorsque le Scorpion se couche.

Amas globulaire Messier 4

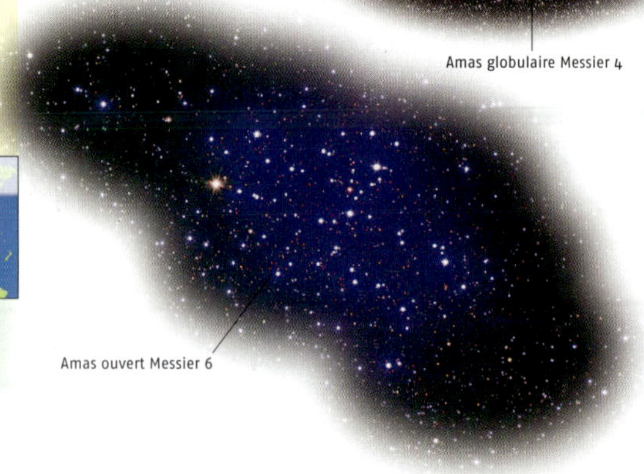

Amas ouvert Messier 6

Observation

Au nord de la queue, marquée par l'étoile Shaula, se trouvent 2 amas ouverts, M 6 et M 7. Pour apprécier leur beauté, il faut se trouver dans l'hémisphère sud. On peut alors les distinguer à l'œil nu. M 7 est nettement plus gros que M 6.

Étoiles du Scorpion

Nom	Description	Magnitude	Distance
Antarès (α)	« Égal de Mars », étoile double	0,9–1,2/5,5	604 AL
Akrab (β)	« Scorpion », étoile double	2,6/4,9	530 AL
Dschubba (δ)	« Front », blanc bleuté	2,3	402 AL
Epsilon (ε)	rouge orangé	2,3	65 AL
Zêta-1, -2 (ζ^1, ζ^2)	étoile double optique (blanc/orange)	4,8/3,6	6500/151 AL
Thêta (ϑ)	étoile double blanche	1,9/5,3	272 AL
Shaula (λ)	« Levée », blanc bleuté	1,6	703 AL
Mu-1, -2 (μ^1, μ^2)	étoile double (blanc bleuté/blanc bleuté)	2,9–3,2/3,6	822/517 AL

Amas ouvert NGC 6231

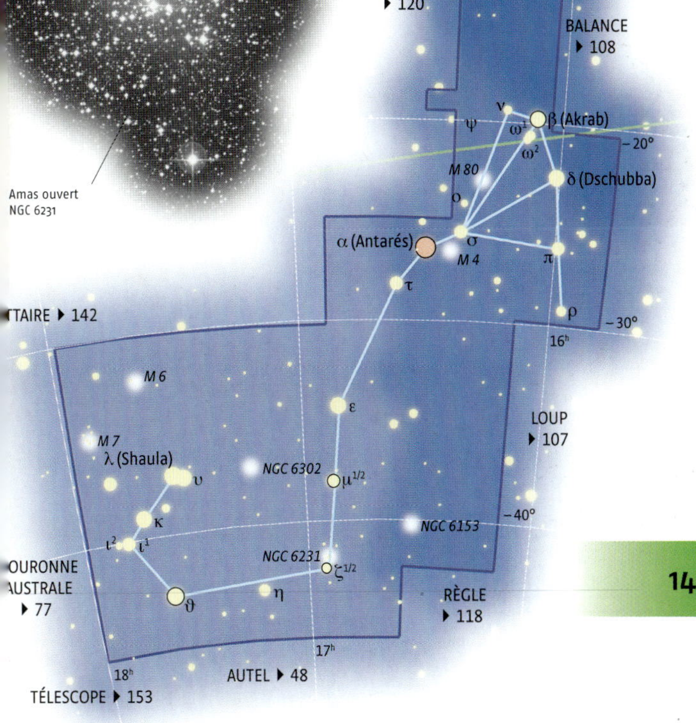

Objets du ciel profond du Scorpion			
Nom	*Description*	*Magnitude*	*Distance*
M 4	amas globulaire	6	7000 AL
M 6	amas ouvert	4,5	1600 AL
M 7	amas ouvert	3,5	950 AL
M 80	amas globulaire	7,5	27 000 AL
NGC 6153	nébuleuse planétaire	10,9	5900 AL
NGC 6231	amas ouvert	6	6500 AL
NGC 6302	« nébuleuse de l'Insecte », nébuleuse planétaire	9,6	6500 AL

Observation

Au sud de l'étoile Epsilon se trouve un amas ouvert d'une grande beauté, NGC 6231. Visible à l'œil nu depuis l'hémisphère sud, l'observation au télescope laisse voir plus d'un centaine d'étoiles, blanc bleuté, jaune ou rouge orangé.

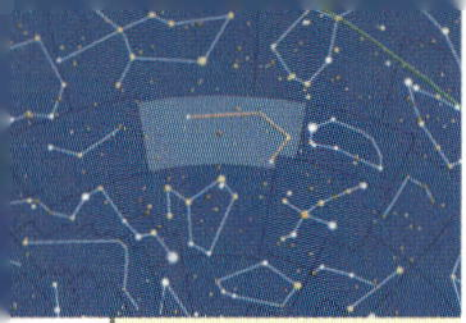

Sculptor

Sculpteur – Sculptoris – Scl

Dimension : 475 degrés carrés (36e) ; entièrement visible de 51° Nord à 65° Sud

***Repérage** Le Sculpteur est situé entre la Baleine et le Verseau, au nord, et le Poisson austral au sud. Formalhaut du Poisson Austral peut servir de point de départ pour le repérer.*

- ***Visible de septembre à décembre.***
- ***Bien visible à partir du bassin méditerranéen.***
- ***Atteint son point culminant au sud, en septembre/octobre vers minuit.***

Si l'on déplace le regard depuis le Carré de Pégase vers le sud, on trouve le Sculpteur, juste au-dessus de l'horizon. Cette constellation ne comporte que des étoiles de faible magnitude, pratiquement invisibles à l'œil nu en Europe centrale. Le nom originel donné par Nicolas Louis de Lacaille en 1752 était « l'Atelier du Sculpteur ». Les astronomes amateurs s'intéressent surtout au Sculpteur pour la galaxie spirale NGC 253, relativement lumineuse.

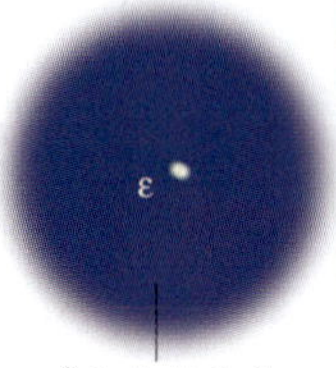

Étoile double Epsilon

Galaxie spirale NGC 253

Observation

Au nord de cette constellation se trouve la galaxie spirale NGC 253, visible au petit télescope comme une tache allongée. Si l'on déplace le télescope vers le sud-est, on arrive à l'amas globulaire NGC 288. Dans de bonnes conditions, on peut y distinguer les étoiles, avec un grossissement moyen.

Étoiles du Sculpteur

Nom	Description	Magnitude	Distance
Alpha (α)	blanc bleuté	4,3	672 AL
Bêta (β)	blanc bleuté	4,4	178 AL
Gamma (γ)	rouge orangé	4,4	179 AL
Delta (δ)	blanc bleuté	4,6	143 AL
Epsilon (ε)	étoile double	5,3/8,6	89 AL
Kappa-1 (κ^1)	étoile double blanche	6,1/6,2	224 AL

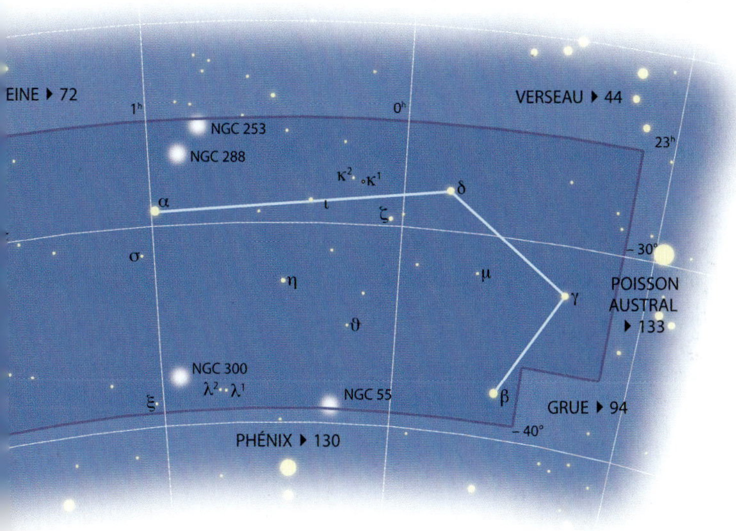

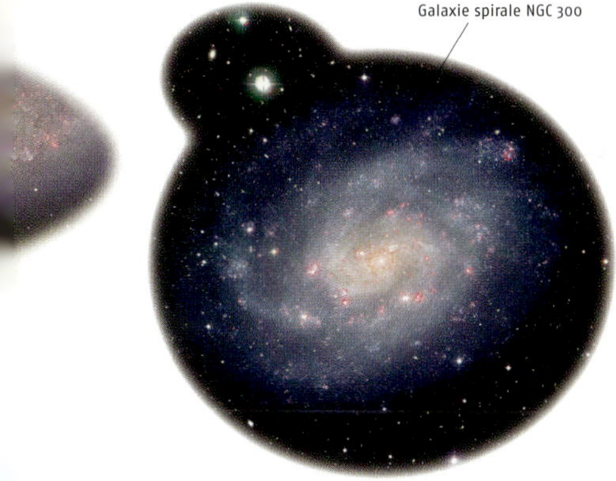

Objets du ciel profond du Sculpteur			
Nom	*Description*	*Magnitude*	*Distance*
NGC 55	*galaxie spirale barrée*	*8,2*	*6 M AL*
NGC 253	*galaxie spirale*	*7,1*	*9 M AL*
NGC 288	*amas globulaire*	*8,1*	*27 000 AL*
NGC 300	*galaxie spirale*	*9*	*6,5 M AL*

Observation

À l'angle nord-est du Sculpteur se trouve l'étoile double Epsilon, dont les composants peuvent se distinguer avec un petit télescope. L'étoile la plus brillante est blanc-jaune, la plus faible rouge orangé, mais il faut un plus fort grossissement pour percevoir ces couleurs.

Serpens

Serpent – Serpentis – Ser

Dimensions : 637 degrés carrés (23e) ; entièrement visible de 87° Nord à 65° Sud

Repérage *Le Serpent est une constellation divisée en deux parties. Sa tête se trouve au sud en mai, vers minuit, sa queue en juin. En fait, il est constitué de 2 chaînes d'étoiles.*

> ***Visible de mars à août.***
> ***Longues chaînes d'étoiles peu brillantes, seule Unukalhai est assez brillante.***
> ***M 5 : l'un des amas globulaires les plus brillants du ciel du Nord.***

Amas globulaire Messier 5

Le Serpent est visible en Europe centrale dans le ciel du soir, en été. Il a peu d'étoiles brillantes, et est peu marquant. C'est la seule constellation divisée en deux parties dans le ciel : la tête (Serpens Caput) et la queue (Serpens Cauda). Ces deux parties sont séparées par le Serpentaire. C'est pourquoi on dit parfois qu'il y a 89, et non 88 constellations au total. Selon la mythologie grecque, le Serpent est enroulé autour du bâton d'Esculape. Le Serpentaire, ou porteur de Serpent, c'est Esculape, dieu de la Médecine.

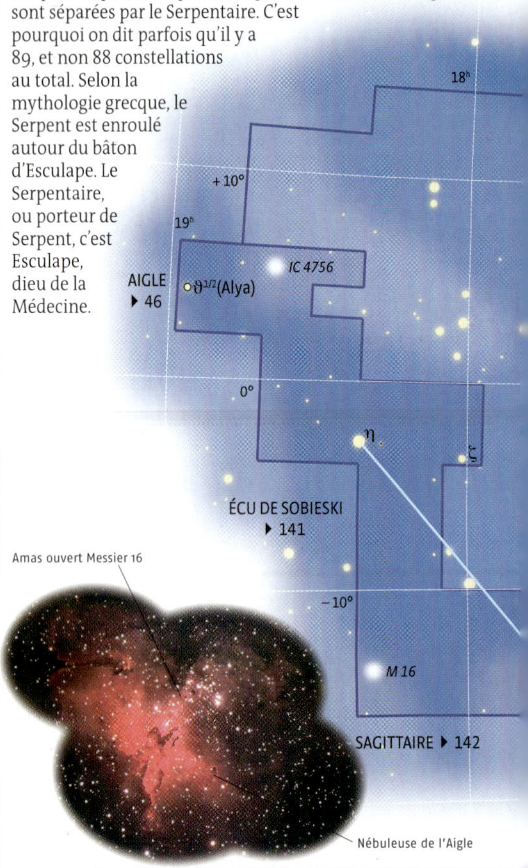

Amas ouvert Messier 16

Nébuleuse de l'Aigle

Observation

Au sud-ouest de l'étoile Unukalhai se trouve l'amas globulaire M 5, l'un des trois objets les plus brillants de ce type dans le ciel du Nord, avec M 13 et M 3. À la lunette, on ne voit qu'une tache nébuleuse, mais au télescope, on peut distinguer les étoiles de M 5.

Étoiles du Serpent

Nom	Description	Magnitude	Distance
Unukalhai (α)	« Cou du Serpent », rouge orangé	2,6	73 AL
Bêta (β)	étoile double optique avec 29	3,7/6,7	153/– AL
Gamma (γ)	blanche	36 AL	
Delta (δ)	étoile double (blanche)	4,2/5,2	210 AL
Alya (ϑ)	étoile double (blanche/blanche)	4,7/5,1	132 AL
Nu (ν)	étoile double	4,3/8,3	193 AL

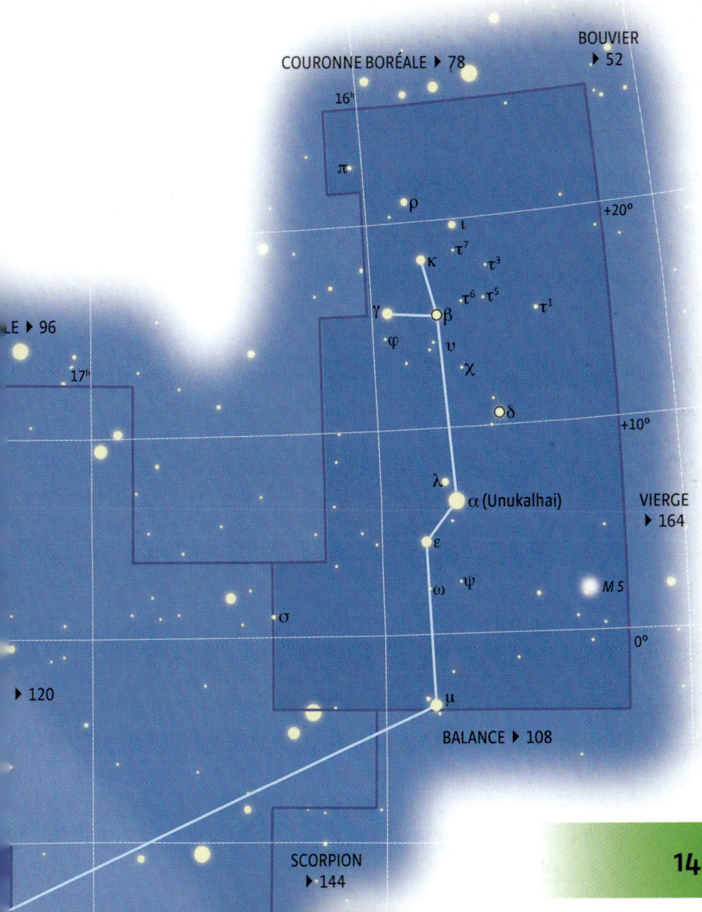

Amas ouvert IC 4756

Objets du ciel profond du Serpent			
Nom	***Description***	***Magnitude***	***Distance***
M 5	*amas globulaire*	*5,8*	*26 000 AL*
M 16	*amas ouvert avec la nébuleuse de l'Aigle*	*6*	*8500 AL*
IC 4756	*amas ouvert*	*5,4*	*1300 AL*

Observation

Entre Altaïr de l'Aigle et Cebalrai du Serpentaire se trouve l'amas ouvert IC 4756, visible à l'œil nu dans de bonnes conditions. Cet amas peu dense, un peu plus grand que le disque lunaire, se prête à merveille à l'observation à la lunette.

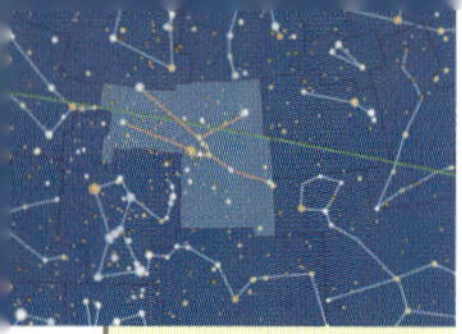

Taurus

Taureau – Tauri – Tau

Dimension : 797 degrés carrés (17e) ; entièrement visible de 89° Nord à 59° Sud

Repérage *Le Taureau est situé entre le Cocher et Orion. Son étoile principale, Aldébaran, et l'amas stellaire des Pléiades sont les objets les plus visibles. Cette constellation culmine en novembre/décembre vers minuit.*

> ***Visible de septembre à mars.***
> ***Aldébaran fait partie des 15 étoiles les plus brillantes de notre ciel.***
> ***M 45 : amas ouvert remarquable du ciel du Nord, « les Pléiades » désigne un groupe de 7 étoiles.***

La bonne période pour observer le Taureau se situe d'octobre à mars. La tête du Taureau est formée par les Hyades, disposées en V, et Aldébaran marque l'œil. Les étoiles Elnath et Zêta sont les extrémités des cornes. Le Taureau est une constellation du zodiaque, placée entre le Bélier et les Gémeaux. Selon la mythologie grecque, Zeus, le père des dieux, a pris la forme d'un taureau pour s'approcher d'Europe, princesse de Phénicie. L'amas stellaire des Pléiades représente les sept filles du titan Atlas et de son épouse, Pléioné.

Amas ouvert des Pléiades

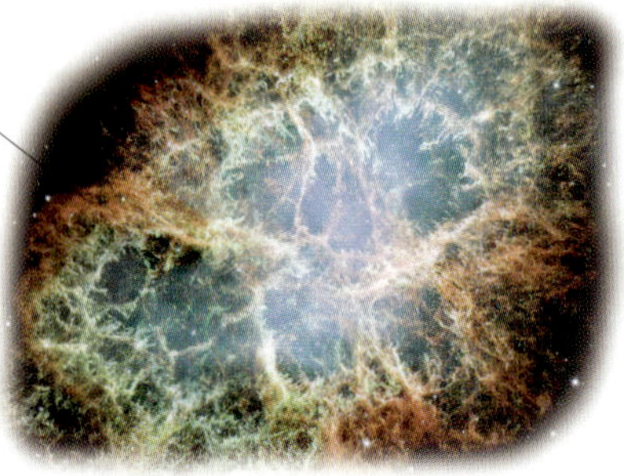
Nébuleuse du Crabe, vestige de supernova

Observation

Entre Aldébaran et Persée se trouve l'amas stellaire M 45. Parmi les Pléiades, au moins 6 étoiles sont identifiables à l'œil nu. À la lunette ou au télescope, les Pléiades offrent un spectacle magnifique, avec plus de 50 étoiles.

Étoiles du Taureau

Nom	Description	Magnitude	Distance
Aldébaran (α)	« Le Suiveur », rouge orangé	0,9	65 AL
Elnath (β)	« les Cornes »	1,6	131 AL
Oculus Boreus (ε)	rouge orangé	3,5	155 AL
Alcyone (η)	bleutée	2,9	368 AL
Thêta-1, -2 (ϑ^1, ϑ^2)	étoile double optique	3,8/3,4	158/149 AL
Kappa-1, -2 (κ^1, κ^2)	étoile double optique	4,2/5,3	153/144 AL
Sigma-1, -2 (σ^1, σ^2)	étoile double optique	5,1/4,7	152/159 AL

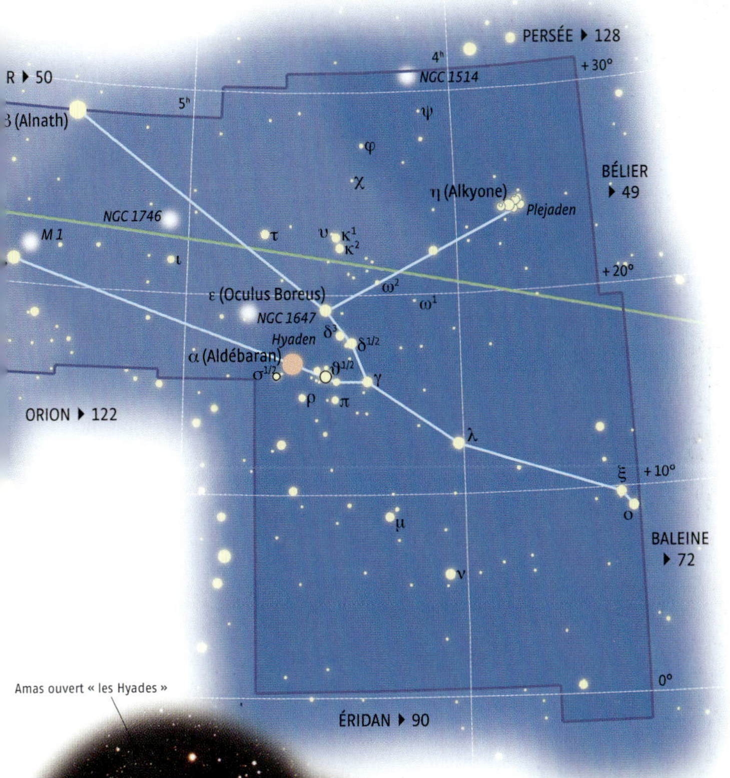

Amas ouvert « les Hyades »

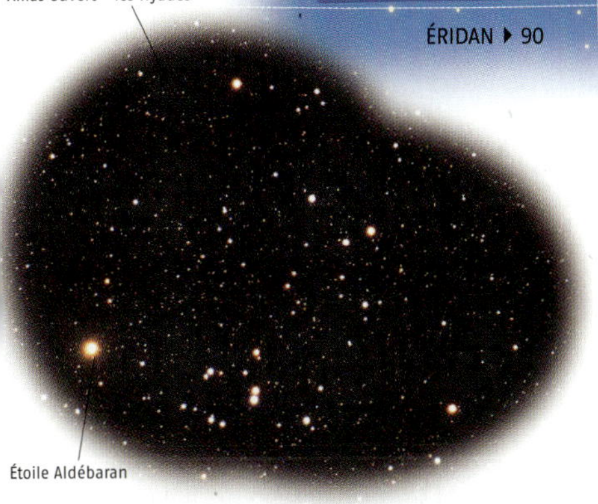

Étoile Aldébaran

Objets du ciel profond du Taureau			
Nom	**Description**	**Magnitude**	**Distance**
les Hyades	amas ouvert	–	150 AL
M 1	« nébuleuse du Crabe », nébuleuse gazeuse	8,5	6500 AL
M 45	« Pléiades », amas ouvert	1,5	400 AL
NGC 1514	nébuleuse planétaire	9,4	2000 AL
NGC 1647	amas ouvert	6,4	1800 AL
NGC 1746	amas ouvert	6	1400 AL

Observation

Autour de l'étoile Aldébaran se trouvent les Hyades, un amas ouvert qui occupe une grande surface dans le ciel. Il vaut mieux l'observer à la lunette. Aldébaran n'en fait pas partie, mais se trouve dans la même direction.

Sextans

Sextant – Sextantis – Sex

Dimension : 314 degrés carrés (47e) ; entièrement visible de 78° Nord à 84° Sud

Repérage *Le Sextant est situé au sud de Régulus du Lion. Il n'a aucune étoile brillante et passe facilement inaperçu.*

- ***Visible de janvier à avril.***
- ***Constellation peu lumineuse, sans grand intérêt.***
- ***Atteint en février-mars son point culminant dans le ciel de minuit.***

Le Sextant est la troisième petite constellation qui se loge entre l'Hydre, la Vierge et le Lion. En Europe centrale, on peut l'observer surtout au printemps, mais elle est très discrète, en l'absence d'étoile brillante. Tout comme l'Écu de Sobieski, elle doit son existence à l'astronome Johannes Hevelius, à la fin du XVIIe siècle. Le sextant est un instrument utilisé pour mesurer la hauteur d'un astre au-dessus de l'horizon.

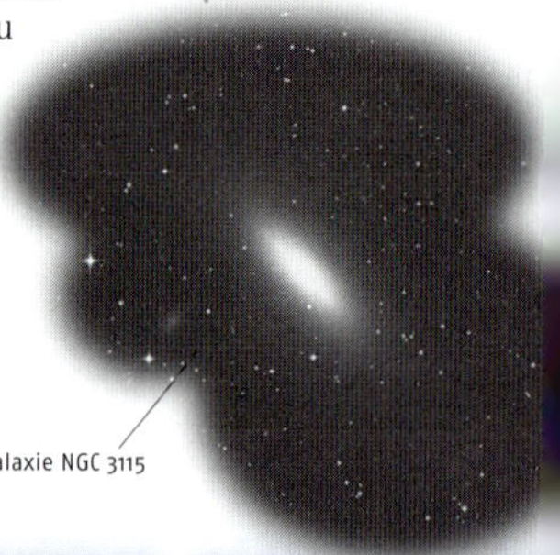

Étoile double 17/18

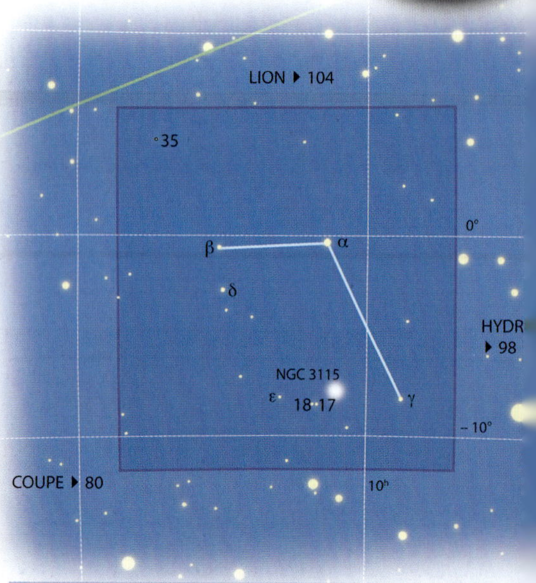

Observation

À l'est de l'étoile Gamma se trouvent 2 étoiles assez proches, désignées par les chiffres 17 et 18, qui forment un joli couple aux jumelles. Au nord-ouest de ces étoiles, on a la galaxie la plus lumineuse du Sextant, NGC 3115, pour laquelle l'usage du télescope est recommandé.

Étoiles et objets du ciel profond du Sextant

Nom	*Description*	*Magnitude*	*Distance*
Alpha (α)	blanc bleuté	4,5	287 AL
Bêta (β)	blanc bleuté	5,1	345 AL
17/18	étoile double optique	5,9/5,6	527/473 AL
35	étoile double	6,3/7,4	697 AL
NGC 3115	galaxie elliptique	9,2	14 M AL

Telescopium

Télescope – Telescopii – Tel

Dimension : 252 degrés carrés (57e) ; entièrement visible de 33° Nord à 90° Sud

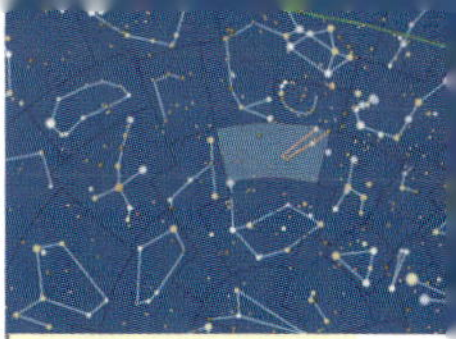

Le Télescope n'est pas visible en Europe. Il fait partie des constellations mineures introduites par Louis Nicolas de Lacaille en 1752. Il doit son nom à un instrument qui a permis beaucoup de progrès en astronomie. En l'absence d'étoile brillante, le Télescope est une constellation insignifiante.

Galaxie NGC 6868

Repérage *Le Télescope est situé entre le Sagittaire, le Scorpion et le Paon. C'est une constellation du ciel austral, visible à partir du sud de la Méditerranée.*

- ***Invisible en Europe centrale.***
- ***Point culminant dans le ciel en juillet vers minuit.***
- ***Constellation peu brillante, sans objets du ciel profond.***

Étoiles et objets du ciel profond du Télescope

Nom	*Description*	*Magnitude*	*Distance*
Alpha (α)	*blanc bleuté*	*3,5*	*249 AL*
Delta-1, -2 (δ¹, δ²)	*étoile double optique*	*4,9/5,1*	*800/1120 AL*
Epsilon (ε)	*jaune*	*4,5*	*409 AL*
Zêta (ζ)	*jaune*	*4,1*	*127 AL*
Δ *227*	*étoile double (orange/blanc)*	*5,7/6,5*	*354 AL*
NGC 6584	*amas globulaire*	*9*	*44 000 AL*
NGC 6868	*galaxie lenticulaire*	*10,6*	*87 M AL (?)*

Amas globulaire NGC 6584

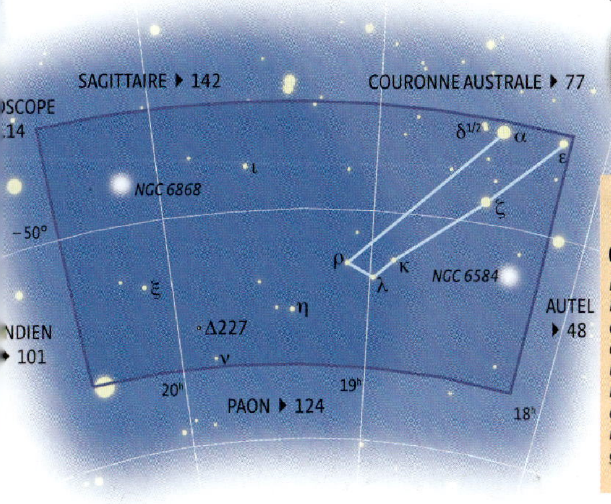

Observation

L'amas globulaire NGC 6584 forme avec Zêta du Télescope et Thêta de l'Autel un triangle quasi rectangle. Pour en distinguer les étoiles, il faut un télescope de grossissement moyen.

Triangulum

Triangle – Trianguli – Tri

Dimension : 132 degrés carrés (78e) ; entièrement visible de 90° Nord à 53° Sud

***Repérage** Le Triangle est situé entre Andromède et le Bélier. Il renferme la célèbre galaxie spirale M 33, voisine de notre galaxie.*

- > **Visible de juillet à mars.**
- > **Formé de 3 étoiles de magnitude moyenne.**
- > **M 33 : galaxie spirale moins brillante que celle d'Andromède.**

Galaxie spirale Messier 33

Le Triangle est bien placé pour l'observation en Europe centrale dans le ciel du soir, de septembre à mars. Cette petite constellation est connue depuis l'Antiquité, bien qu'elle ne comporte aucune étoile brillante. Les Grecs l'ont appelée Trigonon ou Deltoton, en raison de sa forme à angles aigus, composée de 3 ou 4 étoiles.

Nébuleuse gazeuse NGC 604

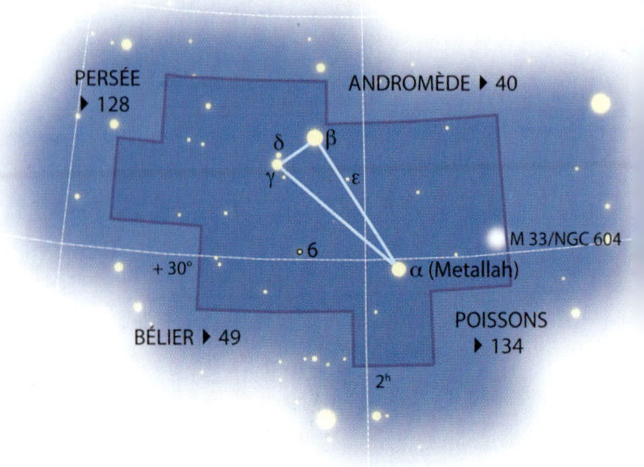

Observation

Au nord-ouest de l'étoile Metallah se trouve la galaxie spirale M 33, que l'on voit d'en haut. C'est pourquoi elle est moins facile à distinguer que celle d'Andromède, car sa lumière se répartit sur une plus grande surface. M 33 comporte une nébuleuse gazeuse, NGC 604, visible au télescope de grossissement moyen.

Étoiles et objets du ciel profond du Triangle

Nom	Description	Magnitude	Distance
Metallah (α)	« Tête du Triangle », blanc jaune	3,4	64 AL
Bêta (β)	blanche	3,0	124 AL
Gamma (γ)	blanc bleuté	4,0	118 AL
6	étoile double (jaune/blanc bleuté)	5,3 / 6,9	305 AL
M 33	galaxie spirale	5,7	2,7 M AL
NGC 604	nébuleuse gazeuse dans M 33	–	2,7 M AL

Triangulum Australe

Triangle austral – Trianguli Australi – TrA

Dimension : 110 degrés carrés (83e) ; entièrement visible de 20° Nord à 90° Sud

Le Triangle austral n'est pas visible en Europe. Cette petite constellation est plus repérable que le Triangle boréal, car ses étoiles sont plus brillantes. Les « pères » de cette constellation sont les navigateurs hollandais Pieter Dirkszoon Keyser et Frederick de Houtman, qui l'ont décrite vers la fin du XVIe siècle. La Voie lactée traverse le Triangle austral.

Repérage *Le Triangle austral est situé à l'est de Rigil Kent. du Centaure. Il est aisé à repérer par ses étoiles brillantes, qui forment un triangle quasi équilatéral.*

- ***Invisible en Europe.***
- ***Atteint son point culminant en mai vers minuit.***
- ***Situé sur la Voie lactée.***

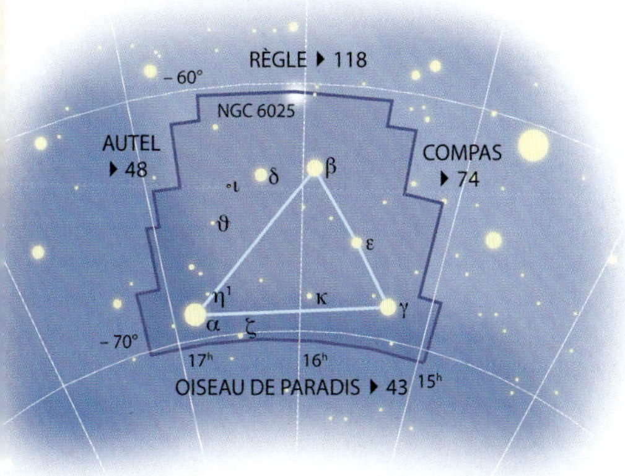

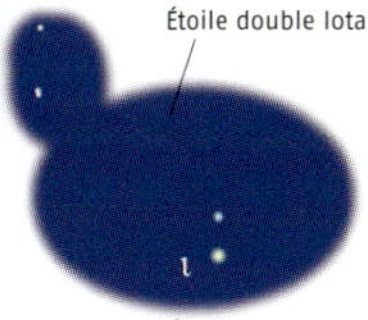

Étoile double Iota

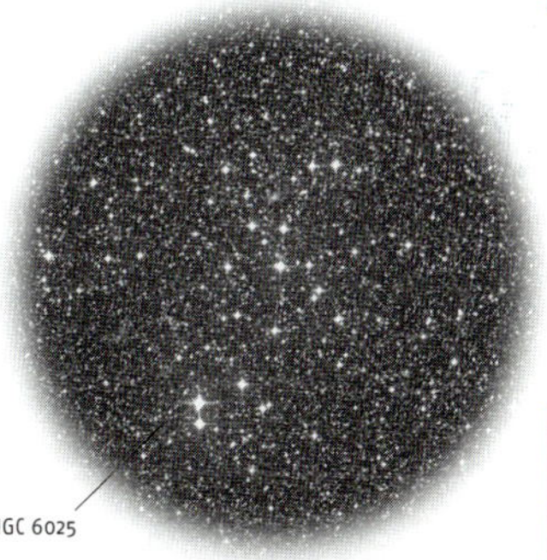

Amas ouvert NGC 6025

Étoiles et objets du ciel profond du Triangle austral

Nom	Description	Magnitude	Distance
Alpha (α)	rouge orangé	1,9	415 AL
Bêta (β)	blanche	2,8	40 AL
Gamma (γ)	blanc bleuté	2,9	183 AL
Iota (ι)	étoile double optique	5,3/9,4	132/– AL
NGC 6025	amas ouvert	5,1	2500 AL

Observation

Au nord de l'étoile Bêta, à la limite de la Règle, se trouve NGC 6025. Cet amas ouvert réunit une trentaine d'étoiles, dont beaucoup sont visibles à la lunette. Mais l'idéal reste de pouvoir observer NGC 6025 au télescope.

Tucana

Toucan – Tucanae – Tuc

Dimension : 295 degrés carrés (48ᵉ) ; entièrement visible de 15° Nord à 90° Sud

Repérage *Le Toucan, situé à proximité du pôle Sud céleste, est invisible depuis l'Europe. L'objet le plus marquant de cette constellation est le Petit Nuage de Magellan.*

- ***Invisible en Europe.***
- ***Atteint son point culminant en septembre, vers minuit.***
- ***Le Petit Nuage de Magellan est une galaxie brillante satellite de notre Voie lactée.***

Le Toucan n'est pas visible en Europe. Cette constellation ne renferme pas d'étoile vraiment brillante et sa forme n'est pas très marquante. Il représente un oiseau d'Amérique du Sud, au gros bec. C'est une invention des marins hollandais Pieter Dirkszoon Keyser et Frederick de Houtman. Le Toucan contient le Petit Nuage de Magellan et l'amas globulaire 47.

Nébuleuse gazeuse NGC 346

Galaxie Petit Nuage de Magellan

Observation

Le Petit Nuage de Magellan, dans le sud du Toucan, ressemble à un lambeau de Voie lactée. Bien repérable à l'œil nu, cette galaxie satellite est intéressante à observer à la lunette. Au télescope, on peut distinguer des objets la constituant.

Étoiles du Toucan

Nom	*Description*	*Magnitude*	*Distance*
Alpha (α)	*rouge orangé*	2,9	199 AL
Bêta-1, -2, -3 ($\beta^{1,2,3}$)	*étoile triple optique*	4,4/4,5/5,2	140/172/152 AL
Delta (δ)	*étoile double*	4,5/8,9	267 AL
Kappa (κ)	*étoile double*	5,1/7,3	67 AL

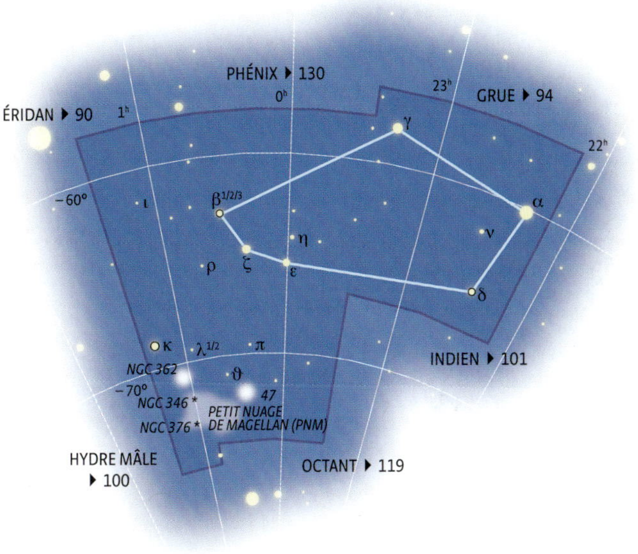

Amas globulaire 47 Tucanae

Objets du ciel profond du Toucan

Nom	*Description*	*Magnitude*	*Distance*
KMW	*Petit Nuage de Magellan*	*2,5*	*200 000 AL*
47	*amas globulaire*	*4,0*	*15 000 AL*
NGC 346	*nébuleuse gazeuse dans le PNM*	*7*	*200 000 AL*
NGC 362	*amas globulaire*	*6,6*	*29 000 AL*
NGC 376	*amas globulaire dans le PNM*	*10,5*	*200 000 AL*

Observation

L'amas globulaire 47 est tellement brillant qu'on lui a attribué une appellation d'étoile (47 Tucanae). C'est un objet intéressant à observer avec un instrument. Plus à l'est se trouve l'amas globulaire NGC 362, légèrement moins brillant.

Ursa Major

Grande Ourse – Ursae Majoris – UMa

Dimension : 1280 degrés carrés (3e) ; entièrement visible de 90° Nord à 17° Sud

***Repérage** La Grande Ourse est la troisième constellation du ciel par sa taille. Une grande partie de la Grande Ourse est visible en Europe centrale toute l'année, dont le Grand Chariot.*

> ***Visible toute l'année en Europe.***
> ***Les 7 étoiles qui forment le Grand Chariot sont circumpolaires en Europe.***
> ***Mizar/Alcor : l'une des étoiles doubles les plus connues. Alcor veut dire le « cavalier ».***

La Grande Ourse est une grande constellation, riche en étoiles brillantes, particulièrement bien visible en Europe de mars à juillet. En Europe, on appelle les 7 étoiles les plus brillantes de la Grande Ourse le Grand Chariot, en Amérique la Grande Louche. Le corps du chariot correspond au dos de l'ourse, et le timon à sa queue. Les étoiles qui partent vers le sud sont les pattes de l'ourse. Selon la mythologie grecque, cette constellation est liée à la nymphe Callisto, qui a transformé Zeus en ourse pour le soustraire aux yeux de son épouse Héra. Dans une autre version, c'est Héra qui, dans sa colère, transforme Callisto en ourse.

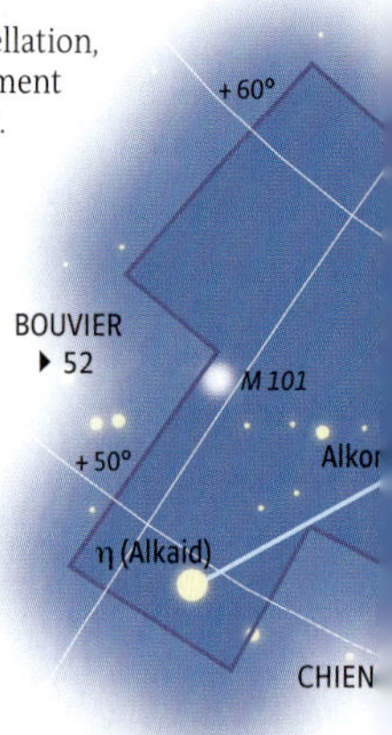

Étoile double Mizar/Alcor

Galaxie spirale Messier 101

Galaxie spirale Messier 81

Observation

Mizar est située au coude du timon du Grand Chariot (ou de la casserole). Elle forme une double visuelle avec Alcor, le « cavalier ». Au télescope, on distingue que Mizar est elle-même une étoile double. Alcor est par hasard dans le même alignement que les deux autres.

Étoiles de la Grande Ourse

Nom	Description	Magnitude	Distance
Dubhe (α)	« Ours », jaune orangé	1,8	124 AL
Merak (β)	« Échine », blanc bleuté	2,3	79 AL
Phad (γ)	« Cuisse », blanc bleuté	2,4	84 AL
Megrez (δ)	« Base de la queue », blanc bleuté	3,3	81 AL
Alioth (ε)	« Queue », blanc bleuté	1,8	81 AL
Mizar/Alcor (ζ/80)	étoile triple	2,3/3,9//4,0	78//81 AL
Alkaid (η)	« Chef »	1,9	101 AL
Xi (ξ)	étoile double (jaune/jaune)	4,3/4,8	25 AL

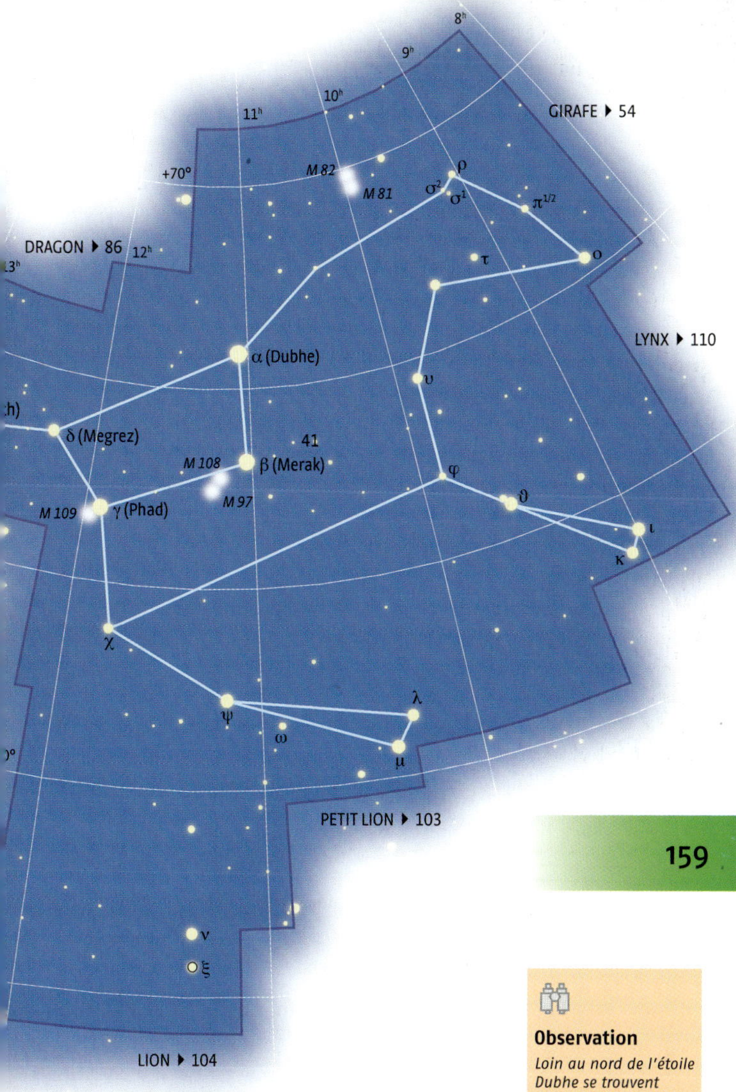

Objets du ciel profond de la Grande Ourse

Nom	*Description*	*Magnitude*	*Distance*
M 81	*galaxie spirale, couple avec M 82*	*6,9*	*10 M AL*
M 82	*galaxie spirale irrégulière*	*8,4*	*10 M AL*
M 97	*« nébuleuse du Hibou », nébuleuse planétaire*	*11*	*1300 AL*
M 101	*« Éolienne », galaxie spirale*	*7,7*	*23 M AL*
M 108	*galaxie spirale vue par la tranche*	*10,6*	*45 M AL*
M 109	*galaxie spirale barrée*	*9,8*	*55 M AL*

Observation

Loin au nord de l'étoile Dubhe se trouvent les galaxies M 81 et M 82, visibles avec un petit télescope. Ces 2 galaxies proches exercent une attraction l'une sur l'autre, d'où leur déformation. Pour pouvoir observer les bras de leurs spirales, il faut un grossissement relativement fort.

Ursa Minor

Petite Ourse – Ursae Minoris – UMi

Dimension : 256 degrés carrés (56ᵉ) ; entièrement visible de 90° Nord à 0° Sud

Repérage *La Petite Ourse tourne autour du pôle Nord céleste. Cette constellation ne contient que 3 étoiles moyennement brillantes, dont l'étoile Polaire, qui sert de guide à la navigation depuis la nuit des temps.*

- ***Visible toute l'année en Europe.***
- ***Aussi appelée Petit Chariot.***
- ***L'étoile Polaire indique le pôle Nord céleste.***

Étoile double Alpha

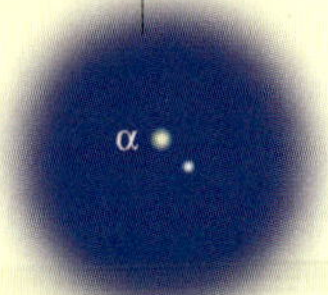

La Petite Ourse ne se couche jamais en Europe centrale. Cette constellation porte également le nom de Petit Chariot, du fait de sa forme. Seules l'étoile Polaire, qui indique le pôle Nord, et les 2 étoiles de l'arrière du chariot, Kochab et Pherkad, sautent aux yeux. Selon la mythologie grecque, cette constellation représente Arcas, fils de Zeus et de la nymphe Callisto. Zeus aurait changé Arcas en ours pour éviter qu'il ne tue à la chasse sa mère Callisto, également changée en ourse.

Étoile double Êta/19

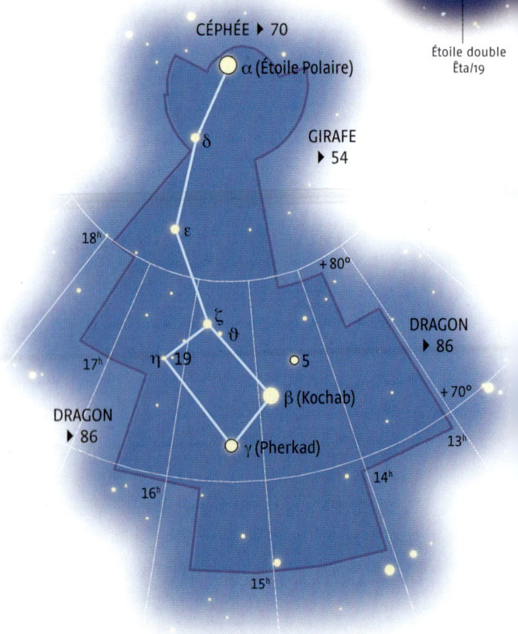

Observation

Le pôle Nord est indiqué par hasard par une étoile brillante, que l'on a baptisée étoile Polaire. Toutes les étoiles semblent tourner autour de cet axe. C'est une étoile double, dont on peut distinguer le satellite avec un petit télescope.

Étoiles et objets du ciel profond de la Petite Ourse

Nom	*Description*	*Magnitude*	*Distance*
Étoile Polaire (α)	étoile double	2,0/8,2	431 AL
Kochab (β)	rouge orangé	2,1	126 AL
Pherkad (γ)	étoile double optique avec 11	3,0/5,0	480/390 AL
Epsilon (ε)	jaune	4,2	346 AL
Êta (η)/19	étoile double optique	5,0/5,5	97/665 AL
5	étoile double	4,73/9,8	345 AL

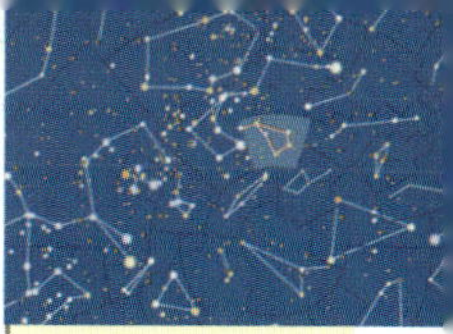

Volans

Poisson volant – Volantis – Vol

Dimension : 141 degrés carrés (76ᵉ) ; entièrement visible de 15° Nord à 90° Sud

Le Poisson volant est une petite constellation du ciel austral, dépourvue d'étoiles brillantes. Comme beaucoup de constellations de l'hémisphère sud, elle doit sa présence dans le ciel à l'imagination des navigateurs hollandais Pieter Dirkszoon Keyser et Frederick de Houtman.

***Repérage** Le Poisson volant est situé au sud de la Carène. Il n'a aucune étoile brillante, mais sa forme est relativement notable.*

> ***Invisible en Europe.***
> ***Atteint son point culminant en janvier vers minuit.***

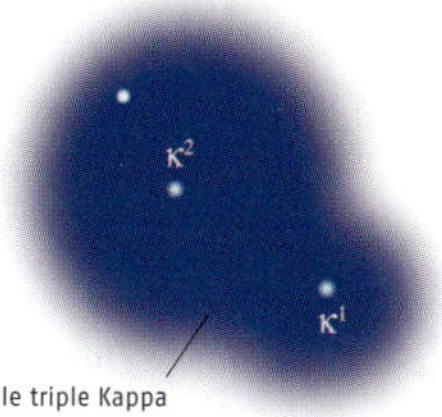

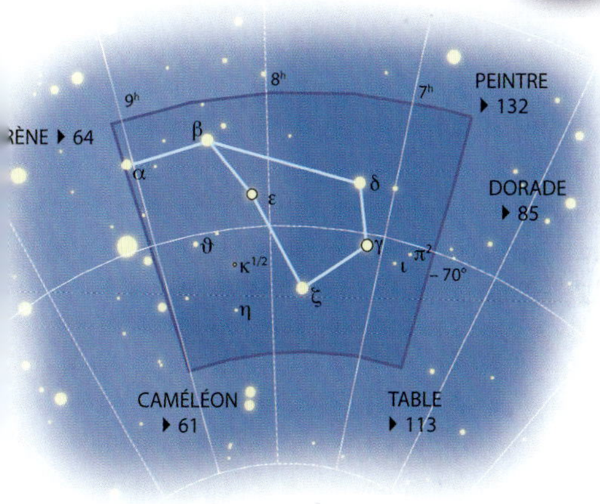

Étoiles et objets du ciel profond du Poisson volant

Nom	*Description*	*Magnitude*	*Distance*
Alpha (α)	*blanc bleuté*	*4,0*	*124 AL*
Bêta (β)	*rouge orangé*	*3,8*	*108 AL*
Gamma (γ)	*étoile double*	*3,9/5,8*	*142 AL*
Delta (δ)	*blanc-jaune*	*4,0*	*660 AL*
Epsilon (ε)	*étoile double*	*4,4/7,5*	*642 AL*
Kappa (κ)	*étoile triple*	*5,3/5,6/7,9*	*390 AL*

Observation

L'étoile double Gamma est formée d'un composant jaune et d'un composant blanc-jaune, que l'on peut distinguer au télescope. L'étoile triple Kappa, située plus à l'est, peut se distinguer à la lunette, mais c'est au télescope qu'on verra au mieux ses trois composants.

Vela

Voiles – Velorum – Vel

Dimension : 500 degrés carrés (32e) ; entièrement visible de 33° Nord à 90° Sud

***Repérage** Les Voiles sont situées entre le Centaure, la Carène et la Poupe, qui contiennent également de nombreuses étoiles brillantes. Les Voiles sont formées de 10 étoiles.*

- > ***Invisible en Europe.***
- > ***Atteint son point culminant en février vers minuit.***
- > ***La « Fausse Croix » est formée des étoiles Delta et Kappa (Voiles) et Epsilon et Iota (Carène).***

Les Voiles ne sont pas visibles depuis l'Europe centrale, mais, dans le sud de la Méditerranée, on peut les voir entièrement au-dessus de l'horizon sud, au début du printemps. Dans la Grèce antique, cette constellation faisait partie du Navire Argo, avec lequel Jason et les Argonautes poursuivaient la Toison d'Or. Au XVIIIe siècle, Louis Nicolas de Lacaille a entrepris de diviser le navire immense en Voiles, Carène et Poupe. Les étoiles Delta et Kappa des Voiles forment avec Epsilon et Iota de la Carène l'astérisme de la « fausse Croix », que l'on confond parfois avec la Croix du Sud.

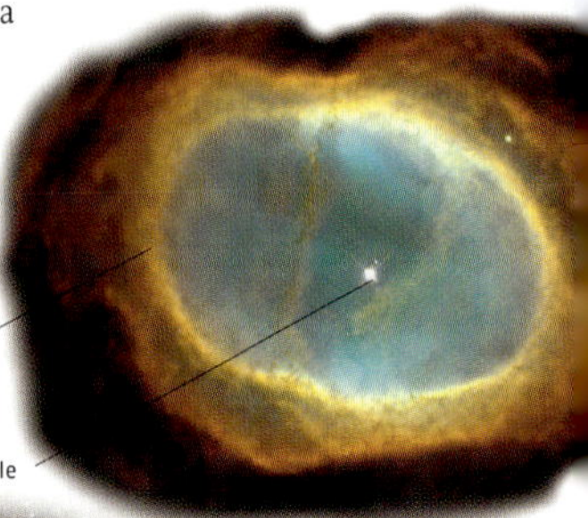

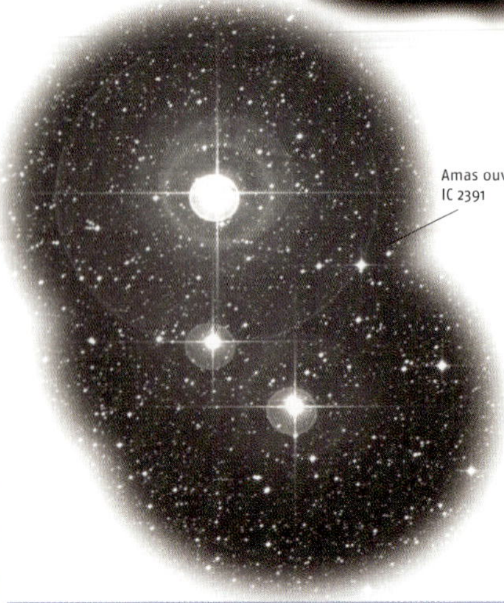

Observation

Au nord de l'étoile Delta se trouve l'amas ouvert brillant IC 2391, où l'on peut distinguer à l'œil nu l'étoile Omicron. Cet amas fait le double du diamètre de la pleine Lune et renferme une trentaine d'étoiles. On peut l'observer à l'œil nu ou à la jumelle.

Étoiles des Voiles

Nom	Description	Magnitude	Distance
Suhail al Muhlif (γ)	étoile double optique	1,8/4,2	840/1600 AL
Delta (δ)	étoile double	1,9/5,1	80 AL
Kappa (κ)	blanc bleuté	2,5	539 AL
Suhail al Wazn (λ)	rouge orangé	2,2	573 AL
Mu (μ)	étoile double	2,9/5,9	116 AL
x	étoile double	4,3/6,2	901 AL

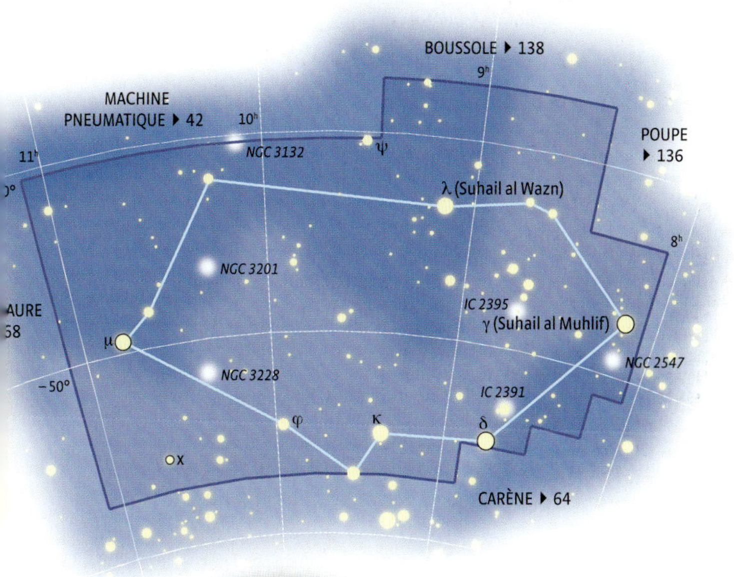

Amas ouvert IC 2395

Objets du ciel profond des Voiles

Nom	*Description*	*Magnitude*	*Distance*
NGC 2547	*amas ouvert*	*4,7*	*1300 AL*
NGC 3132	*« néb. des Huit Explosions », néb. planétaire*	*9,2*	*2600 AL*
NGC 3201	*amas globulaire*	*6,8*	*17 000 AL*
NGC 3228	*amas ouvert*	*6,0*	*1600 AL*
IC 2391	*amas ouvert*	*2,5*	*500 AL*
IC 2395	*amas ouvert*	*4,6*	*3100 AL*

Observation

À l'est de l'étoile Suhail al Muhlif se trouve un autre amas ouvert brillant. C'est IC 2395, qui regroupe une quarantaine d'étoiles. Mais il semble que l'étoile la plus brillante soit beaucoup plus proche, et ne fasse pas vraiment partie de cet amas.

Virgo

Vierge – Virginis – Vir

Dimension : 1294 degrés carrés (2e) ; entièrement visible de 67° Nord à 75° Sud

Repérage *La Vierge est une constellation du zodiaque située entre le Lion et la Balance. Parmi les étoiles qui la composent, une seule est très brillante, les autres sont de magnitude moyenne.*

> ***Visible de février à juin.***
> ***Deuxième constellation par la taille.***
> ***La Vierge abrite de nombreuses galaxies, dont certaines sont peu brillantes.***

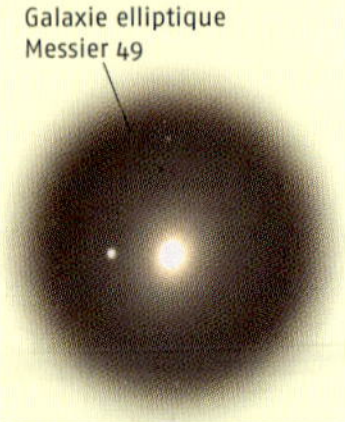

La Vierge est une constellation typique du printemps, qui atteint son point culminant en avril vers minuit. L'étoile principale, Spica, fait partie du Triangle du printemps. Dans la Vierge se trouvent de nombreuses galaxies, presque toutes dans l'amas de la Vierge. Cette constellation est vaste, mais ses étoiles ne dessinent pas de motif très marquant. Selon la mythologie grecque, plusieurs interprétations sont possibles. L'une d'elle évoque le personnage de Perséphone, fille de Zeus et Déméter, déesse de la fécondité, et qui tient dans sa main un épi (Spica).

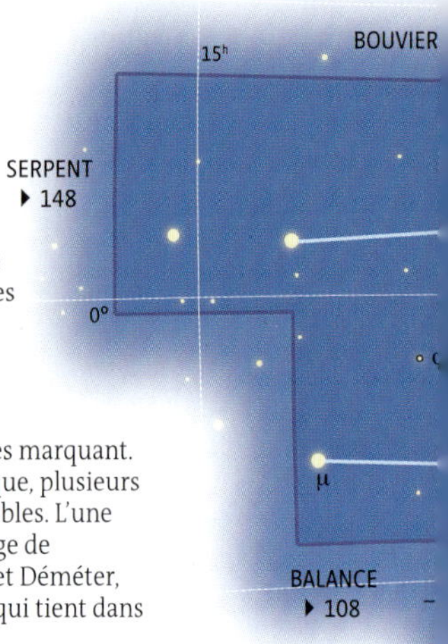

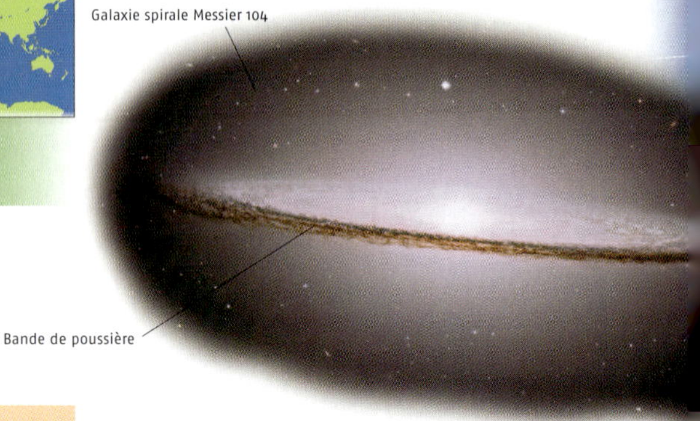

Observation

Dans le nord de la constellation se trouve la galaxie la plus brillante de l'amas de la Vierge : M 49. Son observation nécessite le télescope. On y voit une tache nébuleuse arrondie.

Étoiles de la Vierge

Nom	*Description*	*Magnitude*	*Distance*
Spica (α)	*« Épi », blanc bleuté*	*1,0*	*262 AL*
Zavija (β)	*blanc-jaune*	*3,6*	*36 AL*
Porrima (γ)	*étoile double (blanc/blanc)*	*3,6 / 3,6*	*39 AL*
Delta (δ)	*rouge*	*3,4*	*202 AL*
Vindemiatrix (ε)	*« Vendémiaire »*	*2,8*	*102 AL*
Thêta (ϑ)	*étoile double serrée*	*4,4 / 9,4*	*415 AL*
Phi (φ)	*étoile double jaune*	*4,8 / 9,0*	*135 AL*

Objets du ciel profond de la Vierge

Nom	*Description*	*Magnitude*	*Distance*
M 49	*galaxie elliptique*	*8,4*	*55 M AL*
M 58	*galaxie spirale barrée*	*9,8*	*55 M AL*
M 60	*galaxie elliptique*	*8,8*	*55 M AL*
M 84/M 86	*deux galaxies elliptiques*	*9,3/9*	*55 M AL*
M 87	*galaxie elliptique*	*9*	*55 M AL*
M 90	*galaxie spirale*	*9,5*	*55 M AL*
M 104	*« galaxie du Sombrero », galaxie elliptique*	*8,5*	*35 M AL*

Observation

À la frontière avec le Corbeau se trouve la galaxie du Sombrero, M 104, qui doit son nom à la bande de poussière sombre qui marque son équateur. Pour bien l'observer, il faut un télescope de grossissement moyen.

Vulpecula

Petit Renard – Vulpeculae – Vul

Dimension : 268 degrés carrés (55e) ; entièrement visible de 90° Nord à 61° Sud

Repérage *Le Petit Renard est une constellation peu brillante, entre le Cygne et le Dauphin. Elle atteint son point culminant en juillet, vers minuit.*

> ***Visible d'avril à octobre.***
> ***Un amas d'étoiles en forme de cintre ou portemanteau.***
> ***Nébuleuse de l'Haltère : nébuleuse planétaire brillante visible aux jumelles.***

Le Petit Renard est une constellation peu marquante, mais assez étendue, au sud de l'étoile Albireo du Cygne. On peut l'observer assez bien d'Europe centrale, les soirs d'été et d'automne, mais en l'absence d'étoiles brillantes, elle est plutôt connue pour la nébuleuse de l'Haltère, visible aux jumelles. Cette constellation a été appelée « le Renard et l'Oie » par son créateur, l'astronome polonais Johann Hevelius. Ce dont témoigne aujourd'hui le nom de l'étoile Alpha.

Nébuleuse planétaire Messier 27

Observation

Au sud-est d'Albireo du Cygne se trouve dans une zone riche en étoiles la nébuleuse planétaire M 27, dite « nébuleuse de l'Haltère ». On peut reconnaître à la lunette la forme allongée, resserrée à la taille. C'est un bel objet à admirer au télescope.

Étoiles du Petit Renard

Nom	Description	Magnitude	Distance
Anser (α) / 8	« Oie », étoile double optique	4,4 / 5,8	297 / 424 AL
2	étoile double	5,5 / 9,2	1920 AL

Objets du ciel profond du Petit Renard

Nom	Description	Magnitude	Distance
M 27	« nébuleuse de l'Haltère », nébuleuse planétaire	7,6	1000 AL
Cintre	amas ouvert	–	400 AL
NGC 6882	amas ouvert	6	3300 AL
NGC 6940	amas ouvert	6,3	2600 AL

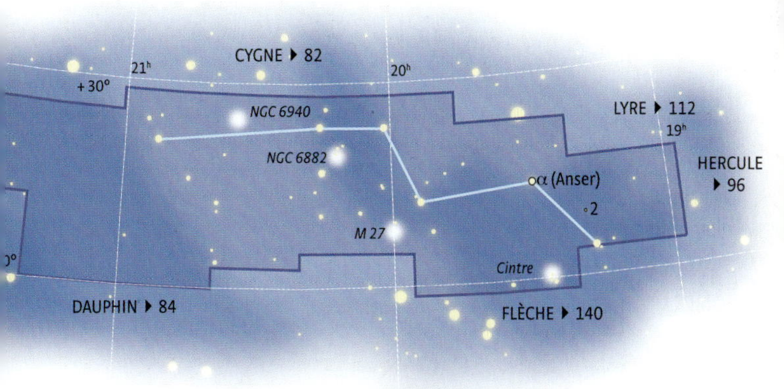

Amas ouvert NGC 6882

Astérisme du Cintre

Observation

À la limite entre le Petit Renard et la Flèche se trouve un amas ouvert dont les étoiles brillantes dessinent le motif d'un cintre. Ses étoiles sont probablement très éloignées les unes des autres, dans cet astérisme décrit par Al Sufi, astronome perse, en 964 de notre ère.

Les cartes du ciel

***À savoir** L'étoile Polaire est, par hasard, très proche du pôle Nord céleste. Cela donne l'impression que toutes les étoiles tournent autour d'elle. L'étoile Polaire indique le nord avec plus de précision qu'une boussole.*

JANVIER

Haut dans le ciel brille Capella, étoile jaune, principale étoile du Cocher. À gauche, on voit Persée, la tête en bas. Les 7 étoiles du Grand Chariot, qui font partie de la Grande Ourse, sautent aux yeux. Les 2 étoiles qui forment l'arrière du chariot permettent de trouver, dans leur alignement, l'étoile Polaire, dans la Petite Ourse. À gauche de l'étoile Polaire, on trouve le W de Cassiopée, et, sous cette constellation, le discret Céphée.

À l'horizon, on peut voir, si la vue est dégagée, le scintillement de Deneb.

La Voie lactée monte au nord-ouest, à la verticale, et s'approche du zénith. Elle est plus lumineuse au niveau de Persée et Cassiopée.

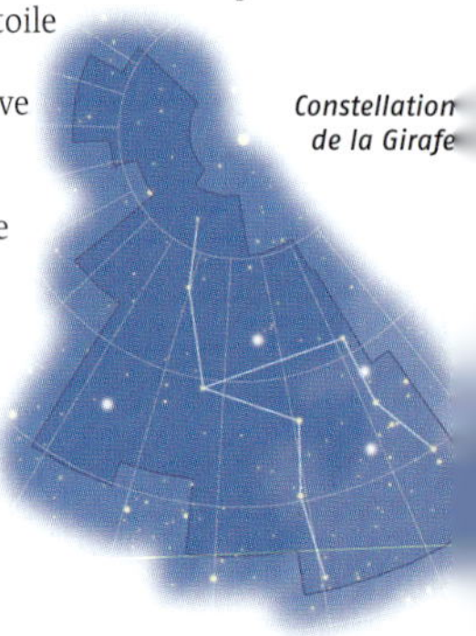

Constellation de la Girafe

JANVIER

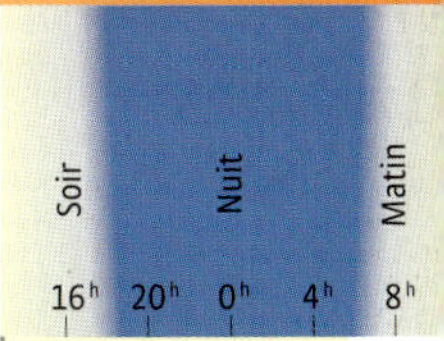

Haut dans le ciel. Au sud-est se trouvent les Gémeaux, avec 2 étoiles brillantes : Castor et Pollux. Un peu en dessous, le Lion a lui aussi 2 étoiles brillantes : Régulus et Denebola. À gauche, plus haut, se trouve la Grande Ourse, qui tend ses pattes vers le Lion. Entre la Grande Ourse et le Lion se trouve la Petite Ourse, entre la Grande Ourse et les Gémeaux, le Lynx. À droite du timon du Grand Chariot, on voit la petite constellation des Chiens de chasse.

À l'horizon apparaît une grande partie du Bouvier, avec Arcturus, son étoile principale, si l'espace est dégagé. Au sud-est se lève l'Hydre.

La Voie lactée est encore visible, surtout dans les Gémeaux.

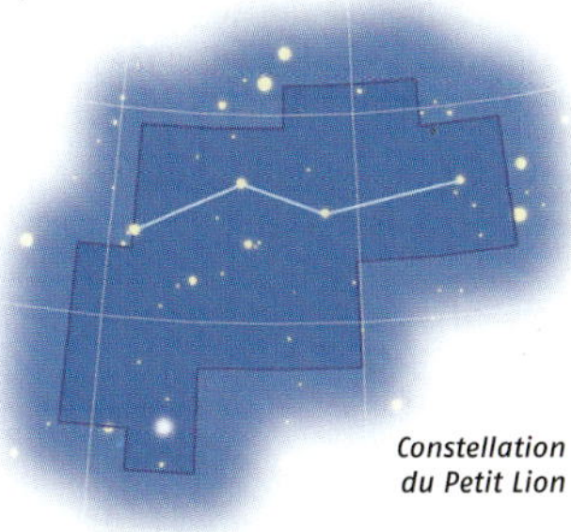

Constellation du Petit Lion

Lever et coucher du Soleil
1er janv. 7h46 – 16h02
10 janv. 7h44 – 16h13
20 janv. 7h37 – 16h27
30 janv. 7h25 – 16h43

Obscurité
1er janv. 17h21 – 6h27
10 janv. 17h30 – 6h26
20 janv. 17h43 – 6h21
30 janv. 17h57 – 6h12

Heures de Paris, temps universel (TU) = heure légale moins 1 heure (en hiver)

Sud

__À la lunette__ Dans la constellation des Gémeaux, on peut voir, à l'extrémité droite de la chaîne d'étoiles du haut, l'amas ouvert M 35, visible à l'œil nu dans de bonnes conditions. Il couvre pratiquement la même surface que le disque lunaire.

JANVIER

Haut dans le ciel se trouvent les constellations d'hiver : Cocher, Gémeaux, Petit Chien, Orion et Taureau, riches en étoiles brillantes, comme Capella (Cocher), Castor et Pollux (Gémeaux), Aldébaran la rouge (Taureau) ou Procyon (Petit Chien). Orion possède aussi toute une armada d'étoiles brillantes, dont Rigel, de teinte bleue, et Bételgeuse, rougeâtre, sont les plus lumineuses.

À l'horizon, le Grand Chien atteint sa position la plus favorable. Son étoile principale, Sirius, est la plus brillante du ciel.

La Voie lactée traverse ces constellations d'hiver, du Grand Chien à Persée, qui est déjà loin au sud-ouest.

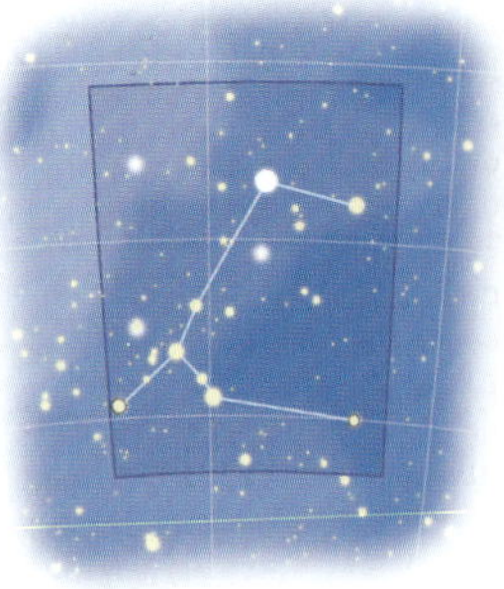

Constellation du Grand Chien

Ouest

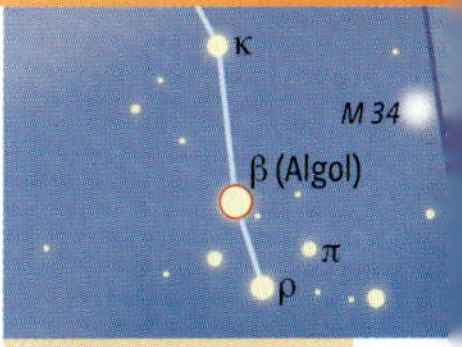

__L'étoile du Diable__
***Algol,** se trouve dans la constellation de Persée. Tous les 2,7 jours, sa magnitude devient plus faible pour quelques heures, puis elle retrouve son éclat : c'est une étoile double à éclipse, dont les composants se recouvrent mutuellement, mais que l'on ne peut distinguer.*

JANVIER

Haut dans le ciel, on ne peut manquer Capella du Cocher. En dessous, c'est le Taureau, et, plus à droite, Persée et Cassiopée. Persée a une étoile remarquable : Algol (voir encadré ci-contre). Les planètes traversent les signes du zodiaque : Taureau, Bélier et Poissons. En haut à gauche, les Gémeaux sont proches du zénith, plus bas, on distingue la forme particulière d'Orion.
À l'horizon se trouvent les dernières constellations d'automne : Andromède, le Triangle et le Bélier. De Pégase, on ne voit plus qu'une partie du carré.
La Voie lactée s'étend haut dans le ciel, depuis le sud-ouest jusqu'à mi-hauteur, dans le nord-ouest.

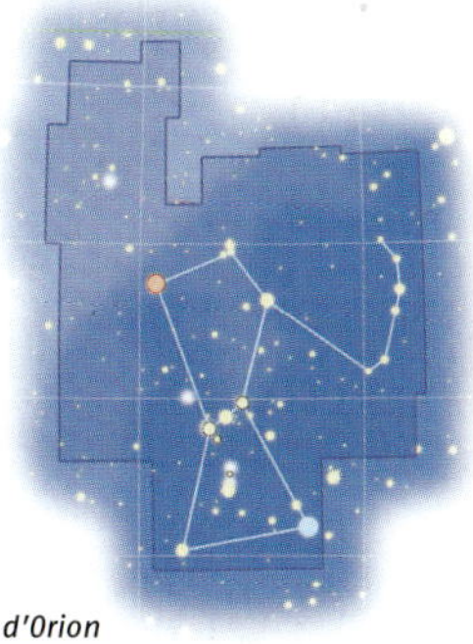

Constellation d'Orion

Nord

***À savoir** 5 planètes sont visibles à l'œil nu : Mercure, Vénus, Mars, Jupiter et Saturne. On les distingue à leurs déplacements au cours des jours ou des semaines par rapport aux constellations situées à l'arrière plan, et à la constance de leur magnitude.*

FÉVRIER

Haut dans le ciel, la Grande Ourse est visible dans toute sa magnificence, le Grand Chariot renversé. Le Lynx atteint également son point culminant. La Grande Ourse et Cassiopée formant comme des contrepoids autour de l'axe de l'étoile Polaire, le W est bas dans le ciel. Le Dragon est bien visible à droite de la Petite Ourse, sa tête trapézoïdale vers le bas.

À l'horizon brille Véga. Céphée a presque atteint sa position la plus basse. Au nord-ouest, on ne voit plus que la moitié supérieure d'Andromède.

La Voie lactée traverse les constellations du Cocher, Persée, Cassiopée et Céphée.

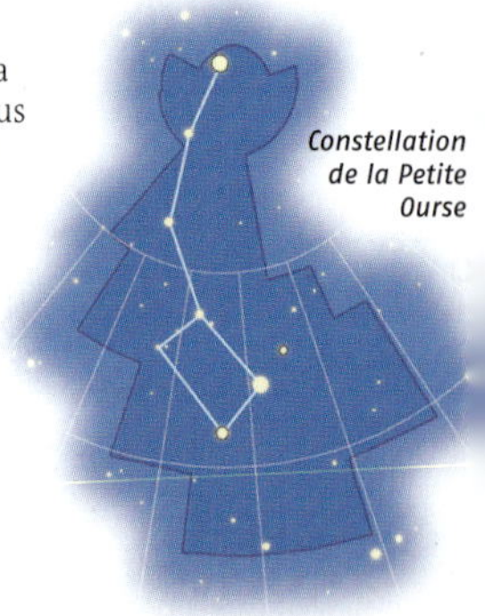

Constellation de la Petite Ourse

FÉVRIER

Haut dans le ciel, la Grande Ourse et le Lion dominent la scène. Régulus, étoile principale du Lion est bleutée, tout comme Denebola, seconde étoile de la constellation, formée d'un grand trapèze accolé à un petit trapèze. 2 petites constellations, les Chiens de chasse et la Chevelure de Bérénice, sont logées entre le Lion et la Grande Ourse.

À l'horizon, les 2 autres constellations du printemps, le Bouvier et la Chevelure de Bérénice, sont déjà là. Arcturus, étoile principale du Bouvier, est rouge, Spica, celle de la Vierge, blanc bleuté. La Couronne boréale forme un demi-cercle de petite taille sous le Bouvier.

La Voie lactée n'est pas visible dans cette portion du ciel

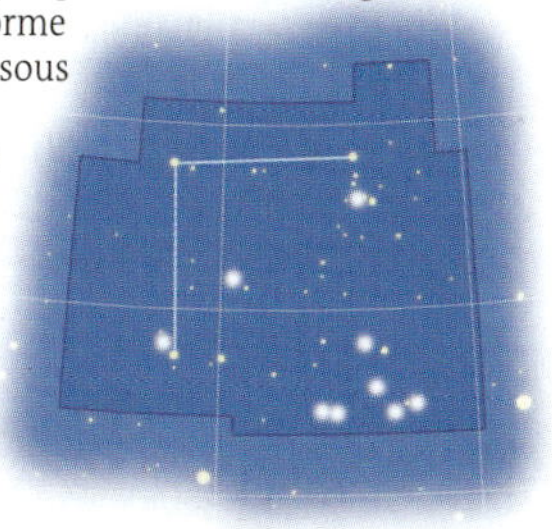

Constellation de la Chevelure de Bérénice

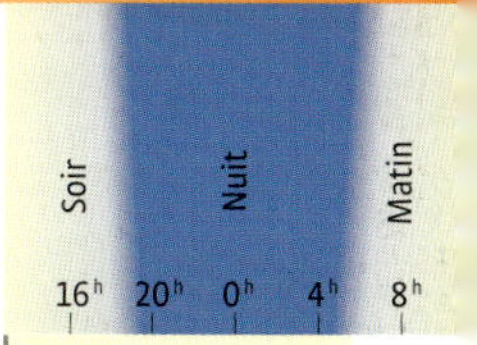

Lever et coucher du Soleil

1er fév. 7 h 23 – 16 h 46
10 fév. 7 h 09 – 17 h 01
20 fév. 6 h 72 – 17 h 17
28 fév. 6 h 37 – 17 h 30

Obscurité

1er fév. 17 h 59 – 6 h 09
10 fév. 18 h 13 – 5 h 58
20 fév. 18 h 28 – 5 h 42
28 fév. 18 h 40 – 5 h 27

Heures de Paris, temps universel (TU) = heure légale moins 1 heure (en hiver)

À la lunette *Au milieu du Y du Cancer se trouve l'amas ouvert Præsepe, la Ruche ou la Crèche, visible à l'œil nu si la Lune ne perturbe pas l'observation.*
À la lunette, Præsepe est beaucoup plus étendu que la pleine Lune.

FÉVRIER

Haut dans le ciel se trouvent les constellations discrètes du Petit Lion et du Lynx, ainsi que les pattes de la Grande Ourse. Vers le sud-ouest, on rencontre les constellations d'hiver : Cocher, Gémeaux, Petit Chien et Orion.
Entre le Lion et les Gémeaux, il y a le Cancer, formé d'étoiles peu brillantes. Præsepe en est l'élément le plus visible.
À l'horizon se trouve, tout à gauche, le Corbeau. L'Hydre est présente avec Alphard, son étoile principale, et, tout à droite, le Grand Chien avec Sirius, qui scintille.
La Voie lactée s'étend depuis le sud vers le haut, traversant les constellations d'hiver. Elle est particulièrement claire.

Constellatio de la Poup

FÉVRIER

Haut dans le ciel se trouvent les constellations peu brillantes du Cancer et du Lynx. En dessous, les constellations d'hiver : Petit Chien, Gémeaux et Cocher, avec leurs étoiles brillantes Castor, Pollux et Capella. À droite de Capella, la Girafe faiblement lumineuse, et, en dessous, Persée.

À l'horizon apparaît, tout à gauche, Sirius. Orion avec ses 7 étoiles brillantes est plus à droite, déclinant vers l'horizon. Le Taureau, avec Aldébaran, son étoile principale rougeâtre, est encore visible en son entier. Le Bélier et Andromède sont en train de disparaître.

La Voie lactée est horizontale, à travers les constellations d'hiver et d'automne.

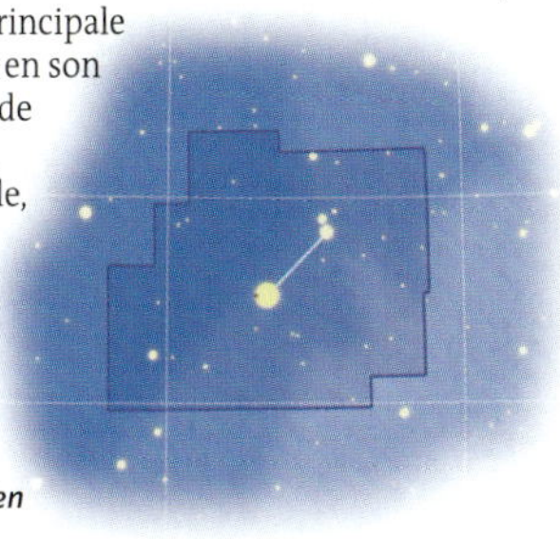

Constellation du Petit Chien

Porte d'Or *C'est au milieu du Taureau, entre les amas stellaires des Pléiades et des Hyades, que passe la trajectoire du Soleil, de la Lune et des planètes. Lorsqu'un membre du système solaire passe entre ces 2 amas stellaires, on dit qu'il est dans la « Porte d'Or de l'écliptique ».*

À savoir Les 3 étoiles les plus brillantes du ciel sont situées dans l'hémisphère sud. Seule Sirius, la plus brillante d'entre elles, est visible depuis l'Europe centrale. Canopus et Toliman (également appelée Rigil Kentaurus) ne sont pas visibles dans l'hémisphère nord.

MARS

Haut dans le ciel se trouve la Grande Ourse avec les 7 étoiles brillantes qui forment le Grand Chariot. Le coude du timon du chariot indique la direction de l'étoile Polaire, à laquelle on arrive en prolongeant de 5 fois sa longueur le segment formé par les 2 étoiles de l'arrière du chariot. Entre la Grande et la Petite Ourse se trouve le Dragon. Tout au nord-est, on voit les constellations du printemps : le Bouvier et Hercule.

À l'horizon brillent au nord-est Deneb du Cygne et Véga de la Lyre, précurseurs de l'été. Cassiopée atteint presque son niveau le plus bas sur l'horizon, mais le W de la constellation reste distinct.

La Voie lactée va du haut à gauche vers le bas à droite, mais elle est trop proche de l'horizon pour être bien visible.

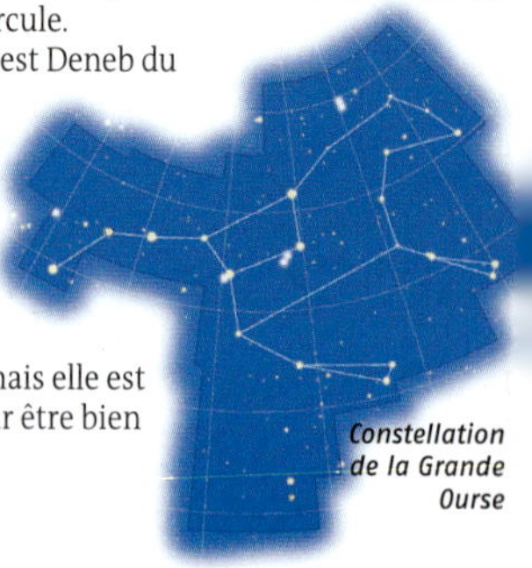

Constellation de la Grande Ourse

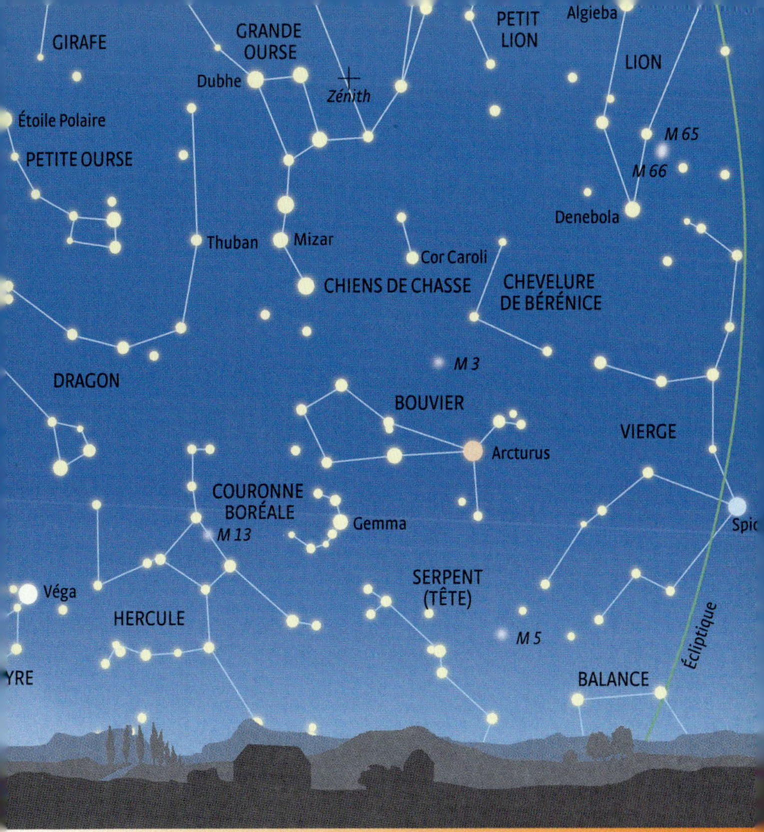

MARS

Haut dans le ciel se trouve la Grande Ourse. Si l'on suit l'arc de sa queue (le timon du chariot), on arrive à Arcturus, étoile rouge brillante, premier astre du Bouvier. Cette constellation est à l'horizontale dans le ciel, la pointe tournée vers la tête du Dragon. En haut à droite se trouve le Lion avec 2 étoiles brillantes, Régulus et Denebola, en dessous, la Vierge monte dans le ciel, avec Spica, étoile brillante d'un blanc bleuté.

À l'horizon, d'autres constellations du printemps apparaissent. Sous le Bouvier se trouve le demi-cercle de la Couronne boréale, avec Gemma, son étoile principale. À gauche, Hercule est presque entièrement levé, et, sous lui, la tête du Serpent. Au nord-est brille Véga de la Lyre.

La Voie lactée n'est visible qu'en partie, tout en bas à gauche.

Constellation du Bouvier

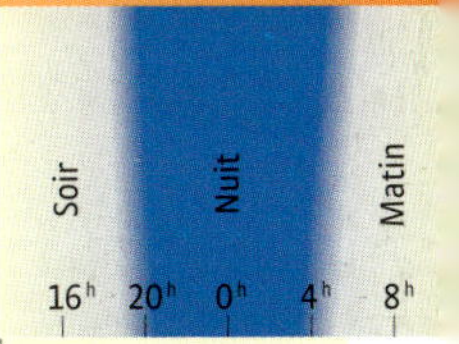

Lever et coucher du Soleil

1er mars 6 h 35 – 17 h 32
10 mars 6 h 17 – 17 h 46
20 mars 5 h 56 – 18 h 01
30 mars 5 h 35 – 18 h 16

Obscurité

1er mars 18 h 42 – 5 h 25
10 mars 18 h 56 – 5 h 07
20 mars 19 h 11 – 4 h 46
28 mars 19 h 28 – 4 h 24

Heures de Paris, temps universel (TU) = heure légale moins 1 heure (en hiver)

Sud

À la lunette Sous le grand trapèze du Lion se trouvent 2 galaxies, M 65 et M 66. De ces 2 systèmes galactiques éloignés, la lumière de dizaines de millions d'étoiles nous parvient sous la forme de deux petites taches nébuleuses.

MARS

Haut dans le ciel se trouve la Grande Ourse, avec, à ses pieds, 3 petites constellations. Sous la queue de l'Ourse, on voit les 2 étoiles des Chiens de chasse, et, plus bas, la Chevelure de Bérénice. Sous les pattes arrière de l'Ourse se trouvent le Petit Lion, puis le Lion. À gauche de la Grande Ourse, on a le Bouvier, dont la forme rappelle celle d'un cerf-volant. Les planètes passent sur la Vierge, le Lion, le Cancer et les Gémeaux.

À l'horizon, se déroule l'Hydre, marquée par Alphard, son étoile la plus brillante. Au-dessus, les petites constellations du Corbeau, de la Coupe et du Sextant.

La Voie lactée monte à droite, à la verticale, mais elle n'est pas très distincte dans ce secteur.

Constellation de la Coupe

Ouest

MARS

Haut dans le ciel, la constellation peu brillante du Lynx est sous les pattes avant de la Grande Ourse. En haut à gauche, le Lion est formé de deux trapèzes accolés. Le Lynx et le Cancer, situés en dessous, marquent la limite entre constellations du printemps et de l'hiver. On peut encore bien observer le Petit Chien, les Gémeaux, le Cocher et Persée.

À l'horizon, on voit encore des parties des constellations d'hiver, Orion et Taureau. Bételgeuse, étoile rougeâtre qui figure l'épaule gauche du chasseur d'Orion, se distingue par sa teinte et sa brillance.

La Voie lactée est parallèle à l'horizon.

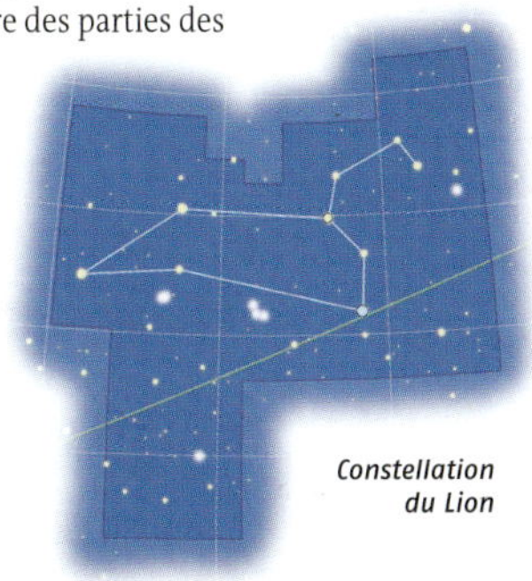

Constellation du Lion

Étoile du Soir *Au crépuscule, au printemps, Mercure et Vénus sont souvent bien visibles dans le ciel du soir. Vénus paraît plus brillante que toutes les étoiles. On l'appelle étoile du Soir, car elle brille le soir, à l'ouest.*

Nord

À savoir ***Parfois, la lueur des étoiles scintille fortement, et elles changent de couleur, surtout lorsqu'elles sont juste au-dessus de l'horizon. En réalité, cet effet est dû à la turbulence de l'atmosphère terrestre. C'est le même effet que l'on peut observer dans l'air au-dessus d'une route quand il fait très chaud.***

AVRIL

Haut dans le ciel, la Grande Ourse commence sa descente, dans sa pérégrination annuelle autour de l'étoile Polaire. La Petite Ourse, ou Petit Chariot, se balance sur sa queue. Entre la Grande et la Petite Ourse serpente le Dragon, dont la tête trapézoïdale est tournée vers Hercule.

À l'horizon, 2 étoiles brillantes encadrent le paysage : à gauche, Capella, l'étoile la plus brillante du Cocher et à droite Deneb, du Cygne. Entre les deux, la Girafe discrète, le W de Cassiopée et le pentagone de Céphée.

La Voie lactée, au niveau de l'horizon, n'est pas facile à observer.

Constellation du Dragon

Est

AVRIL

Haut dans le ciel se trouve le Bouvier, avec Arcturus, l'étoile la plus brillante de tout l'hémisphère nord. Au-dessus du Bouvier, on découvre la queue de la Grande Ourse, les Chiens de chasse et la Chevelure de Bérénice. En dessous, la Couronne boréale, petite, mais bien visible. Au milieu du ciel, Hercule, une grande constellation qui s'impose aux côtés du Bouvier.

À l'horizon, le Cygne et la Lyre sont désormais visibles en entier, annonçant l'approche de l'été. À droite, une grande partie du Serpentaire et du Serpent s'est levée. Et Antarès, première étoile du Scorpion, apparaît déjà à l'horizon.

La Voie lactée est quasiment parallèle à l'horizon.

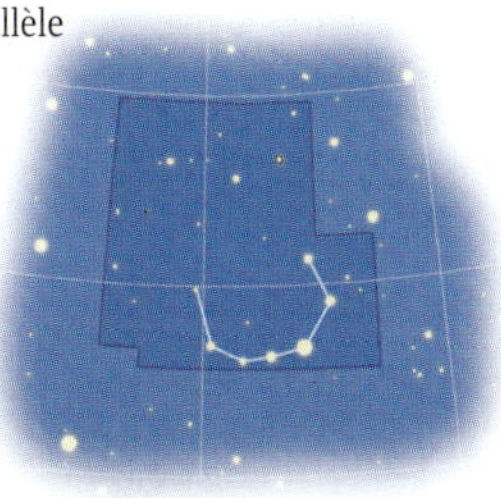

Constellation de la Couronne boréale

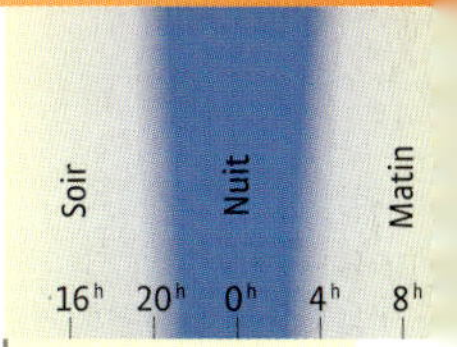

Lever et coucher du Soleil

1er avr. 5 h 31 – 18 h 19
10 avr. 5 h 12 – 18 h 33
20 avr. 4 h 52 – 18 h 48
30 avr. 4 h 34 – 19 h 02

Obscurité

1er avr. 19 h 31 – 4 h 19
10 avr. 19 h 47 – 3 h 58
20 avr. 20 h 05 – 3 h 35
30 avr. 20 h 24 – 3 h 13

Heures de Paris, temps universel (TU) = heure légale moins 2 heures (en été)

À la lunette Entre les constellations des Chiens de chasse et du Bouvier se trouve l'amas globulaire M 3, que l'on peut distinguer à la lunette. Au télescope à fort grossissement, on peut admirer la magnificence des dizaines de milliers d'étoiles qui le composent.

AVRIL

Haut dans le ciel brille le Triangle de printemps, formé par Arcturus, Spica et Régulus. Ce n'est pas une constellation, mais un astérisme aisément discernable dans le ciel, les soirs de printemps. Ces 3 étoiles appartiennent à 3 constellations différentes : Arcturus au Bouvier, Spica à la Vierge et Régulus au Lion.

À l'horizon, on a à droite la Balance, constellation assez discrète et peu brillante, tout comme le Corbeau, situé pratiquement plein sud, avec sa forme trapézoïdale aisément reconnaissable. Tout à droite, la Coupe.

La Voie lactée est si basse sur l'horizon qu'elle est pratiquement invisible.

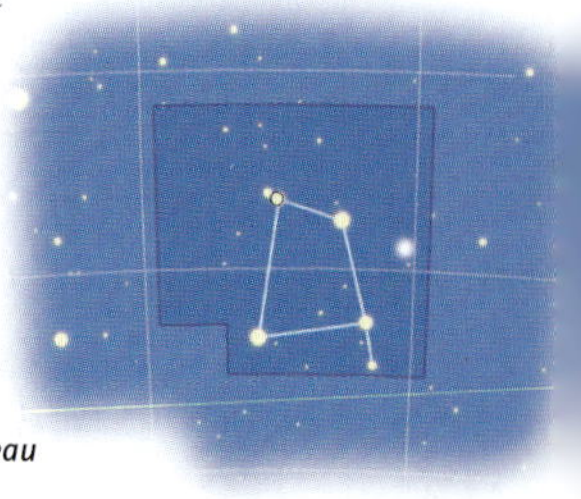

Constellation du Corbeau

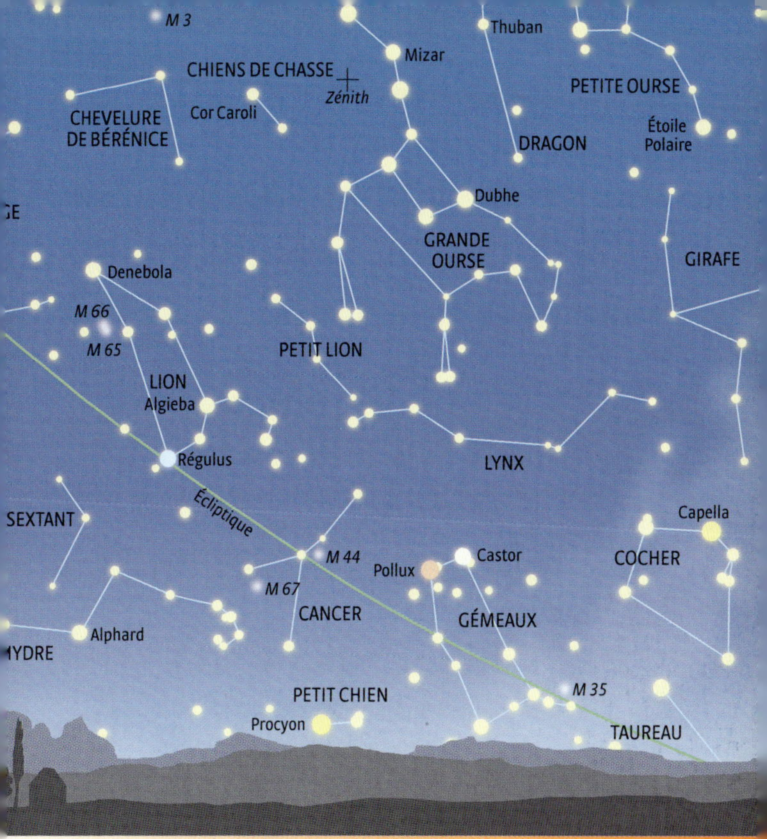

AVRIL

Haut dans le ciel, c'est la Grande Ourse qui domine le paysage. Elle occupe toujours une place importante. À gauche, en dessous, se trouve le Lion, avec Régulus, étoile de forte magnitude. Les petites constellations, Chiens de chasse, Chevelure de Bérénice, Petit Lion et Lynx complètent le tableau.

À l'horizon, on trouve la tête de l'Hydre, le Y du cancer, les Gémeaux avec Castor et Pollux, 2 étoiles brillantes et proches, et le Cocher avec Capella, son étoile principale. Les trajectoires apparentes des planètes traversent la Vierge, le Lion, le Cancer et les Gémeaux. Juste au-dessus de l'horizon brille Procyon, l'étoile la plus brillante du Petit Chien.

La Voie lactée est basse sur l'horizon et remonte légèrement vers le nord.

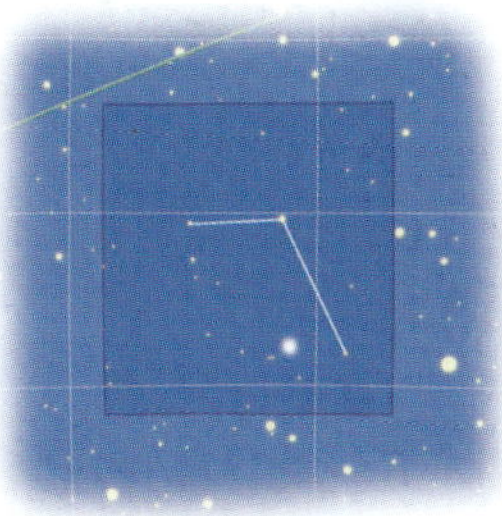

Constellation du Sextant

Le croissant de Lune
Peu après la nouvelle Lune, la Lune est très proche du Soleil dans le ciel.
Au printemps, lorsque la Lune est encore haute dans le ciel après le coucher du Soleil, on distingue très bien un mince croissant de Lune au-dessus de l'horizon, à l'ouest.

À savoir *Au cours d'une année, ce sont environ 6 000 étoiles que l'on peut observer à l'œil nu dans le ciel. Bien sûr, ce chiffre est fluctuant : il dépend de la qualité de la nuit, de la latitude du lieu d'observation et de l'expérience de l'observateur.*

MAI

Haut dans le ciel, se trouve le Dragon, dont la forme est difficile à distinguer parmi toutes les étoiles. On peut partir de la tête, qui forme un trapèze marquant. À droite du Dragon brillent Véga de la Lyre et Deneb du Cygne, et, en dessous, Céphée. À gauche du Dragon, la Grande Ourse poursuit sa descente dans le ciel, à la suite du Lynx.

À l'horizon, Capella, étoile principale du Cocher, est tout juste encore visible. Cassiopée a quitté sa position la plus basse. Tout à droite, le discret Lézard commence son ascension.

La Voie lactée monte à l'oblique de la gauche (à l'horizon) vers la droite.

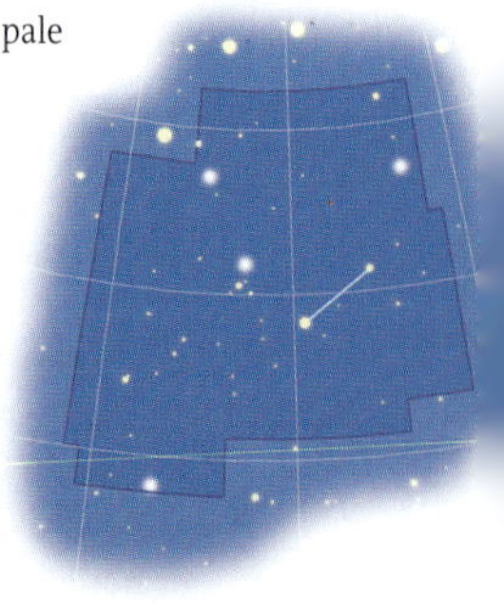

Constellation des Chiens de chasse

Est

MAI

Haut dans le ciel, le Cocher a atteint son point culminant, avec, à sa suite, la Couronne boréale et Hercule. Le Serpentaire et le Serpent sont maintenant visibles en entier. Véga, étoile brillante blanc bleuté, saute immédiatement aux yeux. C'est l'étoile principale de la Lyre, un petit losange formé de 4 étoiles de magnitude moyenne. Sous la Lyre, à gauche, vole le Cygne, dont Deneb, l'étoile principale, figure les plumes caudales et Albireo, tout à droite, la tête.

À l'horizon, l'Aigle est bien visible, avec son étoile brillante, Altaïr. À sa gauche, les constellations du Petit Renard, de la Flèche et du Dauphin.

La Voie lactée, parallèle à l'horizon, se divise en deux au niveau du Cygne.

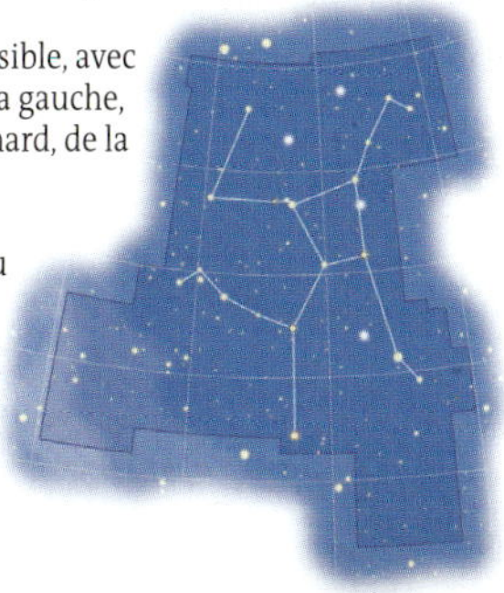

Constellation d'Herkule

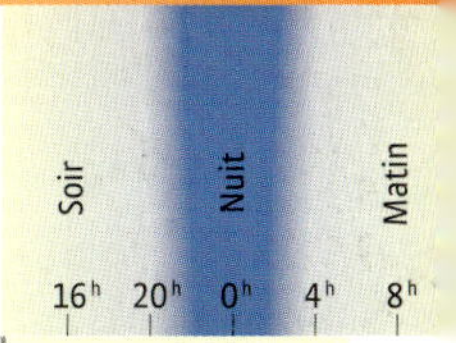

Lever et coucher du Soleil

1er mai 4 h 33 – 19 h 04
10 mai 4 h 18 – 19 h 17
20 mai 4 h 05 – 19 h 30
30 mai 3 h 55 – 19 h 42

Obscurité

1er mai 20 h 26 – 3 h 11
10 mai 20 h 44 – 2 h 52
20 mai 21 h 03 – 2 h 33
30 mai 21 h 20 – 2 h 17

Heures de Paris, temps universel (TU) = heure légale moins 2 heures (en été)

Sud

À la lunette À droite de l'étoile principale du Serpent, on peut repérer à la lunette M 5, amas globulaire. C'est l'un des amas stellaires les plus brillants du ciel boréal. Un petit télescope suffit pour y distinguer quelques étoiles.

MAI

Haut dans le ciel dominent les constellations du printemps : Hercule, Couronne boréale et Bouvier. À gauche d'Hercule, la Lyre avec Véga, son étoile brillante. Le Serpent dresse la tête entre Hercule et le Bouvier, en direction de la Couronne boréale.
À l'horizon se trouvent le Serpentaire, le Scorpion, la Balance et la Vierge. C'est là que passe la trajectoire des planètes, bien que le Serpentaire ne fasse pas partie des constellations du zodiaque. Antarès du Scorpion se distingue par son scintillement rougeâtre. En Europe centrale, on ne distingue que l'avant du Scorpion, il faut aller plus au sud pour le voir en entier. Tout à droite, le Corbeau s'apprête à disparaître.
La Voie lactée monte à la verticale depuis l'horizon, à gauche.

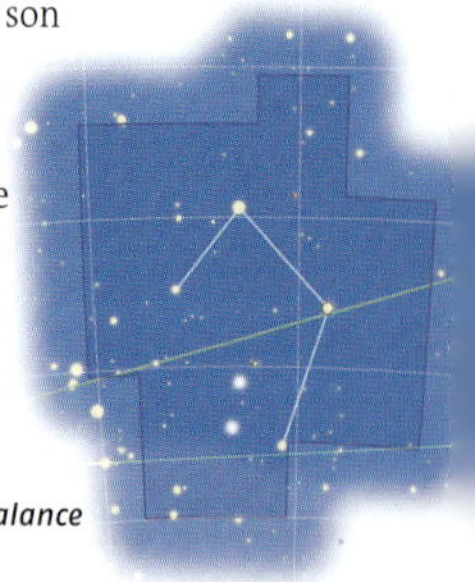

Constellation de la Balance

Ouest

MAI

Haut dans le ciel brille la Grande Ourse, avec les 7 étoiles qui forment le Grand Chariot. L'Ourse étend ses pattes vers l'horizon. Sa queue indique la direction d'Arcturus, l'étoile la plus brillante du Bouvier, à gauche de la Grande Ourse. Sous le Bouvier, on voit la Vierge.

À l'horizon, le Lion approche de son coucher. Son corps, un grand trapèze avec Régulus à l'avant et Denebola à l'arrière, est bien visible. La trajectoire des planètes dans le ciel passe par la Vierge, le Lion, le Cancer et les Gémeaux. Du Cancer et des Gémeaux, on ne voit plus qu'une partie, dont, toutefois, les étoiles brillantes Castor et Pollux.

La Voie lactée n'apparaît pratiquement pas dans cette portion du ciel.

Constellation de la Vierge

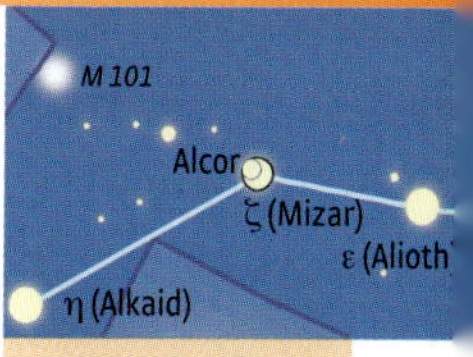

Le « cavalier » *Sur le coude du timon du chariot de la Grande Ourse, on peut distinguer à l'œil nu une deuxième étoile. Il s'agit d'Alcor, aussi appelée le « cavalier », et qui se trouve, par hasard, dans la même direction que Mizar. Pouvoir distinguer Mizar et Alcor constitue un test pour la vue.*

Nord

À savoir *En juin et juillet, le Soleil ne descend plus assez bas sous l'horizon pour qu'il fasse vraiment nuit, dans une grande partie de l'Europe centrale. La zone des « nuits blanches » commence au nord d'une ligne Strasbourg–Passau.*

JUIN

Haut dans le ciel se trouve la grande constellation du Dragon, avec, en dessous, la Petite Ourse. À droite, Céphée et le Lézard, assez discrètes et, en dessus, le Cygne et la Lyre, 2 constellations brillantes. À gauche de la Petite Ourse, on a la Grande Ourse, qui inclut le Grand Chariot. Si l'on prolonge de 5 fois sa longueur le segment des 2 étoiles qui forment l'arrière du chariot, on arrive à l'étoile Polaire.

À l'horizon, on voit bien le W de Cassiopée, qui commence à remonter dans le ciel. À droite, sous Cassiopée brillent les étoiles d'Andromède.

La Voie lactée se déploie quasi-verticalement légèrement à droite du point marquant le Nord.

Constellation de Céphée

Est

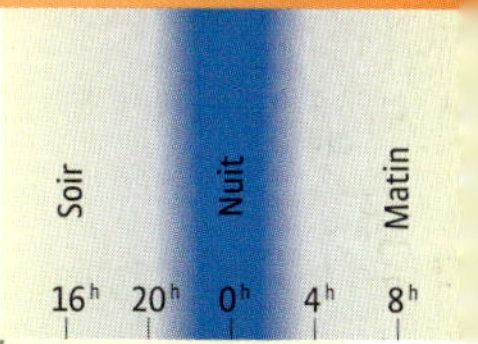

Haut dans le ciel, proche du point culminant, on a le Dragon et Hercule. En dessous, c'est le Triangle d'été, formé par les étoiles principales de la Lyre, du Cygne et de l'Aigle : Véga, Deneb et Altaïr. Cet astérisme est l'un des premiers qui apparaît après le coucher du Soleil. Le Cygne vole, toutes ailes déployées, de gauche à droite, traversant la Voie lactée. La petite constellation du Dauphin est bien visible, sous l'Aigle, à gauche.

À l'horizon, Andromède et une grande partie de Pégase se sont levés. Ce sont des constellations d'automne.

La Voie lactée, parallèle à l'horizon, traverse les constellations de Cassiopée, Céphée, du Cygne, de la Lyre et de l'Aigle.

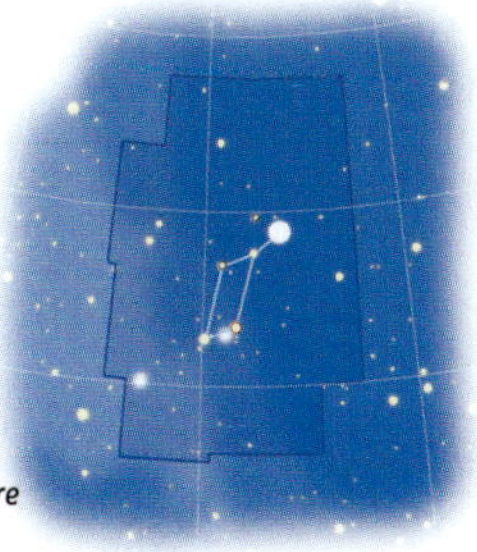

Constellation de la Lyre

Lever et coucher du Soleil

1er juin	*3 h 54 – 19 h 44*
10 juin	*3 h 49 – 19 h 51*
20 juin	*3 h 48 – 19 h 56*
30 juin	*3 h 52 – 19 h 56*

Obscurité

1er juin	*21 h 23 – 2 h 15*
10 juin	*21 h 34 – 2 h 06*
20 juin	*21 h 41 – 2 h 03*
30 juin	*21 h 40 – 2 h 08*

Heures de Paris, temps universel (TU) = heure légale moins 2 heures (en été)

À la lunette Dans le trapèze d'Hercule se trouve M 13, que l'on peut observer sans problème à la lunette. Cet amas globulaire est considéré comme le plus beau de tout l'hémisphère nord céleste. Il renferme une multitude d'étoiles.

JUIN

Haut dans le ciel, les constellations d'été dominent encore la scène. Hercule a atteint sa plus haute position, presque au zénith. Dans le trapèze de son corps, on distingue l'amas globulaire M 13 (voir encadré ci-contre). À gauche d'Hercule, les constellation d'été, Cygne et Lyre, montent dans le ciel. À droite d'Hercule, on a la Couronne boréale et le Bouvier. Sous Hercule, le Serpentaire et le Serpent ont atteint leur point culminant. Il sont suivis par l'Aigl où brille Altaïr.

À l'horizon se trouvent les constellations du Sagittaire, du Scorpion et de la Balance.

Antarès du Scorpion se distingue par sa lueur rouge.

La Voie lactée s'étend depuis les constellations d'été, à gauche, jusqu'au sud, au niveau du Scorpion.

Constellation de l'Écu de Sobieski

JUIN

Haut dans le ciel se trouvent Hercule et le Dragon, puis, plus bas, la Couronne boréale, chaîne d'étoiles en demi-cercle avec Gemma, la plus brillante. À droite du Bouvier, avec Arcturus, étoile rougeâtre, on a la Grande Ourse, et, plus bas, les petites constellations des Chiens de chasse et de la Chevelure de Bérénice. **À l'horizon,** le Triangle du printemps, avec Arcturus du Bouvier, Spica de la Vierge et Régulus du Lion, est proche du coucher. Spica, blanc bleuté, est basse, au sud-ouest. On voit encore le Petit Lion, composé d'étoiles peu brillantes, au-dessus du Grand Lion. **La Voie lactée** n'est pas visible.

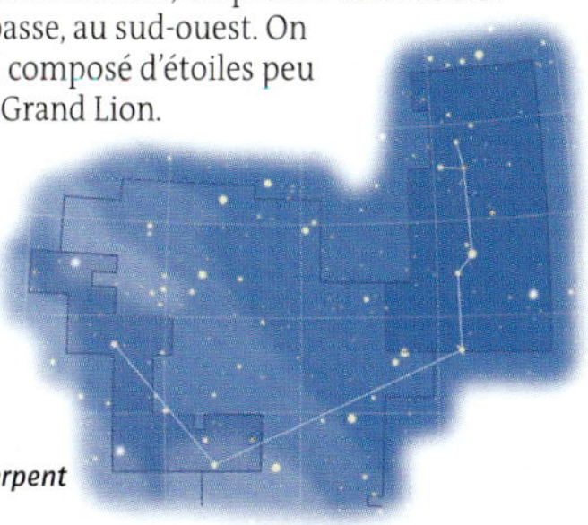

Constellation du Serpent

***Satellites** Dans le ciel du soir d'été, on voit souvent des taches lumineuses qui traversent une partie du ciel et disparaissent rapidement. Il s'agit de satellites, éclairés par la lumière du Soleil. Le plus brillant est la Station spatiale internationale ISS.*

Nord

À savoir *Peu après son lever, la Lune paraît plus grosse que lorsqu'elle est haut dans le ciel. Il s'agit d'une illusion d'optique : en réalité, son diamètre ne change pas, comme on peut le constater en l'observant à la lunette ou au télescope.*

JUILLET

Haut dans le ciel, le Dragon entame sa descente en direction du nord-ouest. La Petite Ourse pivote autour de son étoile Polaire, au bout de sa queue, comme l'aiguille d'une montre. À droite de l'étoile Polaire s'élèvent Cassiopée et Céphée.

À l'horizon, on voit à gauche la Grande Ourse, dont les pattes touchent presque l'horizon. À sa droite, la constellation de la Girafe, étendue mais peu marquante, puis Persée. Persée possède 2 étoiles brillantes : Mirphak (aussi appelée Algenib) et Algol.

La Voie lactée s'élève au nord-est vers le zénith. Elle passe sur les constellations de Persée, Cassiopée, Céphée, le Lézard et le Cygne.

Constellation du Lézard

JUILLET

Haut dans le ciel, les constellations d'été, Lyre, Cygne et Aigle, occupent leur position dominante. Entre le Cygne et l'Aigle se trouvent 2 petites constellations, le Petit Renard et la Flèche, et, plus bas, le Dauphin. À gauche de Deneb, principale étoile du Cygne, commence le pentagone de Céphée.
À l'horizon, la chaîne d'étoiles d'Andromède et le Carré de Pégase dominent le paysage. Tout à droite de Pégase, où se situe la tête du cheval ailé, sous le Dauphin, la constellation du Petit Cheval. Sous Andromède et Pégase, enfin, le Triangle et le Bélier, une partie des Poissons et une grande partie du Verseau.
La Voie lactée va de Persée et Cassiopée au nord-est à l'Aigle au sud-est.

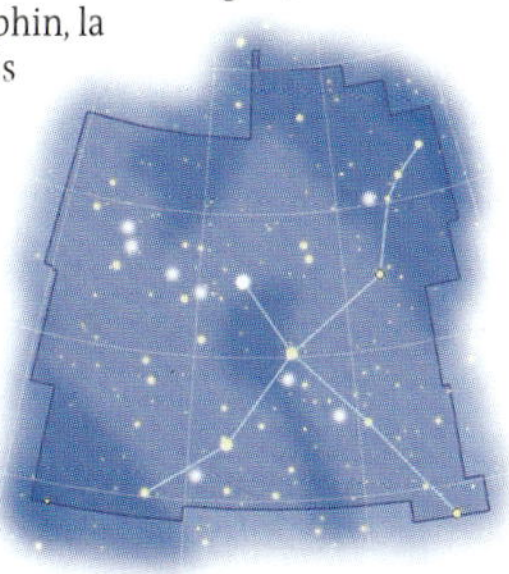
Constellation du Cygne

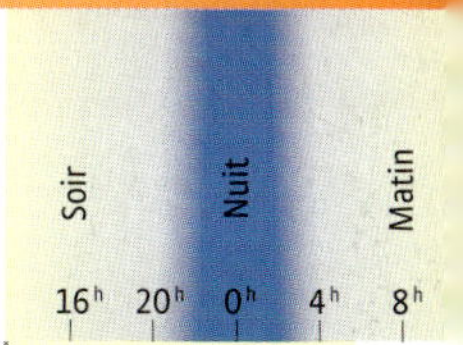

Lever et coucher du Soleil

1er juil.	*3 h 53 – 19 h 56*
10 juil.	*3 h 59 – 19 h 52*
20 juil.	*4 h 10 – 19 h 43*
30 juil.	*4 h 22 – 19 h 31*

Obscurité

1er juil.	*21 h 39 – 2 h 09*
10 juil.	*21 h 32 – 2 h 19*
20 juil.	*21 h 18 – 2 h 35*
30 juil.	*20 h 59 – 2 h 53*

Heures de Paris, temps universel (TU) = heure légale moins 2 heures (en été)

Sud

À la lunette *Au sud de l'Aigle s'étend le magnifique amas ouvert M 11, le Canard sauvage. À la lunette, on peut distinguer quelques étoiles dans le nuage diffus. Pour le résoudre, un petit télescope suffit.*

JUILLET

Haut dans le ciel brillent les étoiles du Triangle d'été : Véga, Deneb et Altaïr. Véga, blanc bleuté, est l'étoile principale de la Lyre, Deneb, bleutée, celle du Cygne et Altaïr, blanche, celle de l'Aigle. Vers le milieu du Triangle d'été, au centre de gravité, se trouve la tête du Cygne, Albireo. À droite de la Lyre, on voit Hercule et la Couronne boréale, et, en dessous, 2 constellations étendues, le Serpentaire et le Serpent.
À l'horizon, s'étendent le Bélier, le Sagittaire et le Scorpion. Le Sagittaire a atteint sa plus grande hauteur au-dessus de l'horizon.
La Voie lactée va du zénith au sud. La Voie lactée d'été est parfaitement visible, elle se divise en deux parties au niveau du Cygne.

Constellation du Petit Renard

Ouest

JUILLET

Haut dans le ciel brille Véga, étoile blanc bleuté. Sa constellation, la Lyre, forme un losange. Sous elle, Hercule est presque couché sur le côté. Son étoile principale, en bas à gauche, est proche de celle du Serpentaire, tout à gauche. Vers le nord, à droite d'Hercule, le Dragon et la Petite Ourse.

À l'horizon, la Balance et la Vierge vont se coucher. La Couronne boréale et le Bouvier sont encore présents. À droite du Bouvier, la Grande Ourse s'approche de son point le plus bas dans le ciel. Le Bouvier chasse devant lui les Chiens de chasse et la Chevelure de Bérénice.

La Voie lactée n'est visible qu'en haut à gauche, au-delà du zénith.

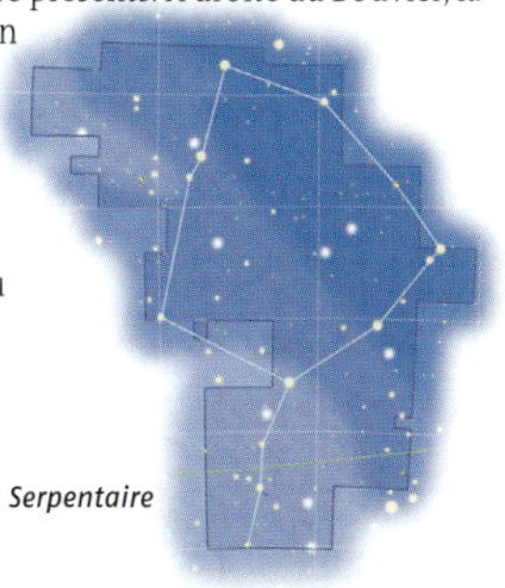

Constellation du Serpentaire

Nuages brillants

Pendant les mois d'hiver, on peut observer en direction du nord des nuages effilochés, au crépuscule. Ces nuages de cristaux de glace, en haute altitude, se voient surtout dans le nord de l'Europe.

Nord

__À savoir__ Août est le mois des étoiles filantes par excellence. Chaque année, entre le 10 et le 14 août, on peut observer une pluie d'étoiles filantes qui semblent venir de Persée.

AOÛT

Haut dans le ciel trône le pentagone de Céphée, qui reste discret à côté des étoiles brillantes voisines, comme Véga de la Lyre, Deneb du Cygne et Cassiopée. À gauche de Céphée se trouve la tête du Dragon, et, tout à droite, Andromède s'élève à la verticale. Sous Andromède se trouve Persée.

À l'horizon, la Grande Ourse a glissé ses pattes sous l'horizon, mais le Grand Chariot reste bien visible. À droite, le Cocher forme un hexagone. Capella, son étoile principale, scintille au-dessus de l'horizon.

La Voie lactée s'étend au nord-est, de l'horizon au zénith.

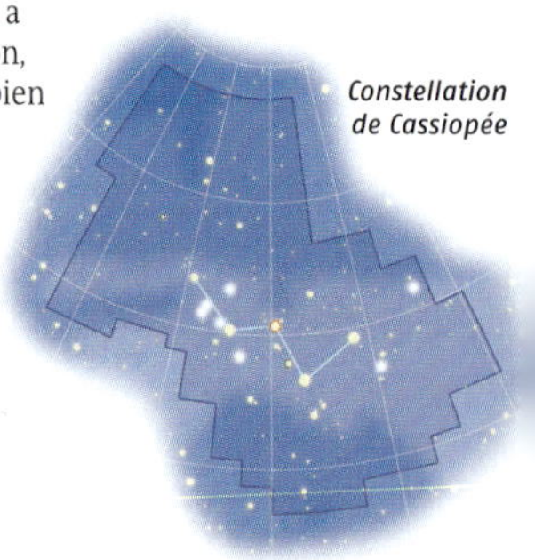

Constellation de Cassiopée

AOÛT

Haut dans le ciel se trouve le pentagone de Céphée. En dessous, Cassiopée a la forme d'un W. Les 2 grandes constellations d'Andromède et Pégase dominent le ciel de l'est. L'étoile de droite de la chaîne d'Andromède, Sirrah, est en même temps un coin du Carré de Pégase. Si l'on suit la ligne de la chaîne d'Andromède vers la gauche, on arrive sur Mirphak, de Persée.

À l'horizon, les Poissons et une partie de la Baleine se sont levés. Les petites constellations du Triangle et du Bélier complètent le décor.

La Voie lactée monte du nord jusqu'au zénith. Ses parties les plus hautes sont les plus brillantes.

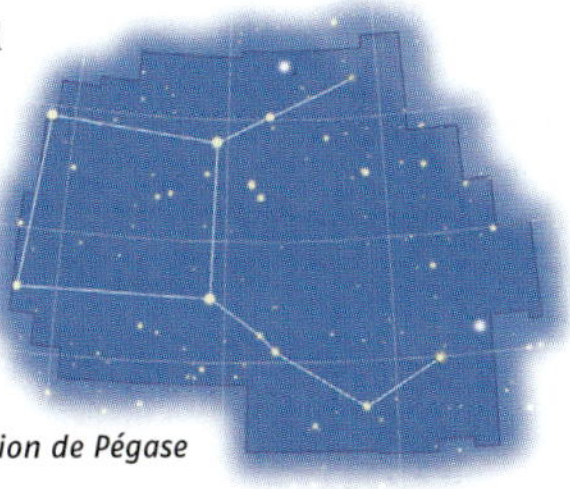

Constellation de Pégase

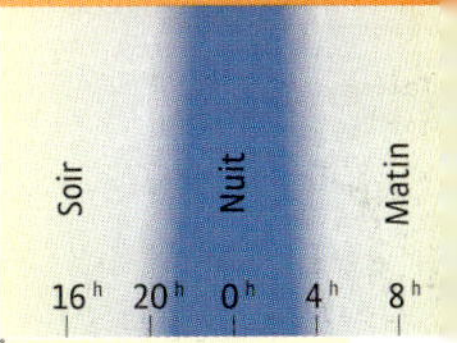

Lever et coucher du Soleil
1er août 4 h 25 – 19 h 28
10 août 4 h 37 – 19 h 14
20 août 4 h 51 – 18 h 56
30 août 5 h 05 – 18 h 36
Obscurité
1er août 20 h 55 – 2 h 57
10 août 20 h 37 – 3 h 14
20 août 20 h 14 – 3 h 33
30 août 19 h 51 – 3 h 50
Heures de Paris, temps universel (TU) = heure légale moins 2 heures (en été)

Sud

__À la lunette__ Au sud d'Albireo du Cygne s'étend la constellation du Petit Renard, dont les étoiles sont disposées en forme de cintre. Cela est plus visible à la lunette. On ne sait pas si ces étoiles sont réellement assez proches.

AOÛT

Haut dans le ciel brillent toujours Véga de la Lyre et Deneb du Cygne, qui forment, avec Altaïr de l'Aigle, le Triangle d'été. À gauche de ces constellations d'été arrivent celles de l'automne, avec Pégase en première position.

À l'horizon, on trouve le Verseau, le Bélier et le Sagittaire, qui commence à disparaître. La trajectoire des planètes passe par ces 3 constellations. Au sud du Verseau brille une étoile solitaire : Fomalhaut, astre principal du Poisson austral, dont on distingue les autres étoiles dans de bonnes conditions.

La Voie lactée part du zénith, traverse les constellations d'été et plonge à l'horizon au sud-ouest, au niveau du Sagittaire. On voit assez bien sa division dans le Cygne.

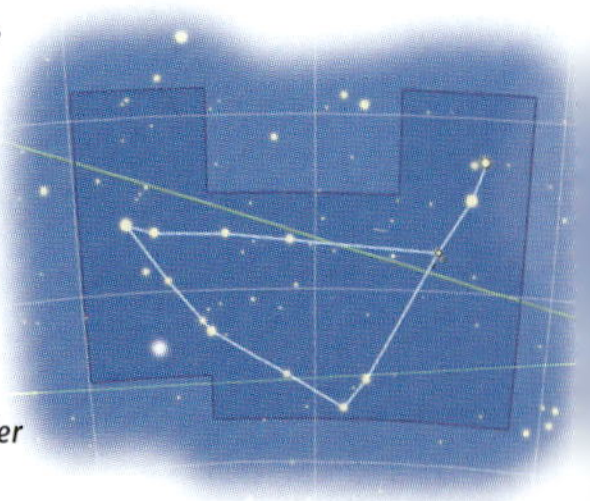

Constellation du Bélier

AOÛT

Haut dans le ciel scintille Véga, étoile blanc bleuté qui domine la Lyre. La Lyre est une petite constellation avec 4 étoiles en losange figurant le corps de la lyre (forme qui rappelle aussi un club de golf). En remontant vers le zénith, on arrive au Cygne, également appelé la « Croix du Nord ». Entre Véga et l'étoile Polaire s'étend la vaste constellation du Dragon.

À l'horizon disparaissent les dernières constellations du printemps. En ce mois d'août, on peut encore observer Hercule, le Serpentaire, la tête du Serpent, la Couronne boréale et le Bouvier.

La Voie lactée s'étend au sud-ouest, de l'horizon au zénith.

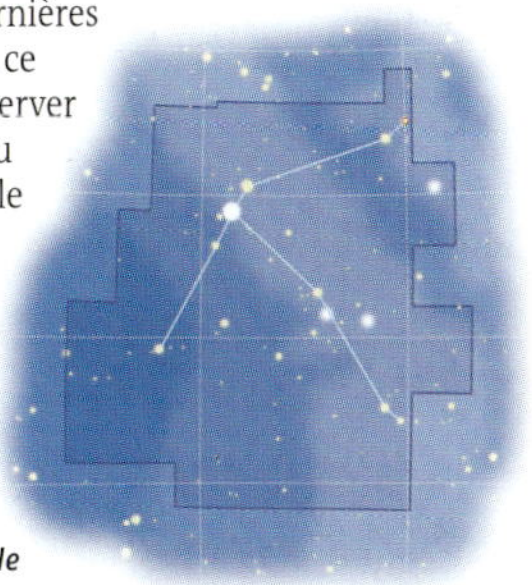

Constellation de l'Aigle

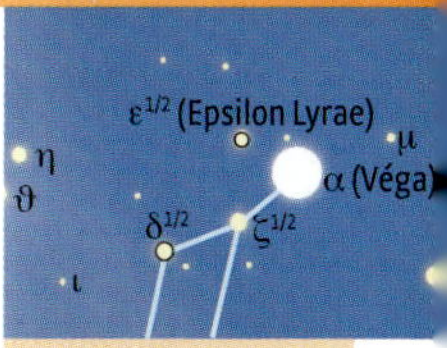

Étoile quadruple

Au-dessus à gauche de Véga se trouve une étoile peu brillante, que les personnes qui ont une bonne vue voient double. Cette étoile double, appelée Epsilon, s'avère au télescope être un système quadruple.

__À savoir__ L'étoile la plus proche de la Terre est le Soleil. À 4,22 années-lumière se trouve, dans la constellation du Centaure, Proxima du Centaure, l'étoile la plus proche de notre système solaire. Son observation nécessite le télescope.

SEPTEMBRE

Haut dans le ciel, il y a Céphée et Cassiopée, visibles toute l'année en Europe centrale. À gauche de Céphée, le Cygne et la Lyre entament leur descente vers l'horizon. Le Dragon et la Petite Ourse s'approchent également de leur position basse dans le ciel boréal. La Petite Ourse est également appelée Petit Chariot. À droite de Cassiopée, qui ressemble maintenant à la lettre M, Persée poursuit son ascension.

À l'horizon, la Grande Ourse a déjà atteint sa position la plus basse. Elle semble rouler sur l'horizon, avec ses 7 étoiles brillantes.

La Voie lactée va du sud à l'horizon nord-est, en passant par le zénith.

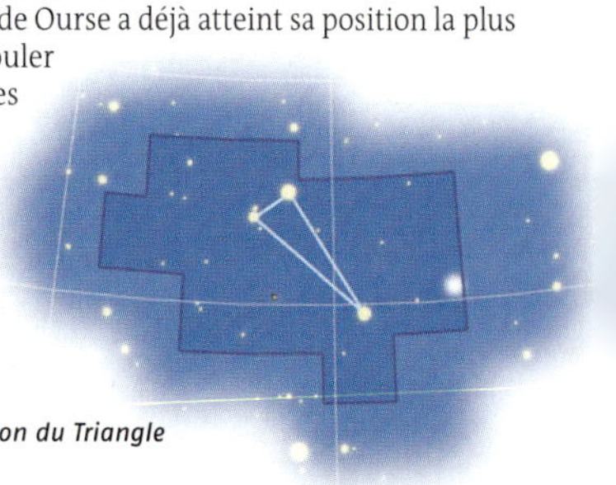

Constellation du Triangle

Est

SEPTEMBRE

Haut dans le ciel, Céphée a atteint son point culminant. Cassiopée n'est pas loin du zénith. En dessous, à droite, Andromède, attachée à Pégase, à sa droite. À gauche d'Andromède, on trouve Persée et la pâle Girafe. Sous Andromède se dessine le Triangle, et, à côté, le Bélier avec Hamal, son étoile principale. À droite du Bélier, sous le Carré de Pégase, on discerne les Poissons.

À l'horizon, le Cocher avec Capella et le Taureau avec Aldébaran se sont levés. Tout à droite s'étend la grande constellation de la Baleine.

La Voie lactée s'élève du nord-est vers le zénith. Sa zone la plus claire se situe au niveau de Cassiopée et Persée.

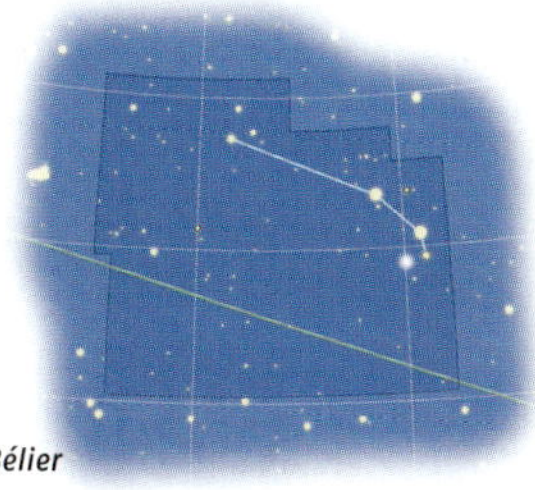

Constellation du Bélier

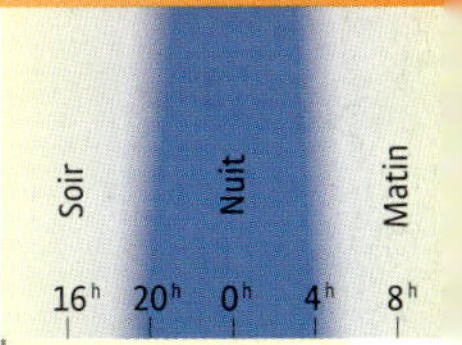

Lever et coucher du soleil

1er sept. 5 h 08 – 18 h 32
10 sept. 5 h 21 – 18 h 14
20 sept. 5 h 35 – 17 h 52
30 sept. 5 h 49 – 17 h 31

Obscurité

1er sept. 19 h 46 – 3 h 54
10 sept. 19 h 25 – 4 h 09
20 sept. 19 h 03 – 4 h 25
30 sept. 18 h 41 – 4 h 40

Heures de Paris, temps universel (TU) = heure légale moins 2 heures (en été)

Sud

À la lunette *À quelque distance à droite de l'étoile Enif de Pégase se trouve l'amas globulaire M 15, qui apparaît à la lunette comme une petite tache. Un télescope de grossissement moyen permet d'en distinguer les étoiles.*

SEPTEMBRE

Haut dans le ciel, les constellations d'automne sont maintenant bien installées. Le Carré de Pégase, ou Carré d'automne, est bien au milieu. Si l'on suit le cou de Pégase depuis le coin en bas à droite jusqu'à la tête, on arrive près de l'amas globulaire M 15 (voir encadré ci-contre). À gauche de Pégase, on a Andromède, et, en dessous, le Triangle, le Bélier et les Poissons.

À l'horizon se succèdent des constellations étendues, mais peu brillantes : Baleine, Poissons, Verseau et Capricorne. La seule étoile brillante dans ce coin du ciel est Fomalhaut, du Poisson austral.

La Voie lactée s'étend du zénith vers le sud-ouest.

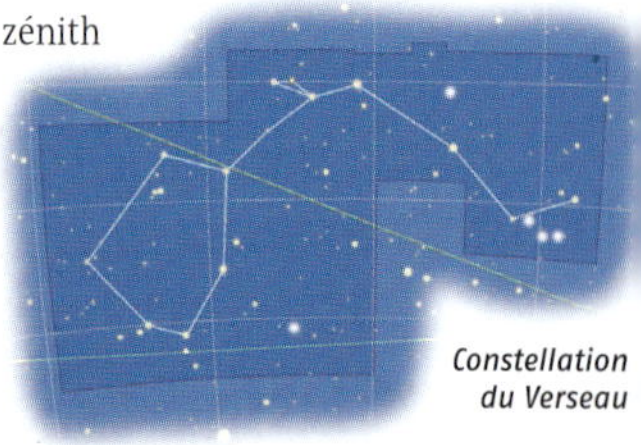

Constellation du Verseau

Ouest

SEPTEMBRE

Haut dans le ciel, on a encore les constellations d'été, le Cygne et la Lyre. Le Cygne semble piquer sur l'horizon, toutes ailes déployées, avec Deneb qui marque la queue et Albireo la tête. Au-dessus du Cygne, le Lézard reste discret, tout à côté de Céphée. **À l'horizon,** on repère tout d'abord Altaïr, étoile blanche de l'Aigle, avec, en dessus, les petites constellations du Dauphin, de la Flèche et du Petit Renard. Seul le Dauphin est facile à identifier. À droite de l'Aigle, Hercule est encore entièrement visible, tandis que la Couronne boréale touche presque l'horizon. **La Voie lactée** s'étend du zénith à l'horizon, au sud-ouest, traversant le Triangle d'été.

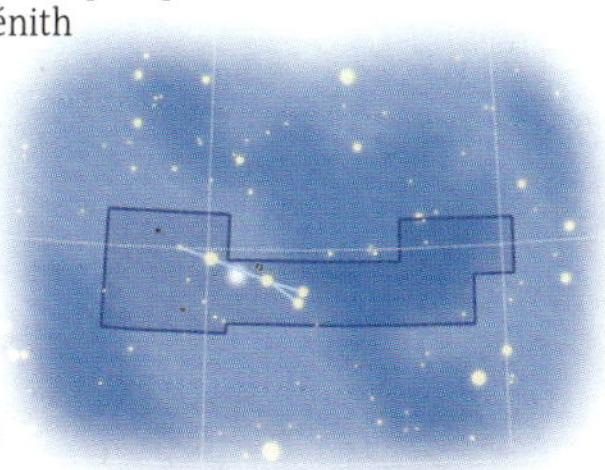

Constellation de la Flèche

***Lueurs polaires** En période de forte activité solaire, on peut observer en Europe centrale une lueur polaire, sous la forme d'un voile verdâtre ou rougeoyant dans le ciel du Nord. Ce phénomène est dû à la présence de particules chargées en provenance de l'Univers, qui font scintiller les molécules de l'atmosphère.*

À savoir Uranus a été découverte en 1781, Neptune en 1846. Ces 2 planètes peuvent s'observer à la lunette. Pluton, qui était considérée comme la neuvième planète du système solaire, a été découverte en 1930. Mais, depuis 2006, cet astre a changé de statut, devenant une planète naine, comme Cérès et Éris.

OCTOBRE

Haut dans le ciel, Cassiopée a atteint sa position proche du zénith. À sa droite, Persée avec l'étoile variable Algol, et la Girafe, constellation étendue, mais dénuée d'étoile brillante. Au nord-est, le Cocher monte toujours plus haut dans le ciel. À gauche de Cassiopée, Céphée complète le tableau.

À l'horizon, le Dragon serpente entre la Petite et la Grande Ourse. La Grande Ourse étant toujours à l'opposé de Cassiopée par rapport à l'étoile Polaire, elle se trouve en ce moment basse sur l'horizon, mais elle tend la tête et les pattes vers le haut.

La Voie lactée est parallèle à l'horizon et passe par le zénith.

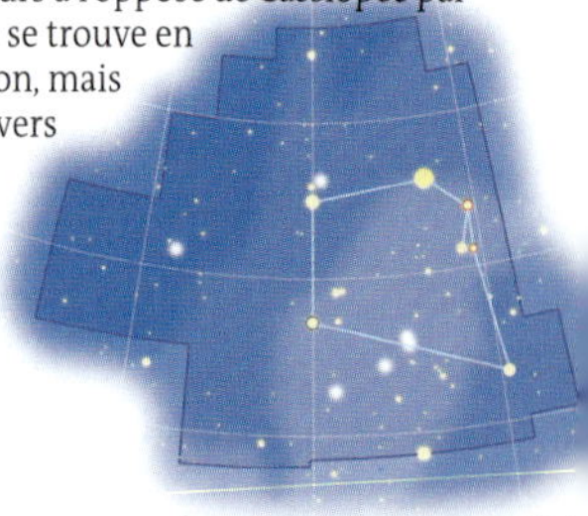
Constellation du Cocher

Est

OCTOBRE

Haut dans le ciel, Cassiopée et Andromède sautent aux yeux. En dessous, Persée et le Cocher avec Capella, étoile jaune. À droite sous le Cocher brille Aldébaran, l'œil rouge du Taureau.
À l'horizon, les Gémeaux sont apparus, avec leurs 2 étoiles brillantes, Castor et Pollux. Orion, qui s'est levé également, se repère à ses étoiles brillantes au-dessus de l'horizon. Près du Chasseur céleste apparaît la partie nord de l'Éridan. Cette constellation semble bien terne à côté des constellations d'hiver, tout comme le Lynx, à gauche du Cocher et des Gémeaux.
La Voie lactée grimpe à la verticale, jusqu'au zénith.

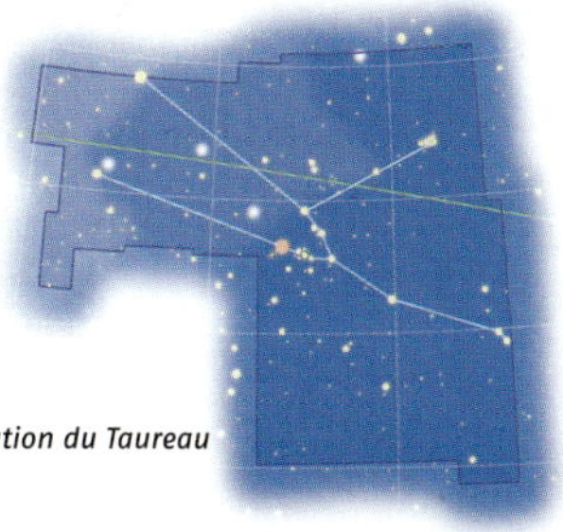

Constellation du Taureau

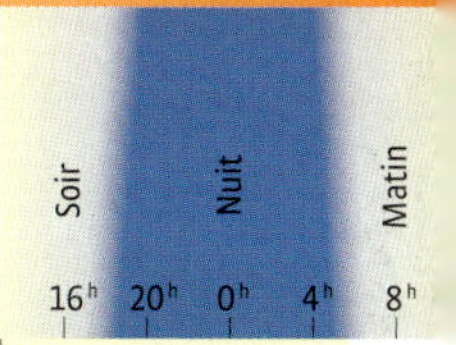

Lever et coucher du Soleil

1er oct.	5 h 51 – 17 h 29
10 oct.	6 h 04 – 17 h 10
20 oct.	6 h 19 – 16 h 51
30 oct.	6 h 35 – 16 h 33

Obscurité

1er oct.	18 h 38 – 4 h 41
10 oct.	18 h 20 – 4 h 55
20 oct.	18 h 01 – 5 h 09
30 oct.	17 h 44 – 5 h 24

Heures de Paris, temps universel (TU) = heure légale moins 2 heures (en été)

Sud

__À la lunette__ À l'extrémité de la chaîne d'étoiles qui part du milieu d'Andromède, se trouve notre galaxie voisine, M 31, la nébuleuse Andromède. C'est la seule galaxie visible à l'œil nu en Europe. Pour voir les bras spiralés, le télescope s'impose.

OCTOBRE

Haut dans le ciel, Persée et Cassiopée occupent le devant de la scène. En dessous, Andromède et Pégase, 2 autres constellations d'automne, ont atteint leur point culminant. Le Triangle et le Bélier sont plus discrets, sur leur gauche, mais ils sont plus faciles à trouver que les Poissons, constellation qui s'étend sous Andromède et Pégase.

À l'horizon, on n'a plus que des constellations d'étoiles peu brillantes : de gauche à droite, l'Éridan, la Baleine et le Verseau. La trajectoire des planètes passe par le Taureau, le Bélier, les Poissons et le Verseau.

La Voie lactée est au zénith et s'étend d'est en ouest..

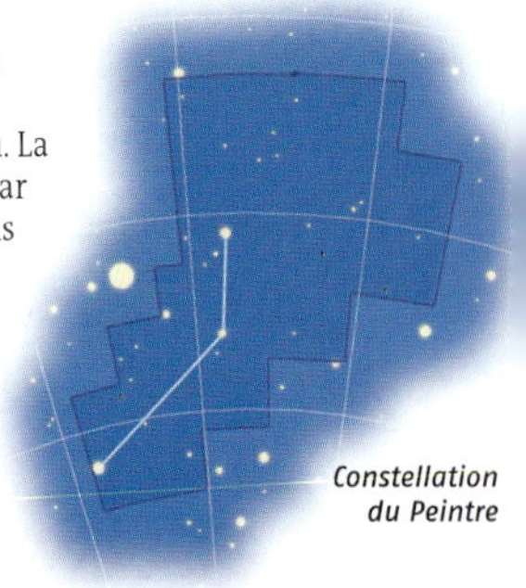

Constellation du Peintre

Ouest

OCTOBRE

Haut dans le ciel, Cassiopée et Andromède, sur laquelle se raccorde Pégase, typique par sa forme carrée. C'est une très grande constellation. À droite de Pégase, sous Cassiopée, on trouve encore le Lézard, sans étoile brillante, et Céphée.
À l'horizon, les dernières constellations d'été sont prêtes à se coucher. Altaïr de l'Aigle est proche de l'horizon. Véga de la Lyre et Deneb du Cygne sont encore plus haut. Au nord-ouest, tout en bas, on distingue encore Hercule, dernière constellation du printemps.
La Voie lactée s'étend du zénith à l'ouest, où elle plonge à l'horizon.

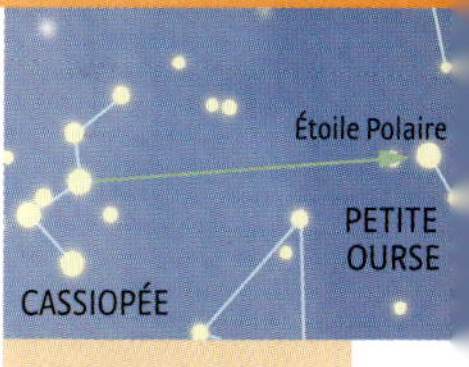

Indicateur de pôle
Il n'y a pas que la Grande Ourse, pour indiquer le pôle Nord. Si l'on prend l'étoile médiane du W de Cassiopée comme la pointe d'une flèche et que l'on suit son sens, on arrive à l'étoile Polaire.

Constellation du Dauphin

À savoir En Europe, certaines étoiles ne se couchent jamais, comme celles du Grand Chariot : on les appelle circumpolaires. La hauteur du pôle céleste sur l'horizon (ou, en simplifiant, l'altitude de l'étoile Polaire), correspond à la latitude du point d'observation.

NOVEMBRE

Haut dans le ciel se trouvent Cassiopée et la Girafe. Capella, principale étoile du Cocher, brille intensément. À droite de Cassiopée, se trouvent la Girafe et le Lynx, et sous Cassiopée, Céphée descend vers l'horizon. La Petite Ourse est déjà descendue et semble suspendue dans le ciel par l'étoile Polaire, au bout de sa queue.

À l'horizon, on a tout à gauche Véga, qui n'est plus circumpolaire en Europe centrale (voir encadré ci-contre). Par ailleurs, le Dragon et la Grande Ourse occupent une grande partie du ciel.

La Voie lactée va du zénith vers le nord-ouest, à l'horizon. Sa partie la plus claire est en haut, près du zénith.

Constellation d'Andromède

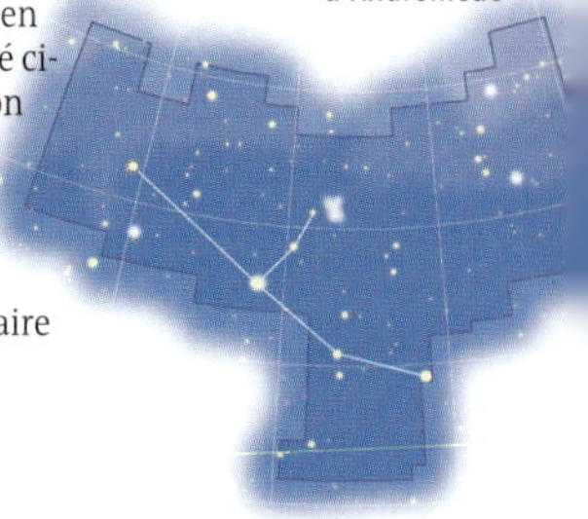

Est

NOVEMBRE

Haut dans le ciel brillent Persée, le Cocher et le Taureau. En dessous, 2 chaînes d'étoiles parallèles forment les Gémeaux, suivis, sur la droite, par le Chasseur céleste, Orion, avec ses 2 étoiles brillantes, Bételgeuse la rouge et Rigel la bleue.
À l'horizon, les dernières étoiles de l'Hexagone d'hiver ont fait leur apparition. Cet astérisme regroupe 6 étoiles brillantes de 6 constellations différentes. À l'est, on peut repérer le Cancer, et à sa droite le Petit Chien avec Procyon, et le Grand Chien dont on voit surtout Sirius, l'étoile brillante.
La Voie lactée s'étend depuis le zénith jusqu'à l'horizon sud-ouest.

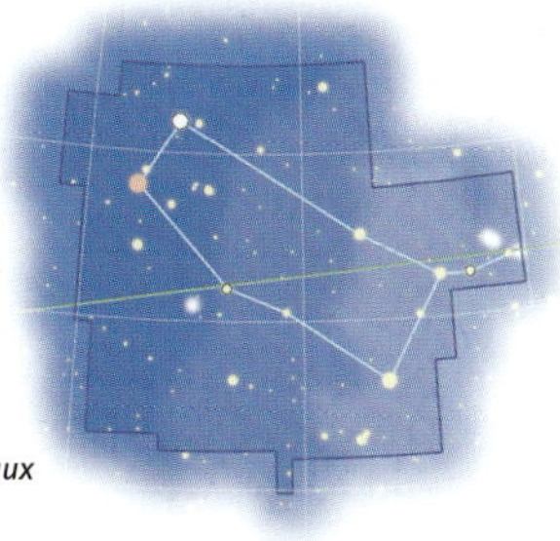

Constellation des Gémeaux

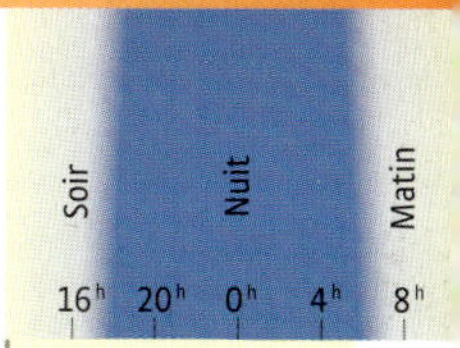

Lever et coucher du Soleil

1er nov. 6 h 38 – 16 h 29
10 nov. 6 h 53 – 16 h 16
20 nov. 7 h 08 – 16 h 04
30 nov. 7 h 22 – 15 h 56

Obscurité

1er nov. 17 h 41 – 5 h 26
10 nov. 17 h 29 – 5 h 39
20 nov. 17 h 19 – 5 h 53
30 nov. 17 h 13 – 6 h 05

Heures de Paris, temps universel (TU) = heure légale moins 1 heure (en hiver)

***À la lunette** Dans le Taureau se trouve l'un des plus beaux amas ouverts de la voûte céleste boréale : les Pléiades, qui portent le nom des sept filles d'Atlas et Pléioné. Visibles à l'œil nu, leur observation à la lunette révèle un spectacle magnifique.*

NOVEMBRE

Haut dans le ciel, on a Persée et le Cocher, dont Capella, étoile jaune brillante, se repère aisément. En dessous, le Taureau. Ces constellations d'hiver chassent maintenant les constellations d'automne du ciel du sud. Andromède, Pégase, le Triangle, le Bélier et les Poissons descendent vers l'horizon.

À l'horizon, on découvre l'Éridan, qui entre dans sa meilleure période pour l'observation. À sa gauche, la petite constellation du Lièvre, à sa droite, la grande Baleine. Orion, avec ses 7 étoiles brillantes, attire le regard.

La Voie lactée monte du sud-est vers le zénith, et se prolonge à l'ouest.

Constellation du Lièvre

Ouest

NOVEMBRE

Haut dans le ciel brille Persée, qui a atteint son zénith. Andromède entame également sa descente : pour voir son étoile la plus haute, il faut encore basculer la tête en arrière. À gauche d'Andromède, on a le Triangle, le Bélier et les Poissons. La trajectoire des planètes passe par ces 2 dernières constellations. **À l'horizon,** le Cygne est toujours là, bas, au nord-ouest. À sa droite brille Véga, étoile blanc bleuté. Pégase descend la tête la première vers l'horizon, où le Verseau a déjà entamé sa disparition.
La Voie lactée va du zénith à l'horizon nord-ouest, traversant Cassiopée et le Cygne.

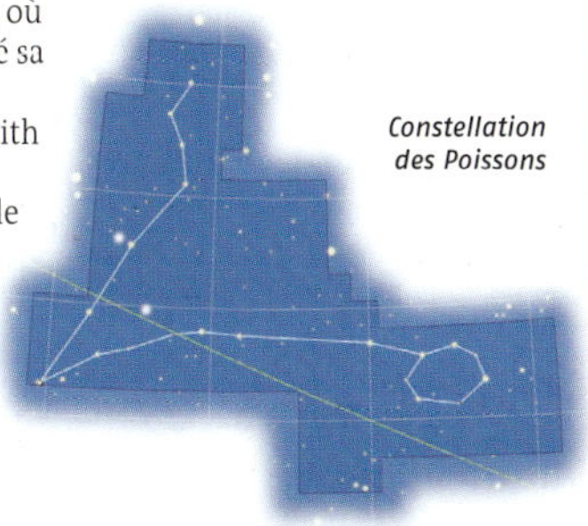

Constellation des Poissons

***Le Cygne** Bien que l'été soit déjà loin, le Cygne reste visible bas dans le ciel de l'ouest, parce que la nuit commence de plus en plus tôt en cette saison.*

***À savoir** Pendant les mois d'hiver, on a facilement l'impression que le ciel est plus lumineux. En effet, le ciel d'hiver est plus riche en étoiles brillantes qui évoluent en haut de la voûte céleste que le reste de l'année.*

DÉCEMBRE

Haut dans le ciel brillent Andromède, Persée et Cassiopée. Capella, étoile brillante jaune du Cocher, est proche du zénith. Par comparaison, la Girafe et le Lynx, à droite de Persée et Cassiopée, semblent moins lumineux. La Grande Ourse est maintenant à mi-chemin de sa remontée, tête vers le haut, queue (ou timon du chariot) vers le sol. À gauche de l'étoile Polaire, on découvre Céphée et le Lézard.

À l'horizon se trouve le Cygne, avec Deneb qui scintille fortement. À côté, on a le Dragon, dont la queue est dressée vers le haut.

La Voie lactée va du zénith à l'horizon nord-ouest

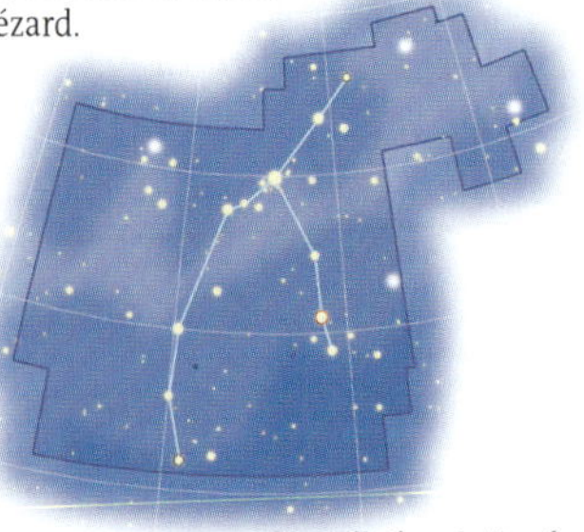

Constellation de Persée

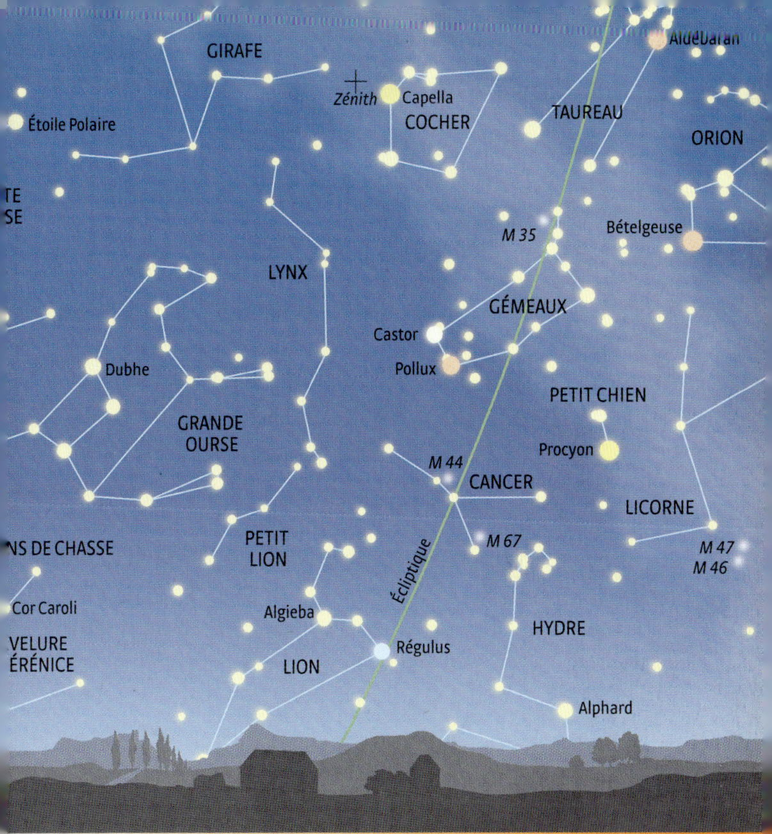

DÉCEMBRE

Haut dans le ciel domine le Cocher avec Capella, son étoile principale. À sa droite, les constellations d'hiver que sont les Gémeaux, Orion et le Taureau. Sous les Gémeaux se trouvent le discret Cancer et le Petit Chien, dont l'étoile brillante, Procyon, saute aux yeux. Tout à gauche, à mi-hauteur, la Grande Ourse étend sa tête et ses pattes avant vers le Lynx.

À l'horizon, le Lion est désormais visible en grande partie, avec Régulus, son étoile principale, qui scintille d'un éclat blanc bleuté. La tête de l'Hydre apparaît à sa droite.

La Voie lactée traverse les constellations d'hiver du zénith jusqu'à l'horizon sud-est.

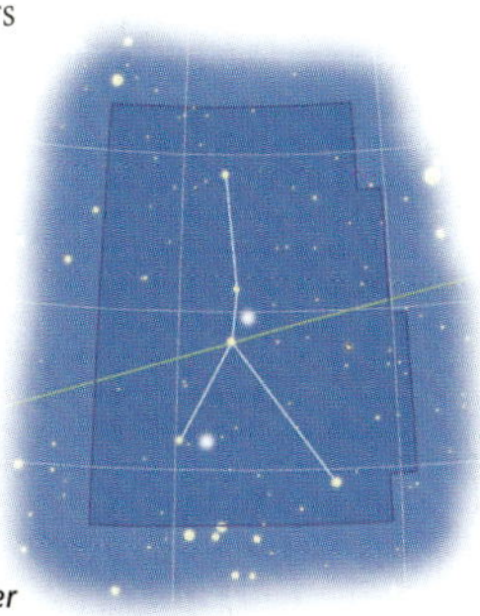

Constellation du Cancer

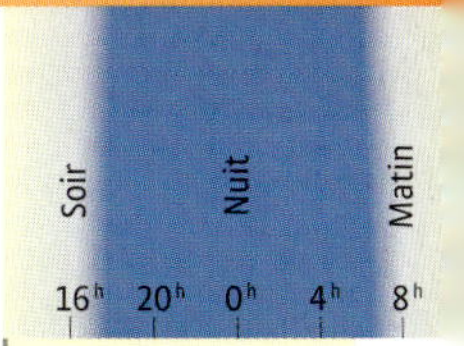

Lever et coucher du Soleil

1er déc. 7 h 24 – 15 h 55
10 déc. 7 h 34 – 15 h 52
20 déc. 7 h 42 – 15 h 54
30 déc. 7 h 46 – 16 h 00

Obscurité

1er déc. 17 h 12 – 6 h 06
10 déc. 17 h 11 – 6 h 15
20 déc. 17 h 13 – 6 h 23
30 déc. 17 h 20 – 6 h 27

Heures de Paris, temps universel (TU) = heure légale moins 1 heure (en hiver)

Sud

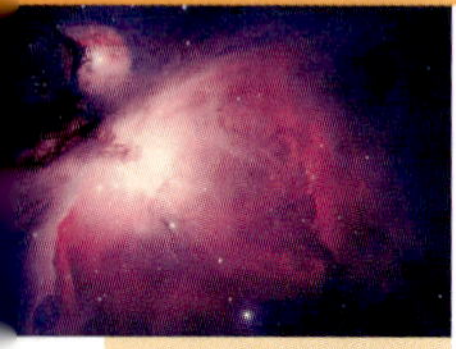

__À la lunette__ Sous les 3 étoiles qui forment la ceinture du Chasseur, Orion, on distingue à l'œil nu une tache diffuse. À la lunette, la nébuleuse d'Orion est facile à distinguer ; au télescope, c'est encore mieux. C'est une nébuleuse gazeuse qui réfléchit la lumière des étoiles.

DÉCEMBRE

Haut dans le ciel se trouve l'Hexagone d'hiver, composé de Capella du Cocher, Aldébaran du Taureau, Rigel d'Orion, Sirius du Grand Chien, Procyon du Petit Chien et Pollux des Gémeaux. La plus belle constellation d'hiver est sans conteste Orion, qui domine le tableau à mi-hauteur. Tout à droite, on voit encore quelques constellations d'automne, qui se sont décalées vers l'ouest : Andromède, le Triangle et le Bélier.
À l'horizon, on découvre le Grand Chien avec son étoile brillante : Sirius. L'Éridan a déjà atteint son point culminant, et amorcé sa descente.
La Voie lactée monte à la verticale, au-delà du zénith.

Constellation de la Licorne

DÉCEMBRE

Haut dans le ciel, le Taureau et le Cocher attirent l'attention. À côté du Cocher, Persée et la Girafe sont encore proches du zénith. Andromède domine la scène à mi-hauteur du ciel, avec sa chaîne d'étoiles pratiquement à la verticale. À sa gauche, le Triangle et le Bélier. La trajectoire des planètes traverse le Taureau, le Bélier et les Poissons.

À l'horizon, on a la Baleine et les Poissons, dont une partie a déjà disparu. À droite, le Carré de Pégase s'apprête à plonger sous l'horizon.

La Voie lactée s'étend du zénith à l'horizon nord-ouest, en passant par Persée et Cassiopée.

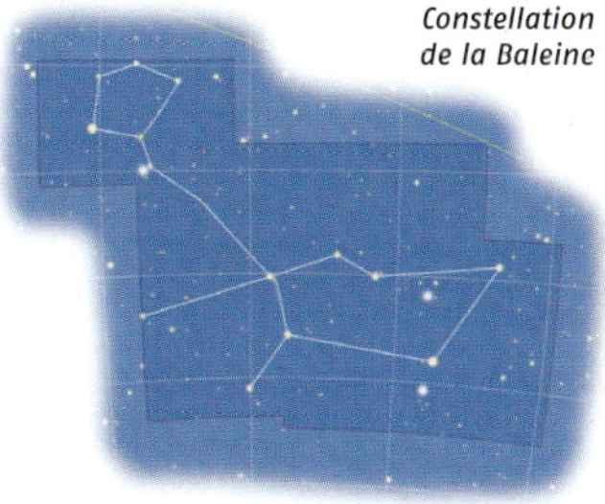

Constellation de la Baleine

Amas stellaire double *h + χ de Persée. Cet astérisme formé de 2 amas ouverts est visible à l'œil nu. À la lunette ou au télescope, les étoiles de ces amas apparaissent en nombre infini.*

À savoir De nombreuses constellations connues remontent à la Grèce antique.
Les 88 constellations officielles aujourd'hui ont été définies en 1930 par l'Union astronomique internationale, qui en a fixé les limites.

JANVIER

Haut dans le ciel se trouve le Cocher avec Capella, son étoile principale. À sa droite, la constellation du Lynx est peu brillante. La Grande Ourse est la tête en bas, à mi-hauteur du ciel, sur la droite. Sa queue, le timon du Grand Chariot, pend vers le bas. Sous le Cocher, on distingue Persée et la Girafe.

À l'horizon, on trouve à gauche Céphée, et, en dessus, le W de Cassiopée. La Petite Ourse a déjà passé sa position la plus basse et commence à remonter. On ne voit plus que la queue du Dragon.

La Voie lactée s'étend à gauche, du zénith à l'horizon, traversant les constellations d'hiver et d'automne.

Constellation de la Petite Ourse

JANVIER

Haut dans le ciel, les Gémeaux et le Petit Chien représentent les dernières constellations d'hiver dans cette direction. Castor et Pollux, les 2 étoiles brillantes des Gémeaux, ainsi que Procyon, étoile principale du Petit Chien, sont faciles à repérer. En dessous, les constellations du printemps occupent le terrain : Lynx, Cancer, Lion et Hydre. Tout à gauche, on a la Grande Ourse. Outre les étoiles brillantes du Grand Chariot, on peut repérer Denebola et Régulus du Lyon, ainsi qu'Alphard de l'Hydre.

À l'horizon apparaissent les premières étoiles du Bouvier et de la Vierge. Tout à droite se trouve la constellation discrète de la Coupe.

La Voie lactée s'étend du zénith à l'horizon, au sud-est.

Constellation de l'Hydre

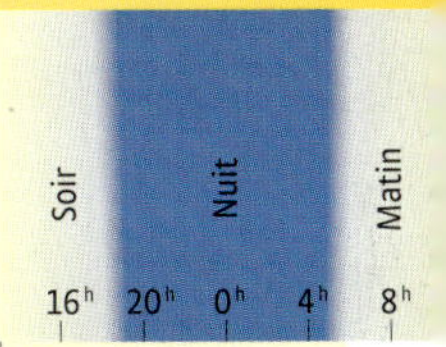

Lever et coucher du Soleil

1er janv. 7h19 – 16h17
10 janv. 7h18 – 16h26
20 janv. 7h14 – 16h38
30 janv. 7h05 – 16h51

Obscurité

1er janv. 17h27 – 6h09
10 janv. 17h35 – 6h09
20 janv. 17h46 – 6h06
30 janv. 17h57 – 5h58

Heures de Montpellier, temps universel (TU) = heure légale moins 1 heure (en hiver)

Sud

À la lunette En partant de Sirius, vers la gauche, on trouve, à la lunette, 2 amas ouverts, M 46 et M 47. M 47 est un amas d'étoiles de magnitude différente, tandis que dans M 46, elles ont une magnitude homogène.

JANVIER

Haut dans le ciel, on a les constellations d'hiver que sont les Gémeaux, le Cocher, le Taureau, Orion et le Petit Chien. Leurs étoiles principales forment, avec Sirius du Grand Chien, l'Hexagone d'hiver. À gauche de ces constellations se trouvent le Cancer, l'Hydre et le Lion.

À l'horizon, on voit tout de suite le Grand Chien, dont l'étoile principale, Sirius, est la plus brillante du ciel. À droite du Grand Chien court le Lièvre, bien visible en cette saison, et, à gauche, c'est la Poupe du Navire. Si l'on est suffisamment au sud, on peut voir cette constellation en son entier.

La Voie lactée monte de l'horizon au sud-est pour atteindre presque le zénith.

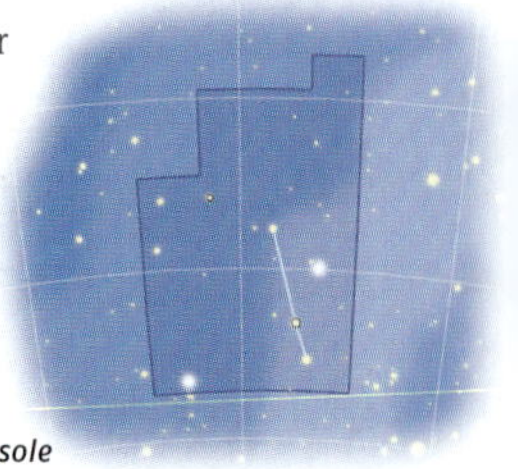

Constellation de la Boussole

Ouest

JANVIER

Haut dans le ciel, on voit le Petit Chien et les Gémeaux. En dessous, Orion, le Chasseur, se repère aisément à sa forme caractéristique et ses 7 étoiles brillantes. Il est presque couché sur le côté, et les peuples du sud l'ont souvent décrit comme un papillon. Ensuite, on a le Taureau, le Cocher, Persée, la Girafe et Cassiopée. Toutes ces constellations renferment au moins 1 étoile brillante, à part la Girafe.

À l'horizon, on peut identifier la partie nord de l'Éridan. La Baleine et les Poissons ont pratiquement disparu, mais on peut encore voir le Bélier et le Triangle. Andromède occupe la droite du ciel.

La Voie lactée s'étend de la gauche vers l'horizon nord-ouest

Constellation de l'Éridan

***Amas stellaire** Entre Algol de Persée et l'étoile supérieure d'Andromède se trouve l'amas ouvert M 34. Dans de bonnes conditions, il est repérable à l'œil nu. À la lunette, on en distingue les étoiles, qui couvrent une surface égale à celle du disque lunaire.*

Nord

À savoir Si l'on projète la trajectoire de la Terre dans le ciel, on obtient l'écliptique. C'est le long de cette trajectoire que gravitent au cours des jours, des mois et des années, notre Lune, mais aussi les autres planètes, aux orbites légèrement inclinées par rapport à celle de la Terre.

MARS

Haut dans le ciel, la Grande Ourse a atteint sa position idéale pour l'observation, les pattes arrière touchant presque le Zénith. Si l'on reporte 5 fois la distance entre les 2 étoiles qui forment l'arrière du Grand Chariot, on arrive à l'étoile Polaire. La Grande Ourse est entourée de 3 constellations moins connues : le Petit Lion, au Zénith, le Lynx à gauche de la tête de l'Ourse et les Chiens de chasse au-dessus de sa queue.

À l'horizon, Persée est encore visible, tandis que Cassiopée commence à disparaître. La tête du Dragon est à nouveau remontée, et son corps s'étend entre la Petite et la Grande Ourse.

La Voie lactée s'étend au nord-ouest, au ras de l'horizon, elle est difficile à distinguer.

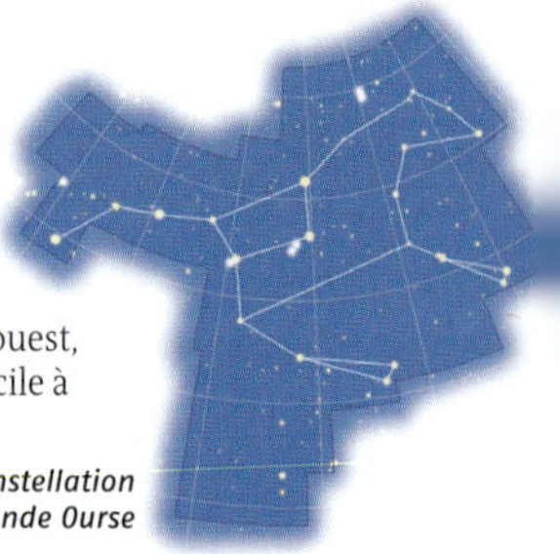

Constellation de la Grande Ourse

MARS

Haut dans le ciel, ce sont la Grande Ourse et le Lion qui dominent la scène. Sous les pattes arrière de l'Ourse se trouvent les Chiens de chasse et la Chevelure de Bérénice. Le Bouvier, avec son étoile brillante rouge, Arcturus, est en position horizontale dans le ciel, au-dessus de la petite constellation de la Couronne boréale, à la forme très typique. À droite du Bouvier, on a la Vierge, avec son étoile brillante Spica, de teinte blanc bleuté.

À l'horizon, brille tout à gauche Véga de la Lyre. Hercule est maintenant visible en son entier, avec, à sa droite, la tête du Serpent et la Balance, 2 constellations peu remarquables.

La Voie lactée est pratiquement invisible.

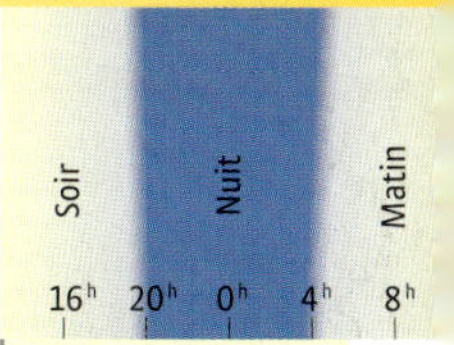

Lever et coucher du Soleil
1er mars 6 h 23 – 17 h 31
10 mars 6 h 08 – 17 h 43
20 mars 5 h 50 – 17 h 55
30 mars 5 h 32 – 18 h 07
Obscurité
1er mars 18 h 35 – 5 h 20
10 mars 18 h 46 – 5 h 05
20 mars 18 h 58 – 4 h 47
30 mars 19 h 11 – 4 h 28
Heures de Montpellier, temps universel (TU) = heure légale moins 1 heure (en hiver)

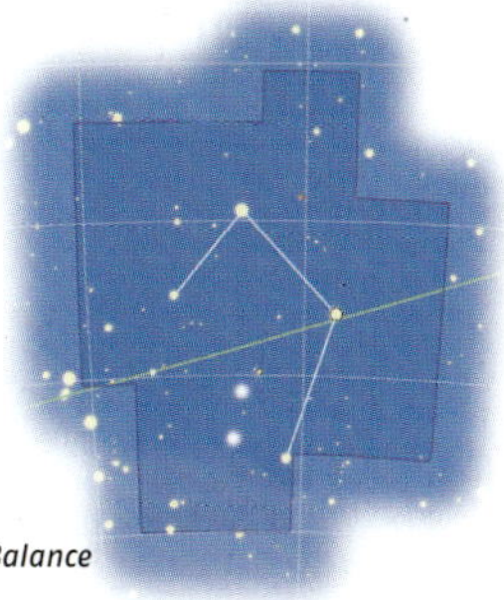

Constellation de la Balance

À la lunette Près de la pince gauche du Cancer, marquée par l'étoile Acubens, se trouve l'amas ouvert M 67, moins étendu et moins brillant que Præsepe, mais néanmoins intéressant à observer à la lunette astronomique.

MARS

Haut dans le ciel, c'est le Lion qui domine la scène, avec ses 2 étoiles brillantes, Régulus et Denebola, de teinte bleue. Tout en haut à gauche, on voit le Bouvier, et, sous le Lion, la Vierge. Le Cancer, à droite du Lion, est une constellation discrète. De grandes parties de l'Hydre sont maintenant visibles, mais ses étoiles sont difficiles à identifier. Au-dessus de l'Hydre, 3 petites constellations : le Corbeau, la Coupe et le Sextant.
À l'horizon, on aperçoit, à droite, quelques étoiles du Centaure, et à gauche le nord de la Poupe. Sous l'Hydre, on distingue 2 petites constellations : la Machine pneumatique et la Boussole.
La Voie lactée s'étend le long de l'horizon.

Constellation de la Machine pneumatique

MARS

Haut dans le ciel, le Lion et la Grande Ourse attirent le regard. Plus discrets sont le Cancer et le Lynx. La constellation de l'Hydre est relativement facile à repérer, grâce à son étoile brillante, Alphard. Les 2 chaînes parallèles des Gémeaux et le Cocher, avec Capella, sont encore bas dans le ciel. À gauche des Gémeaux scintille Procyion, étoile principale, jaune, du Petit Chien.
À l'horizon brillent Sirius du Grand Chien et Bételgeuse, l'étoile rouge d'Orion. Beaucoup d'étoiles de ces 2 constellations se sont déjà couchées. Persée occupe le bas du ciel, à droite.
La Voie lactée est parallèle à l'horizon.

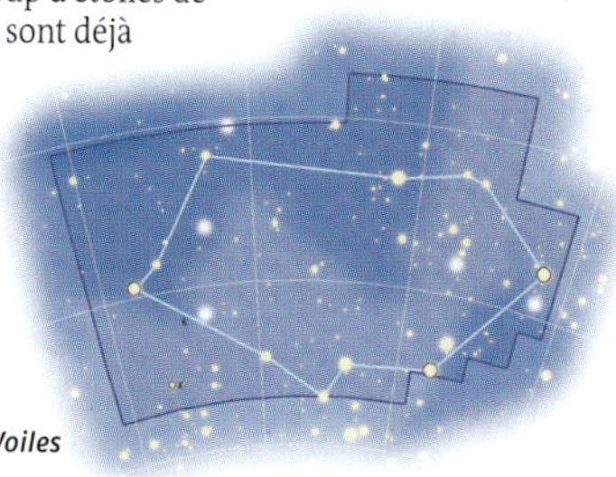

Constellation des Voiles

Lumière zodiacale
Après le coucher du Soleil ou avant son lever, on peut voir au-dessus du Soleil une lueur pyramidale due à la diffusion de la lumière solaire à travers des particules de poussière. L'observation de ce phénomène, moins brillant que la Voie lactée, demande de bonnes conditions de visibilité.

Nord

À savoir *Le Soleil, la Lune et les planètes se déplacent dans le ciel à travers 13 constellations. Il s'agit des 12 constellations du zodiaque, plus le Serpentaire, dont l'écliptique traverse la partie sud.*

MAI

Haut dans le ciel, on voit des parties du Bouvier et d'Hercule. Tout à droite brillent Véga, étoile principale de la Lyre, et Deneb, du Cygne. À gauche, la Grande Ourse descend vers l'horizon, avec, sous ses pattes arrière, le Petit Lion. Entre la Grande Ourse et le Bouvier, 2 petites constellations, les Chiens de chasse et la Chevelure de Bérénice. Les 2 étoiles des Chiens de chasse sont relativement remarquables. Le Dragon et la Petite Ourse ont atteint leur point culminant.

À l'horizon, le Lynx s'est levé (à gauche). Ensuite, on a la Girafe. Céphée s'est déjà élevée sensiblement au-dessus de l'horizon.

La Voie lactée monte depuis l'horizon nord vers le ciel de l'est.

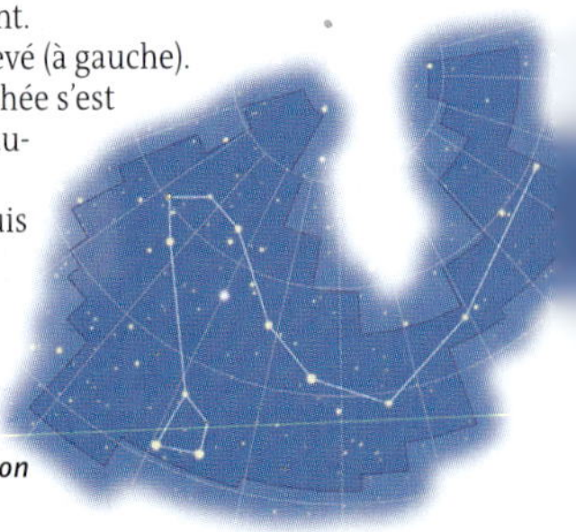

Constellation du Dragon

Est

MAI

Haut dans le ciel, le Bouvier est au zénith, avec, à sa gauche, le Dragon. Sous le Bouvier, on distingue la Couronne boréale, en demi-cercle, avec Gemma, son étoile principale. Hercule dresse la tête vers la droite, en direction du Serpent et du Serpentaire, désormais visibles en entier. Hercule marque la limite des constellations de printemps. La Lyre et le Cygne, en dessous et à gauche, annoncent l'approche de l'été.

À l'horizon, on peut voir, si les conditions sont favorables, le Lézard. Le Dauphin et l'Aigle, dont l'étoile principale, Altaïr, est blanche, sont déjà levés. Tout à droite, on a le Sagittaire.

La Voie lactée est parallèle à l'horizon.

Constellation de l'Écu de Sobieski (ou de l'Écu)

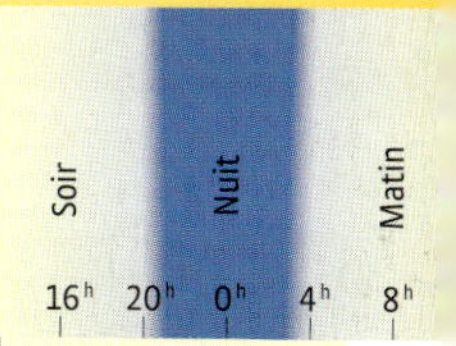

Lever et coucher du Soleil

1er mai 4 h 39 – 18 h 45
10 mai 4 h 27 – 18 h 55
20 mai 4 h 16 – 19 h 06
30 mai 4 h 09 – 19 h 16

Obscurité

1er mai 19 h 57 – 3 h 28
10 mai 20 h 10 – 3 h 13
20 mai 20 h 24 – 2 h 59
30 mai 20 h 37 – 2 h 48

Heures de Montpellier, temps universel (TU) = heure légale moins 2 heures (en été)

Sud

À la lunette Si l'on balaye l'horizon à la lunette, dans des conditions de visibilité idéales, on trouve l'amas globulaire Oméga du Centaure. C'est le plus brillant de tous les amas connus. À la lunette, on peut en distinguer quelques étoiles.

MAI

Haut dans le ciel, on a les constellations du printemps : Hercule, la Couronne boréale et le Bouvier. La Vierge, sous le Bouvier, est une constellation étendue, mais dont les contours sont difficiles à cerner. Ce qui ressort très nettement, c'est Spica, son étoile principale, blanc bleuté. Le Serpentaire forme un grand losange.
À l'horizon, le Scorpion est presque entièrement visible. Sa queue, ainsi qu'Antarès, étoile principale, rouge, sautent immédiatement aux yeux. Au-dessus des pinces du Scorpion se trouve la Balance, et, à sa gauche, le Sagittaire, au-dessus de l'horizon. Au sud, on a une partie du Centaure, visible sous cette latitude. Oméga (voir encadré ci-contre) se cache près de l'horizon.
La Voie lactée s'étend de l'est jusqu'au sud, à l'horizon.

Constellation du Centaure

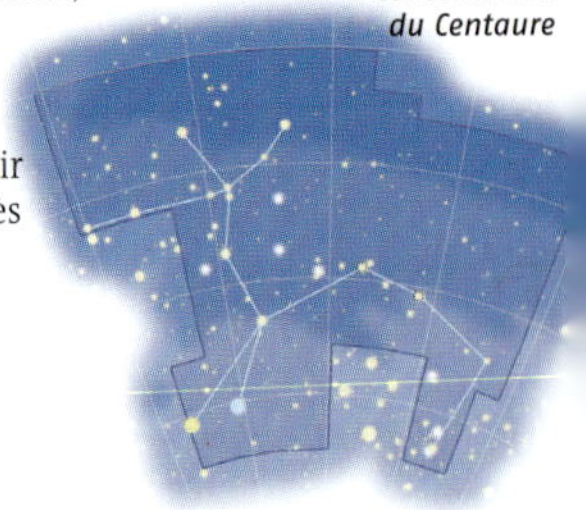

Ouest

MAI

Haut dans le ciel, le Bouvier se distingue par sa forme de cerf-volant. Son étoile principale, Arcturus, forme avec Spica de la Vierge et Régulus du Lion le Triangle du printemps (voir encadré), un astérisme marquant, mais qui n'est pas une constellation. Tout à droite, on a la Grande Ourse, qui entoure, avec le Bouvier et la Vierge, les petites constellations des Chiens de chasse et de la Chevelure de Bérénice.
À l'horizon, le Lion approche du coucher, avec, à sa droite, le Petit Lion et le Lynx. Tout à gauche, on distingue la Coupe, peu marquante, et le Corbeau, constellation en losange.
La Voie lactée n'est pas visible.

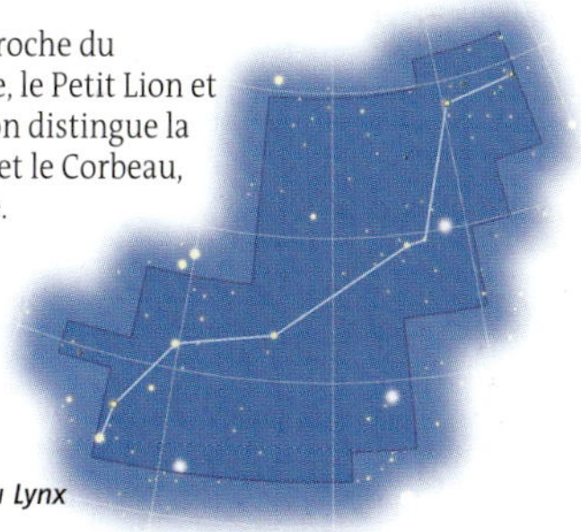

Constellation du Lynx

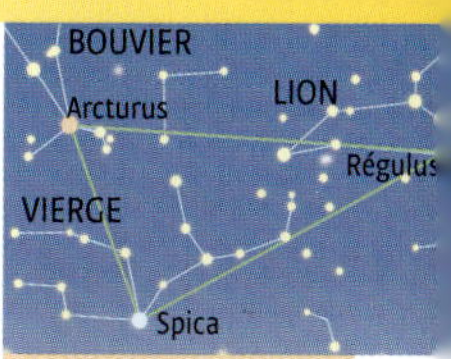

***Le Triangle du printemps** Arcturus du Bouvier, Spica de la Vierge et Régulus du Lion forment le Triangle du printemps. Il ne s'agit pas d'une constellation, mais, les soirs de printemps, ces 3 étoiles brillantes sont faciles à repérer dès le début du crépuscule. Il y a pareillement le Triangle d'été, le Carré d'automne et l'Hexagone d'hiver.*

Nord

JUILLET

Haut dans le ciel, dominent Hercule, la Lyre et le Cygne. Entre ces constellations et la Petite Ourse serpente le Dragon, avec, à sa droite, le pentagone de Céphée. À la droite de Céphée, s'élève la constellation discrète du Lézard.

À l'horizon, la Grande Ourse et Cassiopée font leur ronde autour de l'étoile Polaire de la Petite Ourse : tandis que la Grande Ourse s'approche de sa position basse, à l'horizon, le W remonte dans le ciel. Les pattes de l'Ourse sont déjà sous l'horizon. Dans le sillage de Cassiopée, la Girafe et le Persée remontent également.

La Voie lactée monte de l'horizon au nord-est jusqu'au zénith, où elle se distingue en particulier au niveau du Cygne.

Constellation de Céphée

À savoir *La durée du crépuscule dépend de la latitude du lieu d'observation. Plus on est proche de l'équateur, plus la trajectoire apparente du Soleil est perpendiculaire à l'horizon. C'est ainsi que, dans les régions tropicales et subtropicales, la nuit tombe nettement plus vite.*

Est

JUILLET

Haut dans le ciel, le Triangle d'été, formé de Véga de la Lyre, Deneb du Cygne et Altaïr de l'Aigle, est bien installé. La Lyre, petite constellation, formée essentiellement d'un losange, est au zénith. Le Cygne vole vers la droite, traversant la Voie lactée et laissant Céphée sur sa gauche. Sous l'Aigle, le Dauphin jouit d'une forme caractéristique.

À l'horizon, Andromède et Pégase se sont levés. La chaîne d'étoiles d'Andromède est connectée au Carré de Pégase. Sous Andromède, on distingue encore le Triangle, quand les conditions sont bonnes. À droite de Pégase, on a le Verseau.

La Voie lactée va du nord-est au sud, en passant par le zénith.

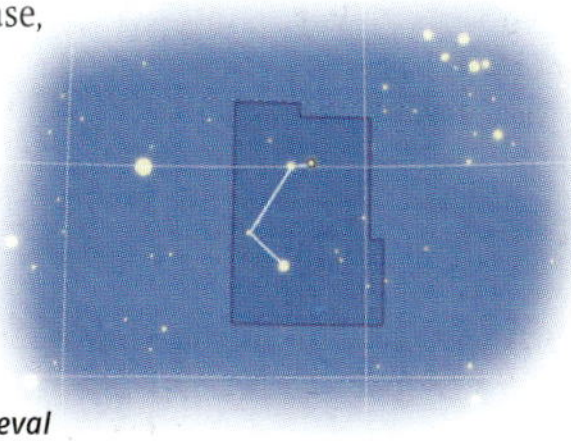

Constellation du Petit Cheval

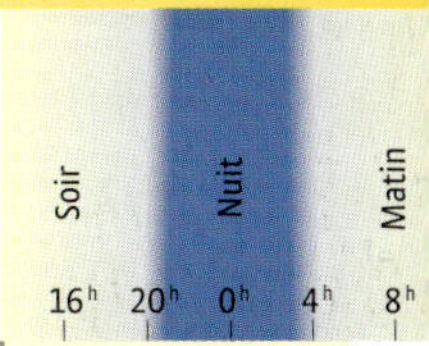

Lever et coucher du Soleil

1er juil. 4 h 08 – 19 h 28
10 juil. 4 h 14 – 19 h 25
20 juil. 4 h 22 – 19 h 19
30 juil. 4 h 32 – 19 h 09

Obscurité

1er juil. 20 h 52 – 2 h 44
10 juil. 20 h 47 – 2 h 52
20 juil. 20 h 38 – 3 h 03
30 juil. 20 h 24 – 3 h 17

Heures de Montpellier, temps universel (TU) = heure légale moins 2 heures (en été)

Sud

__À la lunette__ À droite du Sagittaire, on distingue la queue du Scorpion, et entre les deux, les amas stellaires M 6 et M 7. M 7 est le plus lumineux et le plus étendu des deux. On le distingue aisément à l'œil nu. À la lunette, on voit bien les 2 amas.

JUILLET

Haut dans le ciel, dominent le Cygne, la Lyre et l'Aigle, avec, entre ces constellations, le Petit Renard et la Flèche, plus difficiles à repérer. À gauche de la Flèche et de l'Aigle, le Dauphin dessine un petit losange, avec, à sa gauche, le Petit Cheval. À droite de la Lyre et de l'Aigle, on a Hercule, le Serpentaire et le Serpent.
À l'horizon, tout à gauche, le Poisson boréal se repère à son étoile brillante, Formalhaut. En dessus s'étend le vaste Bélier, avec, sur sa droite, le Sagittaire, en position idéale pour l'observation. La Couronne boréale forme un demi-cercle au-dessus de l'horizon. Tout à droite, le Scorpion se distingue par son étoile principale rouge, Antarès.
La Voie lactée s'étend du zénith jusqu'à l'horizon, au sud-ouest.

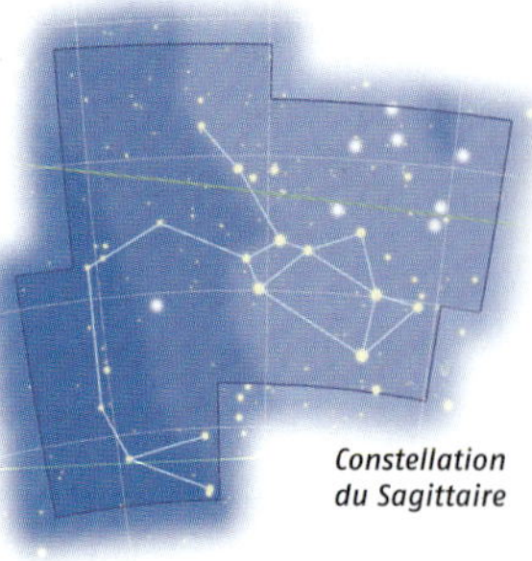

Constellation du Sagittaire

JUILLET

Haut dans le ciel, la Lyre avec son étoile blanc bleuté, Véga. En dessous, on a Hercule, dont le trapèze, le torse du héros, saute aux yeux. À gauche d'Hercule, le Serpentaire est encore bien visible, et, à droite, serpente le Dragon. **À l'horizon,** on a à gauche la Balance, avec, à droite, en dessus, la tête du Serpent. Le Bouvier, avec Arcturus, s'approche également de son coucher. La Couronne boréale descend dans son sillage. Tout à droite, le ciel est occupé par les Chiens de chasse et la queue de la Grande Ourse. La Chevelure de Bérénice, au ras de l'horizon, n'est visible que dans des conditions favorables. **La Voie lactée** va du zénith jusqu'à l'horizon, au sud-ouest.

Constellation du Scorpion

Le rayon vert *Plus le Soleil est bas à l'horizon, plus la réfraction de sa lumière dans l'atmosphère est importante. Dans les cas extrêmes, on peut observer au coucher ou au lever du Soleil la décomposition de cette lumière, comme à travers un spectre. Le rayon vert fait partie de ce phénomène naturel.*

Nord

À savoir En moyenne, il se produit chaque année 2 ou 3 éclipses du Soleil et 1 à 2 éclipses de Lune. Mais les éclipses du Soleil sont toujours limitées à une zone géographique restreinte, ce qui fait qu'on voit plus d'éclipses de Lune, proportionnellement.

SEPTEMBRE

Haut dans le ciel, on a à gauche la Croix du Nord, le Cygne, avec, à sa droite, la chaîne d'étoiles d'Andromède, accompagnée par le Triangle et le Bélier. Entre le Cygne et Andromède se trouve la constellation discrète du Lézard. À gauche, sous le Cygne, la Lyre descend. Céphée, Cassiopée et Persée sont à nouveau bien visibles.

À l'horizon brille une partie de la Grande Ourse, qui n'est plus circumpolaire sous ces latitudes. Cette constellation a atteint sa position la plus basse. En dessus, on distingue le Dragon et la Petite Ourse, avec l'étoile Polaire. Tout à droite brille Capella, l'étoile principale du Cocher.

La Voie lactée s'étend d'ouest en est en passant presque au zénith.

Constellation de Cassiopée

SEPTEMBRE

Haut dans le ciel brillent les étoiles d'Andromède et du Carré de Pégase. À leur gauche, Céphée est moins brillante, mais Cassiopée se distingue. Si l'on prolonge la chaîne d'Andromède vers le bas, on arrive à Persée. À droite sous Andromède s'étendent le Triangle et le Bélier, puis, plus loin, les Poissons, constellation peu visible, qui remplit l'espace entre Pégase, le Verseau et la Baleine.
À l'horizon brillent Capella du Cocher et Aldébaran du Taureau, 2 constellations qui annoncent l'hiver. À droite se trouve la Baleine.
La Voie lactée monte de l'horizon nord-est vers le zénith.

Constellation du Fourneau

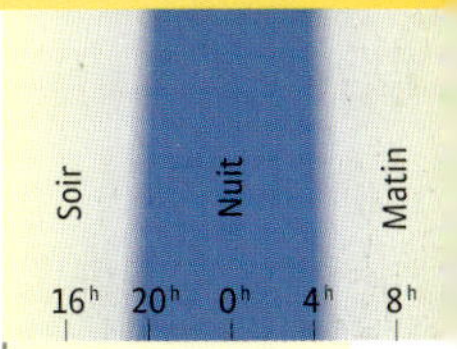

Lever et coucher du Soleil
1er sept. 5 h 09 – 18 h 20
10 sept. 5 h 19 – 18 h 03
20 sept. 5 h 30 – 17 h 45
30 sept. 5 h 41 – 17 h 27
Obscurité
1er sept. 19 h 26 – 4 h 03
10 sept. 19 h 08 – 4 h 14
20 sept. 18 h 49 – 4 h 26
30 sept. 18 h 30 – 4 h 38
Heures de Montpellier, temps universel (TU) = heure légale moins 2 heures (en été)

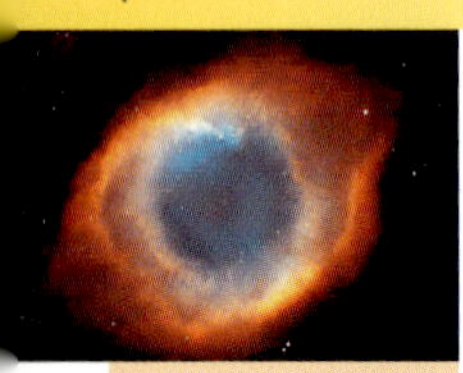

***À la lunette** Un peu à droite de Fomalhaut se trouve la nébuleuse planétaire la plus proche de nous. NGC 7293 dans le Verseau n'est qu'à 300 années-lumière et occupe dans le ciel la moitié de la surface du disque lunaire. En l'absence de pollution lumineuse, on peut l'observer à la lunette.*

SEPTEMBRE

Haut dans le ciel, on distingue déjà de nombreuses constellations d'automne. Les plus hautes sont également les plus brillantes : Andromède et Pégase. À l'étage en dessous, on a le Triangle, le Bélier, la Baleine, les Poissons et le Verseau. Ces 3 dernières sont étendues, mais peu lumineuses.
À l'horizon, le Poisson austral a atteint son point culminant, avec son étoile brillante blanc bleuté, Fomalhaut. À droite au-dessus de lui, on a le Capricorne, constellation d'automne peu brillante. À gauche du Poisson austral s'étend le Sculpteur, et tout en bas à l'horizon, le Phénix et la Grue.
La Voie lactée est à l'ouest.

Constellation du Poisson austral

SEPTEMBRE

Haut dans le ciel, on voit une partie de Pégase, avec, à sa droite, le Lézard et Céphée. Tout à gauche, on distingue une partie du Verseau, et le Capricorne. Le Cygne, à droite sous Pégase, attire le regard. Son étoile principale, Deneb, scintille d'une lueur bleutée, légèrement moins forte que celle de Véga, blanc bleuté, étoile principale de la Lyre. À gauche d'Albireo (voir encadré ci-contre), la tête du Cygne, on a le Petit Renard, la Flèche et le Dauphin. **À l'horizon** domine l'Aigle avec Altaïr, la blanche, et, à sa droite, Hercule.
La Voie lactée s'étend presque du zénith vers l'horizon sud-ouest.

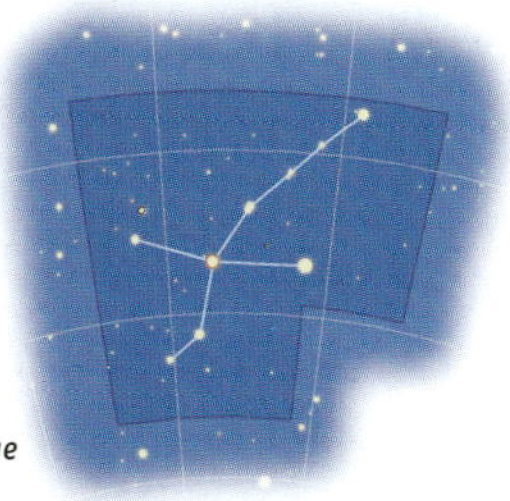

Constellation de la Grue

***Étoile double** La tête du Cygne est un système binaire contrasté d'une grande beauté. Les deux composants d'Albireo, l'un orange, l'autre bleu, offrent à l'amateur équipé d'un petit télescope un spectacle d'un contraste saisissant.*

À savoir *La galaxie d'Andromède (M 31), dans la constellation du même nom, est visible à l'œil nu. C'est l'objet céleste le plus éloigné que l'on puisse observer sans instrument optique.*

NOVEMBRE

Haut dans le ciel se succèdent Andromède, Persée et le Cocher. Leurs étoiles brillantes, 3 dans Andromède, Mirphak dans Persée et Capella du Cocher dessinent un grand arc de cercle qui s'étend sur trois mains tendues. Sous Andromède et Persée, on retrouve le W de Cassiopée et la Girafe.
À l'horizon, brille, sur la gauche, Deneb du Cygne. Le Dragon, la Petite et la Grande Ourse occupent le reste du ciel. Le Dragon a atteint sa position la plus basse, la Grande Ourse a déjà entamé sa remontée : on la voit presque entière, sauf les pattes arrière et la queue.
La Voie lactée s'étend en diagonale, du bas à gauche en haut à droite.

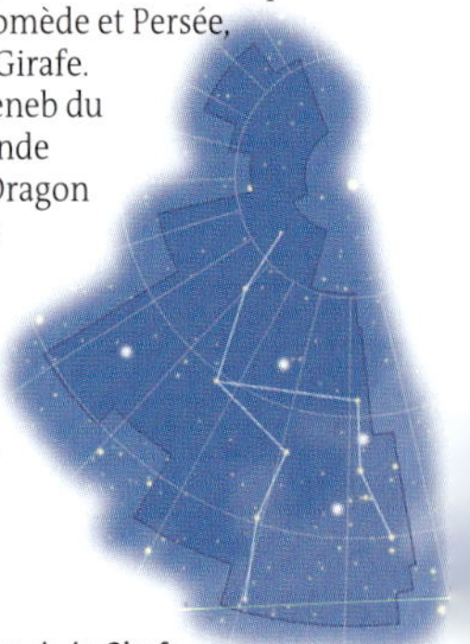

Constellation de la Girafe

Est

NOVEMBRE

Haut dans le ciel brille Persée, formé de 2 chaînes d'étoiles réunies au niveau de Mirphak. À gauche de Persée se trouve la Girafe, et, en dessous, le Cocher avec Capella, étoile brillante jaune. Puis vient le Bélier en forme de V, dont l'étoile brillante rouge, Aldébaran, forme l'œil. Plus bas, les Gémeaux alignent leurs 2 chaînes d'étoiles, qui se terminent par Castor et Pollux, sur la gauche. À droite, le Chasseur, Orion, avec, à ses pieds, le Lièvre.
À l'horizon, l'œil est attiré par Procyon du Petit Chien et Sirius du Grand Chien. La Licorne, entre ces 2 constellations brillantes, passe facilement inaperçue.
La Voie lactée s'étend du zénith vers le sud-est.

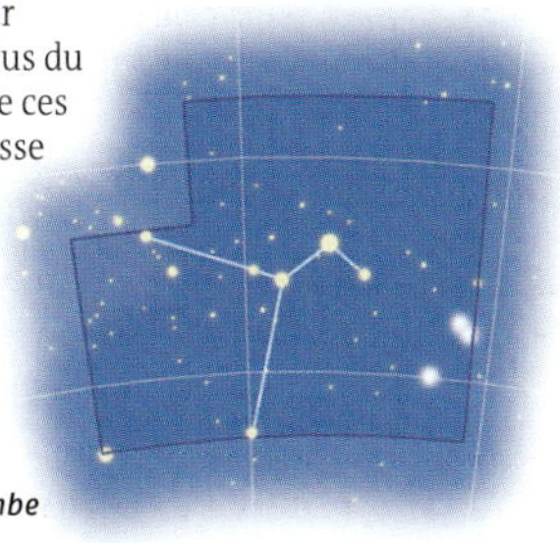

Constellation de la Colombe

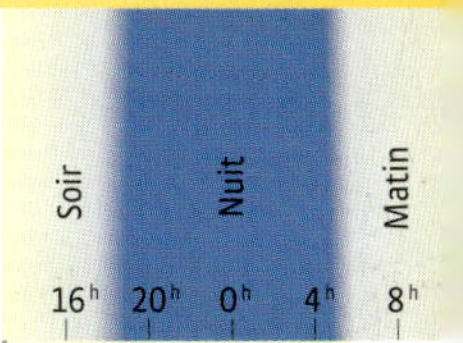

Lever et coucher du Soleil
1er nov. 6 h 21 – 16 h 35
10 nov. 6 h 33 – 16 h 24
20 nov. 6 h 46 – 16 h 14
30 nov. 6 h 58 – 16 h 08
Obscurité
1er nov. 17 h 40 – 5 h 16
10 nov. 17 h 30 – 5 h 26
20 nov. 17 h 22 – 5 h 38
30 nov. 17 h 17 – 5 h 49
Heures de Montpellier, temps universel (TU) = heure légale moins 1 heure (en hiver)

Sud

À la lunette *Si l'on part de la chaîne médiane d'Andromède, non pas en direction de la galaxie d'Andromède, mais dans la direction opposée, on arrive à M 33. Cette galaxie spirale, que l'on voit de face, nécessite de bonnes conditions d'observation.*

NOVEMBRE

Haut dans le ciel, les constellations d'automne passent le relais à celles d'hiver. À droite dominent encore les constellations d'automne : Andromède, le Triangle, le Bélier, les Poissons et la Baleine. À gauche, le Taureau et Orion entrent en scène.

À l'horizon, on découvre tout d'abord Sirius, étoile brillante du Grand Chien, et, plus haut, la petite constellation du Lièvre. L'Éridan a atteint sa position optimale, plein sud. C'est une constellation étendue, dont l'étoile la plus brillante n'apparaît pas, même en Méditerranée. Tout à droite, le discret Sculpteur replonge sous l'horizon.

La Voie lactée est tout à gauche.

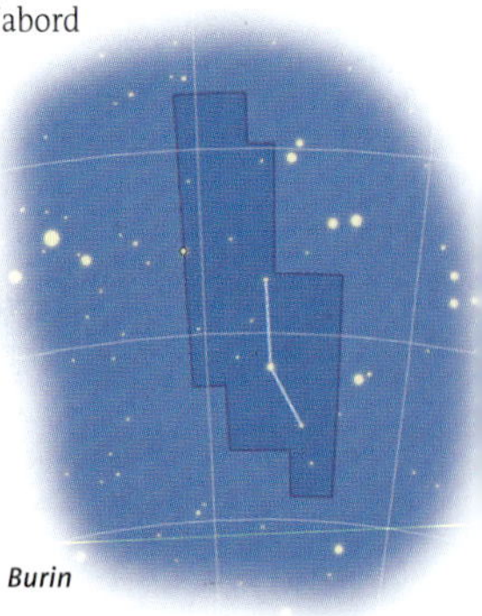

Constellation du Burin

Ouest

NOVEMBRE

Haut dans le ciel, Persée domine la scène avec Andromède et Cassiopée, en forme de M ou W. À gauche d'Andromède, on distingue 2 petites constellations, le Triangle et le Bélier. La Baleine et les Poissons attirent peu l'œil. Andromède est presque à la verticale sur le Carré de Pégase. À droite de Pégase, on a le Lézard et Céphée.
À l'horizon, le Verseau poursuit sa descente totale. Du Cygne, on ne voit plus que la partie nord : on distingue encore Deneb la bleutée, et les ailes déployées.
La Voie lactée s'étend du zénith à l'horizon nord-ouest.

Constellation du Sculpteur

L'étoile du matin
L'automne, avant le lever du Soleil, on distingue très bien les planètes Mercure et Vénus, car elles sont assez hautes dans le ciel à ce moment. Vénus est appelée l'étoile du Matin.

Petit lexique des termes techniques

Amas galactique : Association de plusieurs galaxies liées entre elles par la gravitation.

Amas stellaire : Concentration locale d'étoiles liées entre elles par la gravitation.

Amas globulaire : Amas stellaire très dense, contenant typiquement une centaine de milliers d'étoiles.

Amas ouvert : Amas groupant environ 100 à 1 000 étoiles de même âge et liées entre elles par la gravitation, dont la dimension moyenne est de 10 à 15 années-lumière.

Année-lumière : Unité de distance dans l'Univers. Une année-lumière correspond à la distance parcourue par la lumière en une année, soit 9 460 milliards de kilomètres.

Aphélie : Point de l'orbite d'une planète le plus éloigné du Soleil.

Aplatissement : Mesure de l'ellipticité, rapport entre les rayons équatorial et polaire d'une planète. Les planètes gazeuses comme Jupiter sont plus aplaties, du fait de leur rotation rapide, que les planètes minérales comme la Terre.

Astéroïde : Petit corps qui tourne autour du Soleil, également appelé petite planète ou planétoïde. La plupart des astéroïdes sont situés dans la ceinture principale, entre Mars et Jupiter.

Aurore australe : Voir Aurore polaire.

Aurore boréale : Voir Aurore polaire.

Aurore polaire : Phénomène lumineux caractérisé par des sortes de voiles extrêmement colorés en altitude, qui s'explique par la présence de particules attirées par le champ magnétique de la Terre et éclairées par le Soleil. On l'appelle Aurore boréale dans l'hémisphère nord, Aurore australe dans l'hémisphère sud.

Binaire à éclipses : Étoile binaire dans laquelle le plan de révolution des 2 astres se trouve sensiblement dans la ligne de vision de l'observateur, ceux-ci s'éclipsant mutuellement de façon périodique.

Ceinture de Kuiper : Zone du système solaire s'étendant au-delà de l'orbite de Neptune. On ignore l'étendue exacte de cette zone, dont fait partie, par exemple, Pluton.

Ceinture principale : Zone située entre les orbites de Mars et Jupiter, et dans laquelle évolue la majorité des astéroïdes.

Céphéides : Catégorie d'étoiles variables qui présentent une variation très régulière de la magnitude sur quelques jours.

Chevelure de la comète : Nom donné à l[a] traînée lumineuse, faite de poussière e[t] particules gazeuses, qu'une comète per[d] lorsqu'elle s'approche du Soleil. Cette traînée atteint plusieurs millions de kilomètre[s] de longueur.

Circumpolaire : Se dit d'un objet qui, depuis un endroit donné sur Terre, ne s[e] couche jamais sous l'horizon. Ces étoiles e[t] objets du ciel profond sont visibles tout[e] l'année, à une latitude géographique donnée, autour du pôle céleste.

Comète : Objet du système solaire compo[s]é de gaz gelés, de poussière et minéraux, e[t] qui se déplace en orbite elliptique très éti[rée] autour du Soleil. Lorsqu'une comèt[e] s'approche du Soleil, elle s'accompagn[e] d'une longue traînée lumineuse.

Constellation : Ensemble d'étoiles dont le[s] projections sur la voûte céleste sont suff[i]samment proches pour qu'une civilisatio[n] les relie par des lignes imaginaires, traçan[t] ainsi une figure sur la voûte céleste. Aujourd'hui, la voûte céleste est divisée e[n] 88 constellations.

Culmination : Quand un astre passe pa[r] son point de hauteur maximum, on d[it] qu'il culmine ou qu'il est à sa culmination.

Degré : Unité de mesure d'angle. Un cercl[e] a 360 degrés, un arc de 90 degrés s'éten[d] par exemple de l'horizon au zénith. Chaqu[e] degré se subdivise en 60 minutes d'arc, [et] chaque minute en 60 secondes.

Distance focale d'un système optique Mesure de sa puissance de convergence (fo[cus]) ou divergence (diffusion) de la lumiè[re]. Distance entre la lentille d'un objectif ou miroir central d'un télescope et le point c[ù] convergent tous les rayons lumineux (foyer).

Échelle de magnitude : Mesure de la lum[i]nosité d'un objet céleste observé depuis [la] Terre : l'étoile la plus brillante a la magn[i]tude 1, et l'étoile la moins brillante, ma[is] néanmoins perceptible à l'œil nu, la magn[i]tude 6. La magnitude augmente d'une un[i]té lorsque l'émission de rayons lumineu[x] est divisée par 2,51. Les objets très brillan[ts] ont une magnitude négative : pour la pl[ei]ne Lune, – 13, Jupiter, – 2,9.

Éclipse de Lune : Passage de la Lune da[ns] l'ombre de la Terre. L'éclipse est totale lo[rs]que la Lune est entièrement dans l'omb[re], sinon, elle est partielle.

Éclipse du Soleil : Phénomène qui se produit lorsque la Lune se place devant le Soleil, occultant totalement ou partiellement l'image du Soleil depuis la Terre.
Écliptique : Projection de la trajectoire de la Terre sur la voûte céleste. Le zodiaque évolue le long du plan de l'écliptique.
Équateur céleste : Projection de l'équateur terrestre sur la sphère céleste, ainsi divisée en deux moitiés.
Étoile : Boule de plasma (gaz très chaud) dont le diamètre (plusieurs centaines de milliers de kilomètres) et la densité sont tels que le cœur atteint la température nécessaire à l'amorçage de réactions de fusion nucléaire. L'étoile la plus proche de nous est le Soleil.
Étoile double : 2 étoiles qui tournent autour du centre de gravité du système qu'elles constituent. Voir étoiles multiples. On parle de « double optique » lorsque les 2 étoiles ne forment pas un système binaire, mais se trouvent par hasard sous le même angle de visée depuis la Terre.
Étoile multiple : Système gravitationnel (ou système stellaire), composé de plusieurs étoiles, appelées « composantes », en orbite les unes autour des autres. Lorsqu'il y a deux composantes, on parle d'étoile double.
Étoile principale : Généralement l'étoile la plus brillante d'une constellation.
Étoiles de type R Coronae Borealis (RCB) : Classe d'étoiles variables dont l'éclat chute brusquement sans périodicité apparente pour remonter progressivement ensuite. Ce sont des supergéantes.
Galaxie : Assemblage d'étoiles plus riche en matière qu'un amas globulaire, et maintenu par la gravité. Presque toutes les étoiles de l'Univers font partie d'une galaxie.
Grand Nuage de Magellan : Galaxie naine en orbite autour de la Voie lactée.
Grossissement : La distance focale du télescope divisée par celle de l'oculaire donne le grossissement. Chaque appareil a donc un grossissement maximal spécifique.
Groupe local : Ensemble d'une quarantaine de galaxies dont fait partie la nôtre, la Voie lactée, ainsi que celle d'Andromède.
Horizon : Ligne qui semble séparer le ciel de la Terre. L'horizon réel est souvent plus bas que l'horizon apparent, car les reliefs, les maisons et la végétation masquent la vue.
Jumelles : Dispositif optique constitué de deux lunettes optiques montées en parallèle.
Jupiter : Cinquième planète de notre système solaire, la plus grande et la plus massive de toutes.
Limite de résolution : Plus petite distance angulaire entre 2 étoiles pour laquelle on peut encore distinguer les 2 étoiles ou deux détails à la lunette.
Lumière zodiacale : Faible lueur triangulaire qui peut être perçue dans le ciel nocturne et qui s'étend à partir des environs du Soleil le long du plan de l'écliptique (ou du Zodiaque qui lui a donné son nom).
Lune : Dans le sens strict, le satellite de la Terre. Mais de nombreuses planètes possèdent également une lune.
Lunette astronomique : Dispositif à objectif « réfracteur » (la lumière traverse les parties optiques, elle est « réfractée »).
M : Abréviation pour les objets du catalogue Messier, une liste d'objets du ciel profond relativement brillants. Charles Messier, astronome français, éminent chasseur de comètes, a établi ce catalogue au XVIIe siècle pour ne pas confondre ces objets avec des comètes.
Magnitude : Mesure de l'irradiance (éclairement énergétique) d'un objet céleste observé depuis la Terre. La magnitude des étoiles varie fortement : certaines sont 10 000 fois plus faibles que le Soleil, tandis que les jeunes étoiles, très massives, sont 1 million de fois plus brillantes que le Soleil.
Magnitude absolue : Magnitude apparente qu'aurait l'astre s'il était placé à une distance de 32,6 années-lumière.
Magnitude apparente : Voir Magnitude.
Mars : Quatrième planète du Système solaire. Mars est semblable à la Terre en ce sens que cette planète possède des calottes polaires, des saisons et une atmosphère. Mais elle est plus petite et plus sombre que la Terre, et son atmosphère est bien plus mince.
Masse : Quantité de matière dans un objet. La masse est directement liée à la force d'attraction. La gravité, ou force d'attraction, augmente avec la masse.

Mer lunaire : Grande étendue de lave sombre sur la Lune (*mare*, en latin).
Mercure : Planète la plus proche du Soleil. Mercure est petite, chaude et parsemée de cratères.
Méridien : Grand cercle imaginaire tracé sur la sphère céleste et passant par les pôles célestes. Les étoiles et autres objets du ciel sont à leur point le plus haut lorsqu'ils traversent le méridien. C'est le point culminant.
Météore : Traînée lumineuse produite dans le ciel par l'entrée dans l'atmosphère terrestre d'un corps solide venant de l'espace.
Météorite : Corps matériel provenant de l'espace extra-atmosphérique et qui atteint la surface de la Terre. On appelle astéroïde le corps céleste dans l'espace et météorite lorsqu'il s'écrase sur la Terre.
Minute d'angle (symbole ') : Un soixantième de degré.
Monture : Partie mobile qui supporte et permet d'orienter un instrument optique. Elle se compose principalement de deux axes perpendiculaires.
Nadir : Point d'intersection de la verticale en un lieu donné et de la sphère céleste (au-dessus des antipodes).
Naine blanche : Étoile à la fin de son évolution. Le Soleil finira, lui aussi, en naine blanche. La densité d'une naine blanche est très élevée (environ 1 tonne par centimètre cube).
Nébuleuse : Objet céleste d'aspect diffus composé de gaz raréfié et/ou de poussière interstellaire.
Nébuleuse en émission : Nuage de gaz ionisé émettant de la lumière de couleur variée.
Nébuleuse obscure : Région où les poussières du milieu interstellaire semblent se concentrer en grands nuages. Une nébuleuse obscure absorbe en partie la lumière qui la traverse.
Nébuleuse planétaire : Synonyme de nébuleuse en émission. Petite, ronde et assez brillante, ce type de nébuleuse a souvent été confondu avec une planète, d'où son nom.
Neptune : Huitième planète du système solaire, la plus éloignée.
Newton : Télescope de Newton, dispositif optique composé de deux miroirs. C'est donc un dispositif à objectif « réflecteur » (qui réfléchit la lumière). Le premier miroir est appelé miroir primaire, ou objectif, le deuxième, plus petit et plan, est le miroir secondaire.
NGC : Abréviation pour les objets non stellaires répertoriés dans le « New General Catalogue of Nebulae and Clusters of Stars », publié en 1888 suite aux travaux de William et John Herschel.
Objectif : Élément d'un instrument d'optique qui est tourné vers l'objet à observer et qui fournit une image à l'oculaire. Dans un télescope, l'objectif est un miroir concave, le plus souvent parabolique.
Objet du ciel profond : Désignation par les astronomes amateurs américains pour tous les objets d'observation qui ne sont pas des étoiles : galaxies, amas d'étoiles, nébuleuses planétaires et autres nébuleuses.
Objet IC : Abréviation pour les objets non stellaires (galaxies, nébuleuses, amas) répertoriés dans les deux Index Catalogues publiés en 1895 et 1908 pour compléter le New General Catalogue (NGC).
Objets de la ceinture de Kuiper : Objets majoritairement constitués de composés volatils gelés comme le méthane, l'ammoniac ou l'eau et qui se déplacent au-delà de l'orbite de Neptune.
Oculaire : Système optique complémentaire de l'objectif. Un oculaire est en fait une loupe perfectionnée pour fournir une image à l'infini.
Opposition : Position d'une planète ou de tout objet du système solaire lorsque la Terre se trouve précisément entre cet objet et le Soleil. C'est la meilleure phase pour observer cet objet.
Périhélie : Point de l'orbite d'un corps céleste (planète, comète, etc.) qui est le plus rapproché du Soleil autour duquel il tourne.
Petit Nuage de Magellan : Galaxie naine en orbite autour de la Voie lactée.
Petite planète : Voir Astéroïde.
Phase lunaire : Portion de Lune illuminée par le Soleil et vue à partir de la Terre. Les phases lunaires sont la Nouvelle Lune, la Lune montante (premier quartier), la Pleine Lune et la Lune descendante (dernier quartier).
Planète : Objet astronomique qui tourne autour d'une étoile. Une planète a moins de masse qu'une étoile, mais plus qu'une

planète naine, qu'un astéroïde, qu'une comète ou qu'un objet de la ceinture de Kuiper.

Planète naine : Objet céleste intermédiaire entre une planète et un petit corps. Cette nouvelle classe, créée en 2006 par l'Union astronomique internationale, comprend entre autres Pluton, Cérès (plus grand astéroïde) et Éris (plus grand objet de la ceinture de Kuiper connu).

Planétoïde : Petit corps céleste ayant certaines caractéristiques d'une planète, objet mineur.

Pluton : Objet couvert de glace, en orbite autour du Soleil et croisant l'orbite de Neptune. Depuis 2006, Pluton est classée dans les planètes naines.

Pôles célestes : Les deux points de la sphère céleste vers lesquels pointe l'axe de rotation de la Terre. L'étoile Polaire se trouve par hasard à proximité du pôle Nord.

Protubérance : Éruption de gaz brûlants à la surface du Soleil.

Réflecteur : Voir Télescope.

Réfracteur : Voir Télescope.

Rotation synchrone : La lune terrestre tourne autour de son axe à la même vitesse qu'elle tourne autour de la Terre. C'est pourquoi nous voyons toujours la même face. D'autres lunes du système solaire présentent également une rotation synchrone.

Saturne : Sixième planète du système solaire, un peu plus petite que Jupiter. L'anneau de Saturne est visible au petit télescope.

Schmidt-Cassegrain : Télescope de type catadioptrique composé de deux miroirs, un miroir primaire concave et sphérique et un miroir secondaire convexe hyperbolique, ainsi que d'une lentille appelée lame de Schmidt.

Seconde d'arc (symbole ") : Un soixantième de minute d'arc ou 1/3 600 degré.

Sirius : Étoile principale de la constellation du Grand Chien. Première étoile de la voûte céleste par sa magnitude.

Soleil : Étoile autour de laquelle gravite la Terre.

Sphère céleste : Sphère imaginaire dont le centre est occupé par la Terre, et sur les parois de laquelle on peut observer les astres.

Superamas : Association d'amas et de groupes de galaxies. Un superamas regroupe des milliers de galaxies sur une étendue de 150 à 300 millions d'années-lumière, et plus d'une centaine d'amas de galaxies.

Supernova : Étoile en explosion. Une supernova émet autant de lumière que toutes les étoiles d'une galaxie réunies.

Système planétaire : Ensemble des planètes qui gravitent autour d'une même étoile. Dans le sens restreint, il s'agit de notre système solaire, qui comporte des planètes, mais aussi des astéroïdes, des comètes et objets de la ceinture de Kuiper.

Tache solaire : Zone de la surface du Soleil marquée par une température inférieure à son environnement, donc plus sombre. Les taches solaires peuvent s'observer à l'œil nu ou avec un petit télescope, sous réserve d'utiliser un filtre protecteur.

Télescope : Instrument d'optique permettant d'augmenter la luminosité ainsi que la taille apparente des objets à observer.

Variable : Étoile dont la magnitude varie.

Variable de type Mira : Étoile variable dont l'amplitude de luminosité varie de façon relativement régulière de plus d'une magnitude. La période de pulsation est souvent supérieure ou égale à 1 an. Ce sont des étoiles géantes rouges.

Vénus : Deuxième planète du système solaire. Vénus est presque la jumelle de la Terre en termes de dimension et de masse, mais beaucoup plus chaude, et avec une atmosphère plus dense.

Voie lactée : Galaxie spirale dont fait partie le système solaire. On dit aussi « la Galaxie » ou « notre Galaxie ». Elle est partiellement visible dans de bonnes conditions d'observation (absence de pollution lumineuse), sous la forme d'une bande plus claire dans le ciel nocturne. Nous pouvons la voir, car nous sommes situés dans un bras de la spirale.

Zénith : Point d'intersection de la verticale en un lieu donné et de la sphère céleste (au-dessus de la Terre).

Zodiaque : Zone du ciel autour de l'écliptique où, vus depuis la Terre, le Soleil, la Lune et les planètes du Système solaire se déplacent. Le nom de Zodiaque vient du fait que la majeure partie des constellations de cette zone porte des noms d'animaux.

Bibliographie et sites Internet

Livres

La photo du ciel, De jour comme de nuit, Patrick Lécureuil, Éditions Pearson
Un ouvrage d'initiation à la photographie céleste avec des appareils numériques compacts ou reflex.

La Lune à portée de main, Pierre Causeret, Jean-Luc Fouquet et Liliane Sarrazin-Vilas, Belin - Pour la science
Pour tout comprendre des mouvements et des influences réelles de notre satellite naturel grâce à des schémas et un langage accessible.

Le ciel et les étoiles sans complexe, Alain Lecavelier des Etangs et Emilie Martin, Éditions Hugo & Cie
Sous la forme d'un dialogue entre une candide et un astronome, ce livre vulgarise bien des thèmes sur la compréhension du ciel.

Cosmologie à l'usage du piéton, Philippe de la Cotardière, Éditions de l'Archipel
Un ouvrage destiné à ceux qui veulent acquérir les bases de l'astronomie, à travers les questions scientifiques actuelles.

Le guide d'astronomie, Philippe Henarejos, Delachaux et Niestlé
Un manuel complet sur la compréhension des astres et sur leur observation, avec une belle sélection d'objets célestes localisés sur des cartes précises.

Les petits guides d'astronomie, Philippe Henarejos, Jean-Luc Dauvergne, Guillaume Blanchard, Delachaux et Niestlé
Comprendre l'Univers
Se repérer dans le ciel
Photographier le ciel
Nébuleuses et galaxies
Observer les étoiles et les planètes
Observer la Lune et le Soleil
Observer avec une lunette et un télescope
Une série de petits ouvrages complets sur chacun des thèmes abordés.

Cartes du ciel

Pocket Sky Atlas, Roger W. Sinnott, Sky & Telescope
Pas besoin de comprendre l'anglais pour apprécier ce petit atlas de poche est très clair et qui permet de repérage précis de très nombreux objets du ciel profond, à l'oeil nu comme au télescope !

Périodiques

Ciel et Espace, revue mensuelle éditée par l'Association française d'astronomie
Idéal pour s'informer sur l'actualité scientifique en astronomie, sur la cosmologie, sur l'espace, sur les techniques d'observation et sur l'histoire.

Astronomie Magazine, revue mensuelle
Contient quelques actualités mais s'adresse plus spécifiquement aux astronomes amateurs à travers les techniques d'observation.

L'astronomie sur Internet

http://www.cieletespace.fr
Un site d'actualité sur l'astronomie et l'espace, avec des nouvelles, des images, des vidéos et une large sélection de critiques de livres d'astronomie.

http://www.astrosurf.com
Un site de forums, de petites annonces et d'hébergement de sites d'astronomie.

http://www.stellarium.org/fr
Un site pour télécharger un excellent logiciel de cartographie céleste (un planétarium) gratuit.

http://www.webastro.net
Axé sur un forum très actif, Webastro est un portail communautaire convivial destiné à tous ceux qui ont un jour levé les yeux vers les étoiles. De nombreux tutoriels, bons plans et contenus informatifs divers sont disponibles pour tous niveaux.

http://www.ap-i.net/skychart/fr/start
Ce programme permet de dessiner des cartes du ciel d'après les données de 16 catalogues.

Principaux importateurs d'instruments d'astronomie

Médas, 57 avenue Paul Doumer, BP 2658 03206 Vichy Cedex
Site Internet : *http://www.medas.fr/*

Optique Unterlinden, 3 place de la Cathédrale, 68000 Colmar
Site Internet : *http://www.optique-unterlinden.com/*

La Maison de l'Astronomie, 33-35 rue de Rivoli, 75004 Paris
Site Internet : *http://www.maison-astronomie.com/*

Associations d'astronomie

Association française d'astronomie
17 rue Emile Deutsch de la Meurthe, 75014 Paris
Tél : 01 45 89 81 44

Société astronomique de France
3 rue Beethoven, 75016 Paris
Tél : 01 42 24 13 74

Index des mots-clés

Achernar 90
Acrux 81
Acubens 57
Adaptation à l'obscurité 15
Aigle 46
Albireo 82, 200, 237
Alchiba 79
Alcor 158, 189
Aldébaran 150
Alderamin 70
Algol 30, 128, 173
Alkes 80
Al Na'ir 94
Alphabet grec 10
Alphard 98
Alrischa 134
Altaïr 46
Amas galactique 37
Amas de la Chevelure de Bérénice 76
Amas du sapin de Noël 117
Amas galactique de la Vierge 37
Amas stellaire 32
Amas globulaires 33
Amas stellaire h + χ 128, 217
Amas ouvert 32
Andromède 40
Ankaa 130
Année-lumière 14
Anser 166
Antarès 144
Antlia 42
Apus 43
Aquarius 44
Aquila 46
Ara 48
Arcturus 52
Aries 49
Arneb 106
Astéroïdes 27
Auriga 50
Autel 48

Balance 108
Baleine 72
Bayer, Johann 10
Bélier 49
Bételgeuse 122
Boîte à bijoux 81
Bootes 52
Bouclier 141
Boule de neige bleue 41
Boussole 138
Bouvier 52
Burin 56

Caelum 56
Callisto 22
Caméléon 61
Camelopardalis 54
Canard sauvage 141, 196
Cancer 57
Canes Venatici 58
Canis Maior 59
Canis Minor 60
Canopus 64
Capella 50
Capricorne 62
Capricornus 62
Carène 64
Carina 64
Carré d'automne 229
Cassiopée 11, 66
Cassiopeia 66
Castor 92
Catalogue de Messier 10
Cavalier 158, 189
Ceinture d'astéroïdes 27
Ceinture de Kuiper 26, 27
Centaure 68
Centaurus 68
Centaurus A 69
Céphée 70
Céphéides 30
Cepheus 70
Cérès 27, 206
Cetus 72
Chamaeleon 61
Champ de vision 17
Chevelure de Bérénice 76
Chiens de chasse 58
Cintre 166, 200
Circinus 74
Circumpolaire 11
Cocher 50
Colombe 75
Columba 75
Coma Berenices 76
Comète 27
Compas 74
Constellation du zodiaque 226
Constellations 9, 10, 218
Cor Caroli 58
Corbeau 79
Corona Australis 77
Corona Borealis 78
Corvus 79
Coupe 80
Couronne australe 77
Couronne boréale 78
Cr 464 54
Crater 80
Crèche 57, 176
Crépuscule 230
Croissant de Lune 20, 185
Croix du Sud 81
Crux 81
Culmination 8
Cygne 82
Cygnus 82

Dauphin 84
Deimos 21
Delphinus 84
Delta Cephei 70
Démocrite 35
Deneb 82
Denebola 104
Diadème 76
Distance 14
Dorade 85
Dorado 85
Double amas stellaire dans Persée 128, 217
Draco 86
Dragon 86

Éclipse de Lune 13
Éclipse de Soleil 13
Éclipses 13
Écliptique 11, 222
Epsilon Lyrae 201
Équateur céleste 11
Equuleus 88
Éridan 90
Eridanus 90
Éris 26, 206
Étoile 29
Étoile de type R Coronae Borealis 30
Étoile double 29
Étoile du Diable 173
Étoile du Matin 241
Étoile du Soir 181
Étoile multiple 29
Étoile Polaire 8, 160, 170,

209
Étoile Polaire australe 119
Étoiles circumpolaires 210
Étoiles de type Mira 30
Étoiles variables 30
Europe 22

Fausse Croix 162
Filtres à nébuleuses 31
Flèche 140
Fomalhaut 133
Fornax 89
Fourneau 89

Galaxie 32, 33, 35
Galaxies 36
Galaxie d'Andromède 36, 40, 238
Galaxie des Antennes 79
Galaxie du Sombrero 165
Galaxie spirale 36
Galilei, Galileo 35
Galle, Johann Gottfried 25
Ganymède 22
Gémeaux 92
Gemini 92
Géminides 92
Gemma 78
Girafe 54
Grand Chariot 158
Grand Chien 59
Grand Nuage de Magellan 85
Grande Ourse 11, 158
Grande tache rouge 22
Grande tache sombre 25
Gravité 29
Grossissement 17
Grue 94
Grus 94

Hamal 49
Hercule 96
Hercules 96
Herschel, William 31
Hexagone d'hiver 229
Hipparque 14
Horloge 95
Horologium 95
Hubble, Edwin 36
Hyades 32, 150
Hydra 98
Hydre 98
Hydre mâle 100
Hydrus 100

IC 342 54
IC 1396 70
IC 2149 51
IC 2391 162
IC 2395 163
IC 2602 65
IC 2944 69
IC 4665 120
IC 4756 149
Index Catalogue 10
Indicateur de Pôle 209
Indien 101
Indus 101
Io 22

Jumelles 16, 17
Jupiter 22

Kitalpha 102

Lacerta 102
Leo 104
Leo Minor 103
Léonides 104
Lepus 106
Lézard 102
Libra 108
Licorne 116
Lièvre 106
Lion 104
Loup 107
Lueur zodiacale ou Lumière zodiacale 225
Lueurs polaires 205
Lune 12, 20, 194
Lunette astronomique 16
Lupus 107
Lynx 110
Lyra 112
Lyre 112

M 1 150
M 2 44
M 3 58, 184
M 4 144
M 5 148, 188
M 6 144, 232
M 7 144, 232
M 8 142
M 9 121
M 10 120
M 11 141, 196
M 12 120
M 13 96, 192
M 14 121
M 15 126, 204
M 16 148
M 17 142
M 19 121
M 20 142
M 22 143
M 23 143
M 24 143
M 25 143
M 26 141
M 27 166
M 29 83
M 30 62
M 31 40, 208
M 32 40
M 33 154, 240
M 34 129, 221
M 35 92, 172
M 36 50
M 37 50
M 38 50
M 39 82
M 41 59
M 42 122
M 43 122
M 44 57
M 45 150
M 46 136, 220
M 47 136, 220
M 48 98
M 49 164
M 50 116
M 51 58
M 52 66
M 53 76
M 55 143
M 56 112
M 57 112
M 58 165
M 60 165
M 62 121
M 63 58
M 64 76
M 65 104, 180
M 66 104, 180
M 67 57, 224
M 68 98
M 71 140

M 72 45
M 73 45
M 74 134
M 76 129
M 77 72
M 78 122
M 79 106
M 80 145
M 81 158
M 82 158
M 83 98
M 84 165
M 85 76
M 86 165
M 87 165
M 88 76
M 90 164
M 91 76
M 92 96
M 93 136
M 95 104
M 96 104
M 97 158
M 98 76
M 99 76
M 100 76
M 101 158
M 103 66
M 104 164
M 105 104
M 106 58
M 107 121
M 108-109 159
M 110 40
Machine pneumatique 42
Magnitude 14
Magnitude absolue 14
Magnitude apparente 14
Mares lunaires 20
Markab 126
Mars 21
Melotte 76
Menkar 72
Mercure 18, 181
Merill 2-1 109
Météores 27
Microscope 114
Microscopium 114
Mirphak 128
Mizar 158, 189
Monoceros 116
Monture 16
Mouche 115
Musca 115

Naine blanche 31
Naos 136
Nébuleuses 34
Nébuleuse d'Andromède 208
Nébuleuse d'Êta Carinae 64
Nébuleuse d'Oméga 142
Nébuleuse d'Orion 34, 122, 216
Nébuleuse de Cirrus 83
Nébuleuse de l'Aigle 148
Nébuleuse de l'Amérique du Nord 83
Nébuleuse de l'Anneau 112
Nébuleuse de l'Esquimau 92
Nébuleuse de l'Haltère 166
Nébuleuse de l'Hélice 45
Nébuleuse de l'Insecte 145
Nébuleuse de l'Œil de chat 86
Nébuleuse de la Flamme 122
Nébuleuse de la Lagune 142
Nébuleuse du Petit Haltère 129
Nébuleuse de la Rosette 116
Nébuleuse de la Tarentule 85
Nébuleuse de Saturne 45
Nébuleuse des Huit Explosions 163
Nébuleuse du Crabe 34, 150
Nébuleuse du Hibou 159
Nébuleuse en émission 34
Nébuleuse gazeuse 15
Nébuleuse obscure 34
Nébuleuse par réflexion 34
Nébuleuse planétaire 31
Nébuleuse Trifide 142
Neptune 25, 206
New General Catalogue 10
Newton 16
NGC 55 147
NGC 188 70
NGC 246-247 73
NGC 253 146
NGC 288 146
NGC 300 147
NGC 346 156
NGC 362 157
NGC 376 157
NGC 404 41
NGC 457 67
NGC 524 134
NGC 559 67
NGC 604 154
NGC 625 131
NGC 654 67
NGC 663 67
NGC 752 41
NGC 772 49
NGC 1097 89
NGC 1261 95
NGC 1291 90
NGC 1316 89
NGC 1360 89
NGC 1365 89
NGC 1502 54
NGC 1514 151
NGC 1528 129
NGC 1535 90
NGC 1574 139
NGC 1647 151
NGC 1746 151
NGC 1792 75
NGC 1808 75
NGC 1841 113
NGC 1851 75
NGC 1866 85
NGC 1907 51
NGC 1981 123
NGC 2017 106
NGC 2024 123
NGC 2070 85
NGC 2129 93
NGC 2158 92
NGC 2169 123
NGC 2232 117
NGC 2237 116
NGC 2244 116
NGC 2264 117
NGC 2281 51
NGC 2298 137
NGC 2301 117
NGC 2353 117
NGC 2360 59
NGC 2362 59

NGC 2392 92
NGC 2403 54
NGC 2419 111
NGC 2451 137
NGC 2477 137
NGC 2516 65
NGC 2546 137
NGC 2547 163
NGC 2627 138
NGC 2683 110
NGC 2808 65
NGC 2818 138
NGC 2903 105
NGC 2997 42
NGC 3114 65
NGC 3115 152
NGC 3132 162
NGC 3195 61
NGC 3201 163
NGC 3228 163
NGC 3242 99
NGC 3372 65
NGC 3521 105
NGC 3532 65
NGC 3621 99
NGC 3766 69
NGC 3918 69
NGC 4038-4039 79
NGC 4349 81
NGC 4372 115
NGC 4755 81
NGC 4833 115
NGC 4945 69
NGC 5128 69
NGC 5189 115
NGC 5248 53
NGC 5315 74
NGC 5328 98
NGC 5460 69
NGC 5466 53
NGC 5822 107
NGC 5823 74
NGC 5882 107
NGC 5897 108
NGC 5946 118
NGC 5986 107
NGC 6025 155
NGC 6067 118
NGC 6087 118
NGC 6101 43
NGC 6153 145
NGC 6193 48
NGC 6210 97
NGC 6229 97
NGC 6231 145
NGC 6302 145
NGC 6397 48
NGC 6541 77
NGC 6543 86
NGC 6584 153
NGC 6633 120
NGC 6684 125
NGC 6709 46
NGC 6712 141
NGC 6744 124
NGC 6752 124
NGC 6760 47
NGC 6790 46
NGC 6826 82
NGC 6868 153
NGC 6871 83
NGC 6882-6885 166
NGC 6905 84
NGC 6934 84
NGC 6940 166
NGC 6960 83
NGC 6992 83
NGC 7000 83
NGC 7006 84
NGC 7009 45
NGC 7039 83
NGC 7082 83
NGC 7209 102
NGC 7235 70
NGC 7243 102
NGC 7293 45, 236
NGC 7314 133
NGC 7331 127
NGC 7380 71
NGC 7510 71
NGC 7662 40
NGC 7686 41
NGC 7789 67
Norma 118
Nouvelle Lune 12
Nuages brillants 197
Nuages de poussière 29

Objectif 16
Objets du ciel profond 16
Octans 119
Octant 119
Oculaire 17
Oiseau de Paradis 43
Olympus Mons 21
Oméga du Centaure 68, 228
Ophiuchus 120
Opposition 21
Orion 122

Paon 124
Pavo 124
Pégase 126
Pegasus 126
Peintre 132
Persée 128, 217
Perséides 27, 128
Perseus 128
Petit Chariot 160
Petit Cheval 88
Petit Chien 60
Petit Lion 103
Petit Nuage de Magellan 156
Petit Renard 166
Petite Ourse 160
Phakt 75
Phases lumineuses 18, 19
Phénix 130
Phobos 21
Phoenix 130
Pictor 132
Pisces 134
Piscis Austrinus 133
Planète 12, 174
Planète double 20
Planète extérieure 12
Planète extra-solaire 29
Planète naine 26
Planète rouge 21
Planète sœur 19
Planétoïdes 27
Pléiades 32, 150, 212
Pléiades australes 64
Pléiades boréales 150
Pleine Lune 12, 20
Pluie d'étoiles filantes 27, 198
Pluton 26
Pogson, Norman 14
Poisson austral 133
Poisson volant 161
Poissons 134
Polaris Australis 119
Pôle céleste 170
Pôle céleste austral 156
Pollux 92

Porte d'Or de l'écliptique 177
Portemanteau 166, 200
Poupe 136
Praecipua 103
Præsepe 32, 176
Procyon 60
Protubérance 28
Proxima du Centaure 68, 202
Puppis 136
Pyxis 138

Rasalgethi 96
Rasalhague 120
Rayon vert 233
R Coronae Borealis 78
Réfracteur, voir Lunette astronomique
Règle 118
Régulus 104
Résolution 17
Reste d'une explosion stellaire 34
Réticule 139
Reticulum 139
Rigel 122
Rigil Kent. 68
Rukbat 142

Sac de charbon 81
Sadalmelik 44
Sagitta 140
Sagittaire 142
Sagittarius 142
Saisons 9
Satellites 193
Saturne 23
Schedar 66
Schmidt-Cassegrain 16
Scorpion 144
Scorpius 144
Sculpteur 146
Sculptor 146
Scutum 141
Serpens 148
Serpent 148
Serpentaire 120
Sextans 152
Sextant 152
Sirius 59
Sirrah 40
Soleil 28
Sphère céleste 11
Spica 164
Station Spatiale Internationale ISS 193
Sualocin 84
Suhail al Muhlif 162
Supernova 30
Système planétaire 28
Système solaire 22

Table 113
Tache solaire 28
Taureau 150
Taurus 150
Télescope 153
Télescope 16
Telescopium 153
Terre 20
Test de vision 189
Thuban 86
Titan 23
Titania 24
Toliman 68
Tombaugh, Clyde 26
Toucan 156
Triangle 154
Triangle austral 155
Triangle d'été 229
Triangle du printemps 229
Triangulum 154
Triangulum Australe 155
Triton 25
Tucana 156

Unukalhai 148
Uranus 24, 206
Ursa Major 158
Ursa Minor 160

Variable optique 30
Véga 112
Vela 162
Vénus 19, 181, 241
Verseau 44
Vierge 164
Virgo 164
Voie lactée 35
Voiles 162
Volans 161
Voûte céleste 8
Vulpecula 166

Zubenelgenubi 108

Dessins
Toutes les cartes du ciel et illustrations sont de Gerhard Weiland/Kosmos selon des documents fournis par Sven Melchert/Kosmos.

Photographies
Abréviations sur la position des photographies sur les pages :
h = haut ; m = milieu, b = bas ;
hg = haut gauche ; hd = haut droite ;
mg = milieu gauche ; md = milieu droite ;
bg = bas gauche ; bd = bas droite.

2MASS : 75 md, 77 md ; **Capella Observatory (www.capella-observatory.com)** : 90 md ; 156 mg, 157 m ; **Werner E. Celnik** : 160, 16 b, 270, 32 mg ; **Stefan Binnewies/Jens Moser** : 8 b ; **Chandra/NASA** : 35 md ; **Digitized Sky Survey** : 14 m, 320, 43 b, 46 b, 55 h, 59 m, 70 bd, 74 mg, 78 mg, 93 b, 95 hd, 99 b, 102 hd, 102 mg, 106 hg, 107 md, 108 m, 109 b, 113 hd, 117 b, 118 mg, 120 mg, 125 b, 131 m, 133 hg, 135 og, 138 hd, 139 b, 145 h, 149 b, 152 hd, 153 hd, 153 bd, 155 b, 162 m, 163 m, 167 md ; **Mark Emmerich/Sven Melchert** : 90, 15 m, 33 md, 35 h, 37 b, 57 b, 66 mg, 70 bg, 74 h, 83 b, 92 m, 98 m, 128 m, 138 mg, 151 m, 154 mg, 166 m, 177, 200, 241 ; **European Southern Observatory (ESO)** : 34 bg, 34 bd, 42 b, 48 h, 68 m, 68 b, 85 hd, 89 hg, 99 h, 147 m ; **Bernd Flach-Wilken/Volker Wendel (www.spiegelteam.de)** : 54 h, 58 m, 68 mg, 73 h, 84 hd, 85 b, 96 (les deux), 104 h, 105 b, 110 m, 115 b, 120 md, 124 (les deux), 126 m, 127 b, 135 md, 142 hd, 144 hd, 158 (les deux) ; **Martin Gertz/Sternwarte Welzheim** : 10 h, 15 mg, 16 md, 20 h, 20 m, 27 m, 28 bg, 213 ; **Walter Gröning** : 64 h, 65 b, 81 h ; **Télescope spatial Hubble NASA/ESA** : 14 h, 23 m, 24 h, 26 m, 29 h, 29 m, 30 h, 30 m, 31 h, 31 e (les deux), 31 b (les deux), 33 mg, 34 mg, 36 (toutes), 37 h, 40 bd, 45 h, 45 b, 46 h, 48 mg, 58 h, 61 m, 72 mg, 74 b, 75 b, 79 md, 82 h, 86 m, 89 md, 92 hd, 97 d, 107 hd, 112 hd, 122 mg, 122 md, 154 hd, 156 hd, 162 hd, 164 m, 165 m ; **Bernhard Hubl** : 70 h, 123 b, 150 h ; **JPL/NASA** : 18 h, 18 m, 19 h, 19 m, 21 h, 21 m, 22 h, 22 m, 23 h, 24 m, 25 h, 25 m, 25 b, 26 h, 26 b, 27 b ; **Meade Europe** : 16 (toutes), 17 h, 17 m, 28 bd, 31 md ; **Axel Mellinger** : 54 b, 81 bd, 119 md, 128 h, 167 b ; **Stephan Messner** : 115 md ; **NOAO** : 32 md, 32 b, 33 h, 34 h, 34 m, 37 mg, 37 md, 44 b, 50-51 (toutes), 52 m, 57 m, 58 bg, 59 b, 62 m, 64 b, 66 md, 72 b, 74 mg, 82 b, 90 hd, 104 m, 106 hd, 111 b, 116 hd, 116 mg, 120 hd, 126 mg, 129 b, 136 (toutes), 140 mg, 141 (les deux), 142 m, 143 h, 144 m, 146 m, 148 mg, 148 b, 172, 176, 180, 181, 184, 188, 192, 196, 204, 208, 216, 217, 220, 221, 224, 232, 236, 240 ; **Christopher J. Picking** : 118 hd ; **Andreas Roerig** : 103 h ; **Thomas Seliger** : 197 ; **SOHO/NASA** : 28 h, 28 m ; Stefan Seip **(www.astromeeting.de)** : 8 h, 13 h, 13 m, 18 b, 19 b, 38-39, 40 m, 185, 193, 205, 212, 233 ; **Université de Montréal/OPIOMM** : 49 h ; **Peter Wienerroither** : 237.

Portrait de l'auteur et iconographie

L'auteur

Le journalisme est son métier, l'astronomie sa passion : physicien diplômé, Michael Vogel est l'auteur de plusieurs ouvrages de vulgarisation sur les astres. Cofondateur de l'Observatoire astronomique Robert Mayer, à Heilbronn, en Allemagne, il en a longtemps été président. Après des études de physique et astronomie à Heidelberg, il a occupé plusieurs postes de rédacteur scientifique, dont un au *Stuttgarter Zeitung*, avant de devenir en 2003 journaliste indépendant, traducteur et auteur. Michael Vogel est marié, il a deux enfants et vit avec sa famille près de Stuttgart.

Iconographie

Avec 323 photographies en couleurs et en noir et blanc (voir Crédits photos p. 253) et 504 illustrations en couleurs de Gerhard Weiland. La photo de la page 2 représente la constellation d'Orion, celle des pages 6-7 l'Observatoire de Calar Alto au sud de l'Espagne ; la photo des pages 38-39 montre la Voie lactée en direction du Sagittaire et du Scorpion, et celle des pages 168-169 des traînées d'étoiles (photographie du ciel avec un long temps de pose).

Édition originale :
Titre : Michael Vogel, *Welcher Stern ist das ?*

Édition française :

Dépôt légal : mai 2011
ISBN : 978-2-603-01773-9

Imprimé par Loire Offset (France)

Traduction : Marie-Anne Tattevin
Mise en page : Nord Compo, Villeneuve d'Ascq
Couverture : Nicolas Hubert